陈志华　石永久　罗永锋　刘红波 ——— 编著

大跨度建筑结构
原理与设计

Principle and Design of Large-span Building Structures

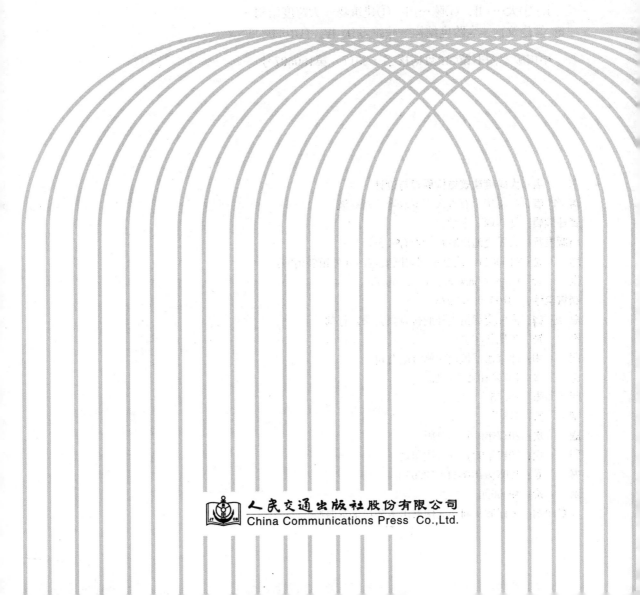

人民交通出版社股份有限公司
China Communications Press Co.,Ltd.

内 容 提 要

本书共9章，第1章为绪论，第2~9章分别针对薄壳结构、网架结构、网壳结构、悬索结构、膜结构、索穹顶结构、开合结构、张弦结构8种常见的大跨度空间结构类型，详细论述了该类型结构的定义、构造特点、研究应用现状、分类、受力特点及设计方法等。

本书可作为高等院校土建专业空间结构方向的研究生教材，也可供土建专业从事科研、设计、施工、管理的人员学习参考。

图书在版编目（CIP）数据

大跨度建筑结构原理与设计 / 陈志华等编著. --北京：人民交通出版社股份有限公司，2017.9
ISBN 978-7-114-13963-5

Ⅰ. ①大… Ⅱ. ①陈…Ⅲ. ①建筑物—大跨度结构—理论 ②建筑物—大跨度结构—建筑设计 Ⅳ. ①TU208.5

中国版本图书馆CIP数据核字（2017）第150507号

书　　名：	大跨度建筑结构原理与设计
著 作 者：	陈志华　石永久　罗永峰　刘红波
责任编辑：	杜　琛　李学会
出版发行：	人民交通出版社股份有限公司
地　　址：	（100011）北京市朝阳区安定门外外馆斜街3号
网　　址：	http://www.ccpress.com.cn
销售电话：	（010）59757973
总 经 销：	人民交通出版社股份有限公司发行部
经　　销：	各地新华书店
印　　刷：	北京盈盛恒通印刷有限公司
开　　本：	787×1092　1/16
印　　张：	16.75
字　　数：	413千
版　　次：	2017年9月　第1版
印　　次：	2017年9月　第1次印刷
书　　号：	ISBN 978-7-114-13963-5
定　　价：	49.00元

（有印刷、装订质量问题的图书由本公司负责调换）

前　言

随着人们对体育、文化、展览、交通和休闲等设施需求的逐步提高，体育场馆、会展中心、交通枢纽和文化娱乐等公共建筑数量越来越多，这些公共建筑大都采用了大跨度空间结构，于是，近年来大跨度建筑结构得到快速发展，成为土木工程领域科学研究与工程实践的热点，相关成果日趋丰富。

编者团队从事空间结构以及大跨度建筑结构领域的研究设计及工程实践已有二、三十年，先后主持或参与了百余项大跨度建筑结构的工程建设，积累了一定的分析设计与施工经验。与此同时在高校任教时，发现学生对大跨度建筑结构表现出求知的欲望，尤其是攻读硕士和博士学位的研究生兴趣浓厚，而目前虽然已有众多空间结构方面的专著，但系统讲解各类空间结构体系设计选型以及新型空间结构前沿技术的研究生教材却很少。这使编者萌生了编写一本适合学生学习及认识各类大跨度建筑结构体系教材的想法。

本书总结出目前应用比较广泛、有发展前景的八种大跨度建筑结构体系，从各类结构体系的概念及发展、体系分类和结构特点、设计分析方法、结构构造、施工方法和施工技术等方面进行全面讲解，并配以典型或者著名的工程实例介绍以辅助说明。

全书共9章，绪论讲述了大跨度建筑结构的发展历程和结构形式分类，帮助读者迅速了解大跨度建筑结构的发展历史、发展方向和主要的结构类型；第2章是对历史最为悠久的薄壳结构进行了简单的论述；第3章和第4章分别围绕发展较为成熟的网架结构和网壳结构进行展开，对其结构分类、分析和设计方法等进行了详细介绍；第5章重点讲述了悬索结构的组成、分类和受力特点，并对其节点设计和施工过程等作简要介绍；第6章从膜结构的历史和膜材特性出发，介绍膜结构的类别、特有的设计要点、膜材的制作安装以及典型的工程应用等；第7章和第8章论述了目前对于技术要求较高的索穹顶结构和开合结构，这两种结构体系都涉及结构与机构的转换和结合，在施工或者使用中需要对结构进行合理的控制；第9章讲述目前应用较为广泛的新型结构——张弦结构体系，包括张弦结构体系的概念、典型结构形式、分析设计方法、杆件与节点设计、施工与监测关键技术等方面的内容。

本书不但适合结构工程专业的研究生学习使用，还可作为土建行业的科研、设计、施工和管理人员的专业参考书。

本书编写过程中得到了"天津大学创新人才培养项目"支持，书中部分内容还引用了同行专家论著和研究成果。研究生严仁章、余玉洁、陈强、郭妍、王鑫、韩芳冰、张浩浩、袁福鼎、张鹏飞、李博、张智升、李杰、张浩浩、郭妍、袁福鼎、张君如、龙兴等参加了书稿的整理和文字编辑工作，在此一并感谢。

由于编者水平有限，书中难免存在不足和错误之处，希望读者发现后能够及时告知我们，以便今后改进。

编　者

2017 年 6 月

前　言

目　录

第 1 章　绪论

1.1　引　言

近三十年来,随着我国经济的飞速发展,钢材产量突飞猛进。自 1996 年达到 1 亿 t 之后,已连续 21 年位居世界首位（截至 2016 年）,2014 年后更是每年都超过 8 亿 t,其中 2016 年全球主要钢铁生产企业钢产量排名前十的企业中,中国就占据了五位,成为名副其实的钢铁大国,在满足国家基础设施建设、推进国民经济发展方面起到了举足轻重的作用。

钢铁用途广泛,涉及土木建筑、机械、汽车、船舶等众多行业。在土木建筑领域,经历了从新中国成立之初的节约用钢到 1985 年鼓励用钢和 1998 年推广建筑用钢,再到如今节能减排、可持续发展理念深入人心的演变。这给钢结构在建筑领域的应用提出了明确的政策导向,建筑钢结构的应用范围不断扩大。2015 年 11 月,国务院总理李克强主持召开国务院常务会议,明确提出"结合棚改和抗震安居工程等,开展钢结构建筑试点,扩大绿色建材等的使用";2016 年 3 月,国务院总理李克强又在第十二届全国人民代表大会第四次会议上表示"积极推广绿色建筑和建材,大力发展钢结构和装配式建筑,提高建筑工程标准和质量",从国家的层面上发出了推广应用钢结构的声音。

钢结构在建筑领域的应用主要有轻型单层工业厂房、重型单层工业厂房、低多层房屋钢结构、高层房屋钢结构和大跨度建筑钢结构,本教材主要讲述大跨度建筑钢结构。

进入 21 世纪以来,随着人们对体育、文化、休闲、展览、交通等生活需求的逐步提升,一大批体育场馆、会展中心、美术馆、大剧院、机场、火车站等相继建成。这些大型公共建筑的一个重要共性即需要大跨度无柱空间。大跨度建筑结构的科研水平和建造技术已经成为衡量一个国家建筑科技发展水平的重要标志。

大跨度建筑结构体系的演变始终引领着大跨度建筑适应公共生活的进化过程。古罗马的拱券、穹窿可谓是大跨度建筑舞台上的开创性表演;钢筋混凝土技术的进步促成了薄壳结构的诞生,使自由形状的混凝土壳体成为设计师争相追逐的宠儿;随着钢材的广泛应用,网架、网壳、悬索结构、张弦结构相继出现,在建筑外形更趋于多元化的同时,内部结构也更加先进、稳定。20 世纪中期,"轻远"成为结构设计的新主题,人们试图用更少的材料来建造更大跨度的结构,以充分发挥材料自身的潜质。近代预应力钢结构的出现更使大跨度空间结构实现了质的飞跃,张弦梁、张弦桁架、弦支穹顶、索桁架、索穹顶、弦支筒壳、索膜结构以其卓越的承载性能与造型优势成为工程师们不懈追求的至高境界。

大跨度建筑结构的发展主要有两个分支:平面结构和空间结构。平面结构,如梁系结构等,主要依靠构件截面抗弯抵抗外荷载,截面利用率较低,因此很难实现较大跨度。而空间结构构件在三维空间内按照空间结构的几何特性承担外荷载,不仅仅依赖截面尺寸和材料性能,而是充分利用结构的三维几何构成,形成合理的受力形态,发挥不同材料的性能优势,以适应不同的建筑造型和功能要求,跨越更大的空间。

1.2　大跨度建筑结构的发展

大跨度空间结构的建造,受到自然界中可供利用建筑材料的制约,如从最初的砖石木材料、混凝土材料、钢筋混凝土材料到现在广泛采用的钢、索、膜等材料。因此,大跨度建筑结构的发展与科学技术水平和建筑材料技术密切相关,大致可以分为以下四个部分:采用木材和砖石材料的大跨度建筑结构;采用钢铁材料的大跨度建筑结构;采用钢筋混凝土材料的大跨度建筑结构;采用索膜材料的大跨度建筑结构。

古罗马人创造的拱顶,把梁式建筑的有限跨度向前推进了一大步,但是在古代,由于结构理论尚不完备,因此,更大跨度的结构一直没有出现。真正意义上的大跨度结构是在19世纪末出现的,此时由于新兴工业以及新技术革命的兴盛,在建筑上亟需大跨度、大空间结构。1889年巴黎世界博览会上的法国机械馆,跨度115m,采用了三铰拱结构,可以说是近代建筑在大跨度结构上迈进的一大步,也是当时最大跨度的建筑物。进入20世纪后,一些大型公共建筑的出现(图1-1和图1-2),又促使大跨度结构向前发展,此时各种高强、轻质新材料的出现,以及结构理论的发展,都为大跨度结构的发展创造了充分的条件。

图1-1　国家大剧院(双层网壳)

图1-2　美国亚特兰大体育馆佐治亚穹顶(索穹顶)

1.2.1　早期大跨度空间结构

在人类古老建筑中就已经出现了大跨度建筑结构的影子,那时建筑师主要采用土、树木等天然材料,而他们的设计灵感通常是来自于大自然的自有物。例如,我国半坡遗址的居住地就类似一个空间骨架的形态(图1-3);北美印第安人的屋棚是用柳条搭成的穹顶(图1-4),与现代网壳结构较为相似。公元120~124年建成的罗马万神殿是古代穹顶的代表作之一(图1-5),跨度达到了44m。到了中世纪时期,建筑师开始大量使用砖石结构建造穹顶建筑,其中著名的建筑有1588~1593年建造的罗马圣彼得教堂(图1-6)以及1420~1434年弗罗伦萨的圣玛利亚教堂(图1-7)。由于木材具有良好的抗拉、抗压性能,也被早期的建筑师用来建造大跨度建筑结构,例如世界上最大的古代木结构——日本奈良东大寺(图1-8),该建筑平面57m×50m,高47m。

图 1-3　半坡文明遗址

图 1-4　印第安人屋棚

图 1-5　罗马万神殿(跨度 44m)

图 1-6　圣彼得教堂穹顶(跨度 42m)

图 1-7　圣玛利亚教堂穹顶(跨度 42.2m)

图 1-8　奈良东大寺(跨度 50m)

1.2.2　近代大跨度建筑结构

随着工业革命的到来,铁、钢材的出现以及钢筋混凝土的成熟,大大提高了建筑物的跨越能力。同期,数学技术已经发展到可以分析预测结构性能的程度,工程师可以准确计算三维结构的受力性能。这些因素共同导致了大跨度结构向着三维空间结构方向发展,这一时期的代表性大跨度建筑结构形式主要是壳体结构。

1892 年,法国人亨奈比克采用钢筋混凝土制作了整体梁板结构,标志着钢筋混凝土结构开始应用于房屋建筑领域。1925 年,德国耶拿一处玻璃工厂厂房采用了一个跨度 40m 的钢筋混凝土球壳屋盖,这是第一个真正意义上的薄壳结构,其厚度仅为 60mm。由于薄壳结构造型优美、传力路径直接、结构性能良好,各式各样的薄壳结构进入了蓬勃发展时期。1936

年,苏联 В.Э.Власов 的专著《壳体建筑力学》发展了壳体计算力学,加之第二次世界大战后各国提倡节约钢材,故钢筋混凝土薄壳得到了广泛的应用。比如,1957 年建成的罗马小体育馆,直径 59.13m,采用了钢筋混凝土肋型球壳(图 1-9);1976 年美国西雅图金郡体育馆,是直径 202m 的圆形穹顶,由 40 个弓形双抛物面壳体组成,厚度为 120mm;我国于 1958 年建造了 35m 跨度的双曲扁壳,用于北京火车站候车大厅(图 1-10)。

曲面壳体施工难度较大且造价高,影响了薄壳结构的应用,于是设计师产生了用平面代替曲面、用折线代替曲线的想法,由此创建了各式各样的折板结构。折板结构具有折线形横截面,增加了空间刚度,既能受弯也能受压,力学性能良好且施工简单。如福州长乐国际机场候机楼屋盖就采用了折板结构(图 1-11)。

图 1-9　罗马小体育馆图

图 1-10　北京火车站

图 1-11　福州长乐国际机场候机楼

1.2.3　现代大跨度建筑结构

20 世纪 60 年代以来,伴随着计算机技术飞速发展、钢材定位焊接技术日趋成熟以及高强钢材的出现,特别是高强度拉索以及膜材的产生和预应力技术的应用,空间网格结构和空间预应力结构得到了迅速发展,现代大跨度建筑基本都采用这两种结构体系。从此,大跨度建筑结构无论是在结构跨度方面,还是结构形式方面都进入了一个崭新的阶段。

(1)空间网格结构

所谓网格结构,就是由许多形状、尺寸标准化的杆件和节点体系,按照一定的规律相互连接而形成的网格状结构。外观呈现平板状的一般认为是网架结构,呈现曲面的称为网壳结构,但网架和网壳的本质区别在于传力机制不同而非仅仅是外形差异。

事实上,空间网格结构比空间壳体结构出现得要早,但由于计算难度大、钢结构焊接等问题,初期发展较为缓慢。1863 年,德国人施威德勒就在柏林设计建造了世界上第一个钢穹顶——直径 30m 的煤气罐顶盖。其形式是以若干圆弧形拱汇交到一个顶环,形成辐射形体系,再加入水平环和斜杆,这就是经典的单层网壳结构的雏形(图 1-12)。1896 年,俄国名誉院士苏霍夫在尼西尼诺夫高洛德市展览会建筑工程陈列馆中,展示了一个网状筒拱,跨度 13～22m,用弯成曲折形的扁铁在转折处用铆钉相连,这是早期的筒壳结构。

随着计算技术的发展以及施工技术的提高,设计和建造复杂曲面的空间网格结构已经不存在技术难题,空间网格结构很大程度上取代了空间壳体结构。比如,1970 年日本大阪国际博览会展览馆的六柱支承网架,平面尺寸 108m×292m;1973 年,瑞士苏黎世克洛滕机场机库的三层网架,平面尺寸 125m×128m;1976 年,美国新奥尔良超级穹顶钢网壳,直径 207m,矢高 83m(图 1-13)。

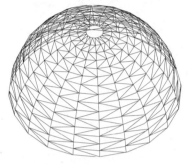

图 1-12　施威德勒型穹顶

图 1-13　新奥尔良超级穹顶

网架、网壳结构经过了数十年的发展又衍生出许多新的形式以及施工方法。比如,北京石景山体育馆采用三片四边形双曲抛物面双层网壳作为其屋盖,支承在三叉形格构钢架和混凝土边梁上(图 1-14);北京体育大学体育馆 59m×59m 的屋盖由四片双曲抛物面网壳组成,网壳厚 2.9m,中央矢高 3.5m(图 1-15);黑龙江速滑馆采用中央圆柱面网壳和两端半球组成的双层网壳,平面尺寸为 86m×195m,下部支承为三角形框架(图 1-16)。日本名古屋体育馆则采用了单层球面网壳,跨度达到 187m(图 1-17);2002 年,为世界杯建造的日本大分穹顶采用了开合屋盖设计,最大跨度 274m,开口面积 29000m^2(图 1-18)。

图 1-14　北京石景山体育馆

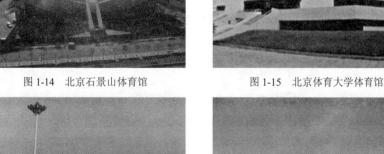

图 1-15　北京体育大学体育馆

图 1-16　黑龙江速滑馆

图 1-17　日本名古屋体育馆

a)   b)

图 1-18　日本大分穹顶

a)外景图;b)内景图

在空间网格结构领域,日本川口卫教授提出的"攀达穹顶"是一项典型的新技术,核心理念是通过临时卸掉一些杆件,并在结构中设置单轴铰使结构在施工阶段暂时变成一个机构,可以趴伏在地面上完成大部分拼装工作,然后顶升到预定高度就位,如图 1-19 所示。"攀达穹顶"可能的运动轨迹只限定在上下垂直方向,而在水平方向的运动是完全被约束住的。所以,穹顶在组装过程和顶升过程中,能够很好地抵抗突然来临的地震和强风等水平荷载。

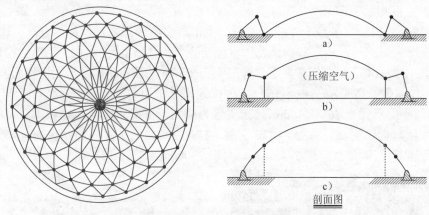

图 1-19　攀达穹顶原理示意图

a)设置单轴铰进行地面拼装;b)顶升过程中;c)顶升完成

"攀达穹顶"的原理可以应用到各种形状的穹顶结构中。图 1-20 所示为神户世界纪念体育馆(70m×110m)攀达穹顶体系,建筑平面为椭圆形;图 1-21 为西班牙巴塞罗那奥林匹克主场馆(110m×130m),形状为四边形平面;新加坡国立体育馆(130m×200m),平面形状为菱形平面。

a)   b)

图　1-20

图 1-20 神户世界纪念体育馆

a)看台结构施工;b)看台结构封顶;c)顶升中部穹顶;d)现场完成图

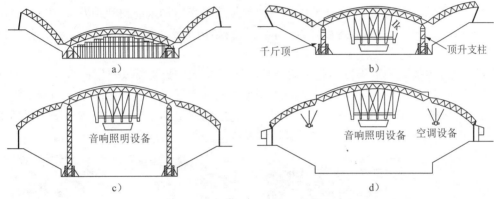

图 1-21 西班牙巴塞罗那奥林匹克主场馆

a)地面组装;b)顶升过程中;c)顶升完成;d)施工完成

伴随着材料科学的进步,更多高性能新材料被引入空间网格结构中,例如美国塔科马市体育馆采用了胶合木网壳,直径达到 160m（图 1-22）;上海国际体操中心屋面、上海浦东游泳馆屋面采用了铝合金网壳等。

图 1-22 美国塔科马市体育馆

（2）空间张力结构

纵观大跨度结构的发展历史,结构形式从早期的弯矩结构,如梁、板等,过渡到拉压结构,如空间网格结构,构件的截面利用更加充分。但早期的网格结构,如单层网壳,构件仍然存在受弯状态,并不能完全发挥截面效能。可以想象,如果一个结构中的所有构件都只承受拉力和压力,则结构效能能够得到充分的发挥,从而达到更大的建筑跨度。这种结构体系的概念最早是由建筑大师富勒提出的,他认为在结构中应尽可能地减少受压状态而使结构处于连续的张力状态中。因此,所谓空间张力结构就是指通过柔性的索或膜施加预应力以后而形成的体系,单向受拉的索或者多向受拉的膜是其主要受力构件之一。

我国是最早将拉索应用于工程实际的国家,公元前258年我国四川灌县就建造了一座悬挂竹索桥——安澜桥。现代空间张力结构以悬索结构、索穹顶结构、索膜结构以及张弦结构为代表。

1953年,美国费瑞德·赛沃特设计了北卡罗来纳州道顿竞技馆(92m×97m),采用了两个垂直方向的单索形成双曲抛物面索网屋面,利用两侧落地混凝土拱作为边界约束,如图1-23所示。1965年前后建造的北京工人体育馆(直径94m)和浙江人民体育馆(60m×80m,椭圆形平面),均采用了悬索结构体系,如图1-24、图1-25所示。早期悬索结构屋面材料通常为混凝土板重屋面,这无疑增加了结构自重从而影响结构跨度;而轻质屋面材料会造成索网体系稳定性变差,局部变形增加。这一矛盾关系使得传统悬索结构未能快速地发展,但索、膜结构高效、轻盈的特点非常适合大跨度建筑结构,索、膜结构仍然以索穹顶、膜结构以及张弦结构等其他形式活跃在现代大跨度建筑结构领域。

索穹顶结构是近几十年发展起来的一种结构形式,由钢索、膜以及压杆组成(图1-26)。荷载从中心拉环经过径向脊索、环索以及斜拉索传向周圈受压环梁。屋面膜材由钢索施加的预应力张紧成形,固定在拉索节点以及环梁上。它的出现最初是为了实现富勒所提出的张拉整体的理念,这种结构也是当今最接近张拉整体概念的结构体系。

图1-23 北卡罗来纳州道顿竞技馆

图1-24 北京工人体育馆

图1-25 浙江人民体育馆

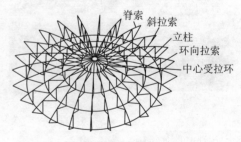

图1-26 索穹顶组成

1988年,韩国汉城奥运会击剑馆首次采用了索穹顶结构,直径90m,每两根脊索之间加设谷索,如图1-27所示。1996年,美国亚特兰大奥运会体育场馆佐治亚穹顶,跨度达到了240m×192m,如图1-28所示。我国于2010年建成了国内第一个索穹顶结构——内蒙古鄂尔多斯市伊金霍洛旗全民健身活动中心索穹顶。该穹顶直径71.2m,如图1-29所示。目前,我国正在建设多个大跨度索穹顶结构,如天津理工大学体育馆等。

膜结构是以建筑膜材作为主要受力构件的结构。早期的膜结构主要出现在游牧民族的帐篷中,现代意义上的膜结构起源于一种用鼓风机吹帐篷布作为野战医院的设想。直到1956 年沃博特·伯德设计建造了一个直径 15m 的球形充气雷达罩(图 1-30),这种结构才开始被大众知晓。随后在 1970 年大阪万国博览会上出现了大量充气膜结构,这种结构开始引起人们的注意。比如,博览会美国馆采用了一个椭圆形充气膜结构(图 1-31),平面投影139m×78m,大厅中间不设置柱子,仅用 32 根沿对角线布置的钢索与膜材构成。整个工程只用了不到 10 个月就完成了。另一个代表性的建筑是日本川口卫设计的富士馆,该馆采用了气肋式膜结构(图 1-32),平面投影为圆形,直径 50m,由 16 根直径 5m、长 78m 的气肋拱构成。它是迄今为止最大的气肋式膜结构。

图 1-27　汉城奥运会击剑馆

图 1-28　佐治亚穹顶

图 1-29　伊金霍洛旗全民健身活动中心索穹顶

图 1-30　雷达罩

图 1-31　博览会美国馆

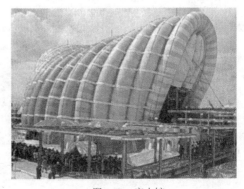

图 1-32　富士馆

同一时期,张拉膜结构也得到了快速发展。比如,1981 年沙特阿拉伯哈吉国际航空港(图 1-33),由 2 组 5 排共计 210 个锥形膜单元组成,平面投影尺寸 45m×45m;1993 年,美国丹佛国际机场候机大厅采用了封闭式张拉膜结构,平面投影尺寸 305m×67m(图 1-34),由 17 个相连的双支撑帐篷单元组成,屋顶采用双层 PTFE 膜材以确保候机大厅温暖舒适且避免飞机噪声影响;2000 年,为了迎接千禧年的到来,在伦敦泰晤士河畔的格林尼治半岛修建了千年穹顶(图 1-35),该穹顶周长 1000m,直径 365m,覆盖面积达到 10 万 m²,由 12 根 100m 高的钢桅杆将膜结构屋顶吊起。我国首个永久性膜结构是 1997 年修建的上海体育馆(图 1-36),可容纳 8 万人,其屋面为马鞍形,平面投影尺寸 288.4m×274.4m,由 64 道径向悬挑桁架和环向次桁架组成空间骨架,最大悬挑长度达到 73.5m。

图 1-33　沙特阿拉伯哈吉国际航空港

图 1-34　丹佛国际机场候机大厅

图 1-35　千年穹顶

图 1-36　上海体育馆

伴随着索、膜结构的蓬勃发展,拉索、膜材作为现代建筑活跃的因素与传统结构形式相结合,形成丰富多彩的轻型大跨度建筑结构形式。张弦结构就是其中最具代表性的结构体系。将拉索与梁式结构结合就形成了张弦梁、张弦桁架结构,例如上海浦东国际机场航站楼是国内第一个采用张弦梁结构的建筑(图 1-37),2001 年建成的广州会展中心屋盖采用了张弦桁架结构(图 1-38),国家体育馆则采用了单向曲面双向张弦梁设计(图 1-39),其上层由正交正放的平面桁架组成(横向 18 榀,纵向 14 榀),网格间距 8.5m。

图 1-37　上海浦东机场航站楼

图 1-38　广州会展中心

a)   b)

图 1-39　国家体育馆双向张弦梁

a)外景图;b)内景图

　　将拉索与网架、网壳结构相结合,就形成了弦支网架、弦支穹顶结构。最早的弦支穹顶结构的概念是 1993 年由日本的川口卫教授提出的,最初代表性工程有 1994 年建成的光丘穹顶(图 1-40)以及 1997 年建造的聚会穹顶(图 1-41)。国内共建成弦支穹顶结构 20 余座,其中比较典型的有 2001 年建成的我国第一个中大跨度弦支穹顶结构——天津保税中心大堂屋盖;2008 年北京奥运会羽毛球馆 (图 1-42),弦支穹顶跨度 93m 左右;山东茌平体育馆弦支穹顶(图 1-43),弦支穹顶结构跨度 93m 左右。

图 1-40　光丘穹顶　　　　　　　　　　　图 1-41　聚会穹顶

图 1-42　2008年北京奥运会羽毛球馆　　　　图 1-43　山东茌平体育馆弦支穹顶结构

1.3 大跨度建筑结构的形式

发展至今,常见的大跨度建筑结构主要有以下几种结构类型:梁结构、桁架结构、排架结构、门式刚架、薄壁结构、拱结构、薄壳结构、网架结构、网壳结构、悬索结构、膜结构、索穹顶及张弦结构。

(1)梁结构

这是一种传统的、最简易、最原始的结构,构件通过受弯承担荷载,应力分布极不均匀,需要选择既耐拉又耐压的材料,中跨度的梁高度较大,单跨简支梁的高度比其他梁要大,如钢筋混凝土的梁高跨比为 1/15～1/12,预应力混凝土梁为 1/21～1/17,钢梁为 1/24～1/15。梁结构多用于中小跨度的结构中,若用于跨度较大的结构则经济性较差。

(2)桁架结构

由实心梁发展到空腹梁,从而减轻了梁的自重、节约了材料,并可以加大跨度。在此基础上发展出桁架结构,桁架结构形式很多,如三角形、拱形、半圆形、抛物线形、梯形、平行弦形等。桁架比空腹梁又进了一步,从其受力状态方面来看,各杆件都处于轴心受力状态,故适用于较大跨度的承重结构,对于钢筋混凝土桁架跨度可达 20m,预应力钢筋混凝土桁架可达60m,钢屋架如抛物线形钢桁架可达 70m。

(3)排架结构

排架结构是由屋架或屋面梁、柱和基础连接而形成的结构形式,其中屋架是简支在柱顶上的,柱子底端嵌固于基础中。排架结构的纵向一般用联系构件和柱间支撑组成空间体系,形成稳定的结构。这种结构可工厂化生产,装配化施工,因而施工方便,造价较低,我国的单层厂房采用较多。排架结构跨度一般为 9～36m,柱距一般在 6m,也可用到 12m。

(4)门式刚架结构

门式刚架结构是由柱与直线形、弧形或折线形横梁刚性连接而形成的结构形式。门式刚架与排架结构相比,在中小跨度的无吊车或仅有小吨位吊车厂房中使用具有较好的经济指标。由于构件简单,室内简洁明亮,有较大的空间,成为中小礼堂、食堂、商场、厂房、仓库等建筑的主要承重结构形式之一。

(5)拱结构

拱结构由拱圈和支座组成,是一种古老的结构形式。自古以来,人类就试图用拱结构去跨越一定的跨度,这是因为拱结构相比桁架、梁等结构具有更大的力学优点,在外荷载作用下主要承受压力,这充分发挥了诸如砖石、钢、混凝土等大量材料的抗压性能。拱结构在近代又得到更大的发展,按材料分有土拱、木拱、石拱、混凝土拱、钢筋混凝土拱和钢拱等;按轴线形状分有圆弧拱、抛物线拱和悬链线拱等;按截面形式分有实体拱、箱形拱和桁架拱等;按受力状态分有三铰拱、双铰拱和无铰拱等。房屋结构中采用的拱结构较少,它一般用于大跨度公共建筑和储仓,在公路和铁路建设中应用也较多,是桥梁工程的基本结构形式之一。

拱的跨高比一般为 5～8,个别情况也可用到 12。拱肋与跨度相比可以做得很细长。钢筋混凝土拱肋高与跨度比一般为 1/40～1/30,钢拱肋为 1/80～1/50。对于格构式钢拱其截面高度与跨度比一般为 1/60～1/30。

（6）薄壁结构

薄壁空间结构主要以壳体结构为主,与前面介绍的梁、桁架、拱等结构不同,薄壁空间结构属于一种空间受力结构,曲面的厚度与其他尺寸相比要小得多。它能用最少的材料,获得最大的效果,可以充分发挥材料的力学性能。

壳体结构的曲面形式很多,球壳是最原始的一种,远在古罗马时代的拱顶即为此类。43m 直径的潘松神庙,也应用了球壳形式。双曲壳是现代才发展起来的一种壳体形式,其外形如同把一个球壳竖着在四面各切一刀,剩下中央的这块壳体就称为双曲壳。它又分为双曲扁壳与双曲抛物面壳。此外还有扭壳、双曲抛物面扭壳、筒壳、折板壳、幕结构等各种薄壁空间结构。

由于壳体结构的空间受力效果和极大的面内刚度,对于几十米或百米以上跨度的屋盖壳厚仅需几厘米即可。目前,在世界上薄壳结构已广泛地应用于大型屋盖中,如展览大厅、飞机库和大型工业厂房等。

因薄壳结构主要受压,故一般采用钢筋混凝土现浇工艺制作。由于高空现浇成型较困难,施工较为复杂,而且模板及脚手架的用料也极多,在推广应用中受到一定限制。

（7）网架结构

网架结构是近几十年发展起来的一种较先进的空间结构体系,也是现代大跨度结构的一大进展,是由一系列上弦杆、下弦杆和腹杆按照一定规格组成的网格状空间结构形式,具有类似平板的外形,因此也称为平板网架。网架结构一般采用钢管制成,整体性好,可做成各种形式,承受各种不同荷载的作用。

这种结构形式的优点很多,如重量轻、整体性强、空间刚度大、抗震性能好。网架的各个杆件主要承受轴向力,所以它能充分发挥材料的强度。网架结构的构造高度仅为跨度的 $1/25 \sim 1/20$,其跨度可达 200m。网架结构适用范围广,可应用于如圆形、方形、多边形和矩形等各种形状的建筑平面中。

（8）网壳结构

网壳结构的外形如同薄壳结构,只是壳面用网格状的杆件代替,既有网架结构的一系列优点,又能构成壳体那样的优美造型。网壳结构近年来发展较快,几乎取代了钢筋混凝土薄壳结构。网壳的外形和薄壳一样,有圆柱面网壳、球面网壳、椭圆抛物面网壳、双曲抛物面网壳。单层网壳需做成刚性的杆件体系,节点与杆件除传递轴向力外还需要承受弯矩,这是与网架结构的最大区别。但在受力较大、跨度较大时,为防止失稳,宜做成双层网壳。

（9）悬索结构

悬索结构就是以拉索为核心受力构件的结构。近几十年来由于高强钢丝的出现,为索结构的发展更提供了有利的条件。悬索结构最突出的优点是它所用的钢索只承受拉力,能根据材料的特性,合理使用材料,从而节省了钢材,减轻了屋盖自重,有效地覆盖了大跨度建筑物。如当跨度在 $100 \sim 150m$ 时,使用悬索结构是最经济的;到 300m 以上的跨度时,设计合理的悬索结构仍然可以做到经济合理。悬索结构也有其不足之处,即在强风作用下,容易丧失稳定,因此实际应用时技术要求较高并要求采取相应的措施。

（10）膜结构

膜结构是 20 世纪 40 年代发展起来的一种新型大跨度结构,它是由多种高强薄膜材料及加强构件通过一定方式使其内部产生一定的张力以形成一定的空间形状,作为覆盖结构,并能承受一定的外荷载。由于膜结构主要采用了轻质的膜材料,结构重量轻,适合运用在大跨度空间结构中。

膜结构按支承方式不同,可分为充气膜结构、悬挂膜结构、骨架支承膜结构和索膜结构。充气膜结构有两种结构形式:一种是将膜做成一个封闭的空间,向内鼓入空气,利用内外空气压力差,使结构具有一定的刚度来承受外荷载;另一种是将膜材料做成半圆形状的圆筒,向圆筒内充入空气,将这些半圆形的圆筒组成各种形状的屋盖。

（11）索穹顶结构

索穹顶结构是一种支承于周边受压环梁上的张力集成体系或全张力体系。由于其外形类似于一个穹顶结构,且主要受力构件为钢索,故而被命名为索穹顶。

索穹顶作为工程中实现的唯一一种张力集成体系,由于整个结构除少数几根压杆外都处于张力状态,充分发挥了钢索的强度,是一种结构效率极高的全张力体系。

（12）张弦结构

张弦（弦支）结构是指在传统刚性结构的基础上引入柔性的预应力拉索,并施加一定的预应力,从而改变了结构的内力分布和变形特征,而形成的一种半刚性结构体系。这种结构体系具有柔性结构重量较轻的特点,同时施工难度与一般柔性结构相比较低。

本章参考文献

[1] 叶志明.土木工程概论[M].北京:高等教育出版社,2010.

[2] 约翰·奇尔顿.空间网格结构[M].北京:中国建筑工业出版社,2004.

[3] 杜文峰,张慧,等.空间结构[M].北京:中国电力出版社,2008.

[4] 张毅刚,薛素铎,杨庆山,等.大跨度空间结构[M].北京:机械工业出版社,2005.

[5] 陈志华.张弦结构体系[M].北京:科学出版社,2013.

[6] 王小盾,等.一种新型的穹顶结构施工体系攀达穹顶施工方法.[J].建筑科学,2005,25（5）:87-91.

[7] 丁洁民,张铮.大跨度建筑钢屋盖结构选型与设计[M].上海:同济大学出版社,2013.

第 2 章　薄壳结构

2.1　概　述

2.1.1　薄壳结构的概念

由两个曲面所限定的物体,如果两曲面之间的距离远比曲面尺寸小,就称为壳体。这两个曲面称为壳面;两壳面的垂直距离称为壳体的厚度;平分壳体厚度的面称为中曲面。

设壳体厚度为 t,中曲面曲率半径为 R,可用 t 与 R 之比来定义壳的类型。当壳体的 $t/R \leqslant 1/20$ 时,常称为薄壳。建筑工程常用薄壳结构的 t/R 在 $1/100 \sim 1/50$ 之间,或者更小。当壳体的 $t/R > 1/20$ 时,常称为厚壳。

大跨度建筑中的壳体结构通常为薄壳结构,即壳体厚度与其中的最小曲率半径之比小于 $1/20$,为薄壁空间结构中的一种,包括球壳、筒壳、双曲扁壳和扭壳等多种几何形式。薄壳结构的特点在于通过发挥结构的空间作用,把垂直于壳体表面或竖向的外力转化为壳体面内的薄膜力,再传递给支座,弥补了板等薄壁构件面外薄弱的不足,以比较轻的结构自重和较大的结构刚度及较高的承载能力实现结构的大跨度。

2.1.2　薄壳结构的特点

如上所述,由于薄壳结构很薄,当壳体受到外荷载后,壳体的主要内力是面内力(也称为薄膜内力),而弯曲内力与扭转内力相对很小,有时甚至可忽略不计。因此,薄壳结构主要依靠薄膜内力来平衡自重及外荷载,使其得以充分发挥材料的潜力,充分利用材料的强度。另外,薄壳结构的内力流向呈立体分布,其壳面所受的外荷载能直接传至支承结构,传力途径简捷。由于以上两个特点,使薄壳结构具有很好的经济性。

薄壳结构具有如下优点:

(1)可形成大跨度空间结构。

(2)重量轻、节约材料、经济性好。

(3)刚度大、整体性好,有良好的抗震和动力性能。

(4)造型多样、美观。

薄壳结构具有如下缺点:

(1)现浇混凝土薄壳需耗费大量模板。

(2)施工难度大。

(3)壳体结构本身的隔热和声学效果差。

2.1.3 薄壳结构的发展及现状

早在两千多年前,罗马万神庙就采用了砖石圆顶,即壳体结构的一种,但是壳体结构发展非常缓慢。到了 19 世纪后半叶,由于新材料的出现,尤其是钢筋混凝土的出现,使得壳体结构有了大的发展。意大利、法国、西班牙以及墨西哥等国,对钢筋混凝土壳体结构的发展做出了重要贡献。

钢筋混凝土薄壳结构用于建筑屋顶始于 1910 年,最早有资料记载是 1925 年德国 CarlZeiss 公司的四支柱圆柱面壳体屋顶。1950 年,意大利著名建筑师 P. L. Nervi 在都灵设计了跨度为 93m 的装配式波形薄壳屋顶展览大厅;1958 年,他又设计了罗马大体育馆比赛馆,该大厅是用装配式钢丝网水泥构成的薄壳屋顶。1959 年,在法国巴黎建成世界上跨度最大的薄壳结构建筑——国家工业与技术中心陈列大厅,其薄壳平面呈三角形,每边长 218m,矢高 48m,双层钢筋混凝土厚 120mm。

此外,1976 年蒙特利尔奥运会的装配式钢筋混凝土雨篷体育场和薄壳屋盖的自行车比赛馆、法国格勒诺布尔冬奥会的双层钢筋混凝土薄壳交叉组合屋盖的冰球馆、1988 年卡尔加里冬奥会的装配式钢筋混凝土格构式薄壳速滑馆、意大利都灵展览馆、伊利诺伊大学钢筋混凝土薄壳结构圆顶体育馆、美国麻省理工学院小礼堂、法国德方斯展览馆等,这些杰出的建筑作品在基于薄壳结构的基础上实现了设计创新,有力推动了现代薄壳建筑艺术和技术的发展。

我国最早的薄壳为 1948 年在常州建造的圆柱面壳仓库。另外,1958 年,北京火车站候车大厅采用边长为 30m×30m 现浇钢筋混凝土双曲扁壳、同济大学 40m 跨的大礼堂薄壳结构也引人注目。

从 1966 年至今,钢筋混凝土薄壳结构在我国各地陆续建造,但并没有得到大面积的推广,究其原因主要是由于在构造、施工方面研究不够,而且现浇钢筋混凝土薄壳需要耗费大量的木材,不适合我国国情。由于薄壳结构在力学性能方面比平面结构优越很多,在车间及仓库中可以获得大柱网的灵活空间,这些优越性正越来越为人们所认识,相信今后会进一步发展起来。

2.2 薄壳结构形式与曲面的关系

2.2.1 旋转曲面

由一平面曲线作母线绕其平面内的轴旋转而成的曲面,称为旋转曲面。该平面曲线可有不同形状,因而可得到用于薄壳结构中的多种旋转曲面,如球形曲面(图 2-1)、旋转抛物面(图 2-2)和旋转双曲面(图 2-3)等。

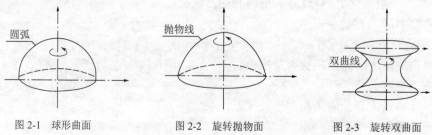

图 2-1 球形曲面   图 2-2 旋转抛物面   图 2-3 旋转双曲面

2.2.2 平移曲面

一竖向曲母线沿另一竖向曲导线平移而成的曲面称为平移曲面。在工程中常见的平移曲面有椭圆抛物面和双曲抛物面。前者是以一竖向抛物线作母线,沿另一凸向相同的抛物线作导线平移而成的曲面（图 2-4）;后者是以一竖向抛物线作母线,沿另一凸向相反的抛物线作导线平移而成的曲面(图 2-5)。

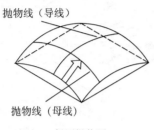

图 2-4 椭圆抛物面

图 2-5 双曲抛物面

2.2.3 直纹曲面

一根直线的两端沿两个固定曲线移动而成的曲面称为直纹曲面。工程中常见的直纹曲面有以下几种。

（1）鞍面壳与扭面壳

如图 2-6 所示的鞍面壳（也是双曲抛物面）,可按直纹曲面的方式形成。扭曲面（图 2-7）则是用一根直母线沿两根相互倾斜且不相交的直导线平行移动而成的曲面。

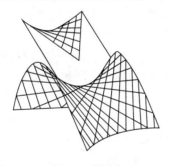

图 2-6 鞍面壳

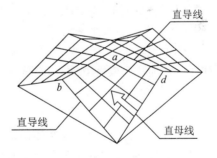

图 2-7 扭面壳

（2）柱面壳与柱状面壳

柱面是由直母线沿一竖向曲导线移动而成的曲面,如图 2-8 所示。柱状面是由一直母线沿着两根曲率不同的竖向曲导线移动,并始终平行于一个导平面而成,如图 2-9 所示。

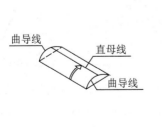

图 2-8 柱面壳

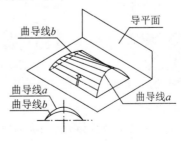

图 2-9 柱状面壳

（3）锥面壳与锥状面壳

锥面壳是一直线沿一竖向曲导线移动，并始终通过一定点而成的曲面，如图 2-10 所示。锥状面是由一直线一端沿一根直线、另一端沿另一根曲线，与一个导平面平行移动而成的曲面（图 2-11）。

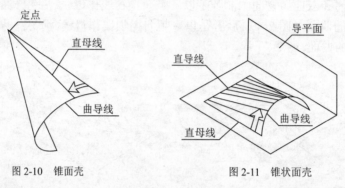

图 2-10　锥面壳　　　　　　图 2-11　锥状面壳

2.3　薄壳结构的分类及受力特点

2.3.1　球面薄壳

球面薄壳（也称穹顶薄壳）结构是极古老的建筑形式，古人仿效洞穴穹顶，建造了众多砖石圆顶，其中多为空间拱结构。直到近代，由于人们对穹顶结构受力性能的了解以及钢筋混凝土材料的应用，采用钢筋混凝土建造的穹顶结构仍然在大量地应用。

球面薄壳结构为旋转曲面壳。根据建筑设计的需要，穹顶薄壳可采用抛物线、圆弧线和椭圆线绕其对称竖轴旋转而成抛物面壳、球面壳和椭球面壳等。球面薄壳结构具有良好的空间工作性能，能以很薄的穹顶覆盖很大的跨度，因而可以用于大型公共建筑，如天文馆、展览馆和剧院等。

球面薄壳由壳板、支座环和下部支承结构三部分组成。

按壳板的构造不同，球面薄壳可分为平滑穹顶（图 2-12）、肋形穹顶（图 2-13）和球面薄壳组成的多面穹顶（图 2-14）三种。其中，平滑穹顶在工程中应用最为广泛。

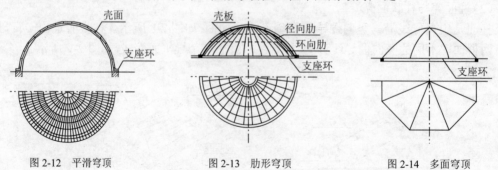

图 2-12　平滑穹顶　　　　图 2-13　肋形穹顶　　　　图 2-14　多面穹顶

支座环是球壳的底座，对穹顶起到箍的作用，要承担很大的支座推力，由此环内会产生很大的环向拉力，因此支座环宜为闭合环形，且尺寸很大，其宽度常在 0.5～2m，建筑上常将其与挑檐、周圈廊或屋盖等结合起来,也可以单独自成环梁,隐藏于壳底边缘。

球面薄壳的下部支承结构一般有以下几种:①通过支座环直接支承在房屋的竖向承重结构上,如砖墙、钢筋混凝土柱等。这时径向推力的水平分力由支座环承担,竖向支承构件仅承受径向推力的竖向分力。当结构跨度较大时,由于推力很大,支座环的截面尺寸就很大,这样既不经济,也不美观;②可支承于框架上,由框架结构把径向推力传给基础;③通过周围顺着壳体底缘切线方向的直线形、Y 形或叉形斜柱,把推力传给基础;④像落地拱直接落地并支承在基础上。

在球面薄壳中,一般情况下,壳板的径向和环向弯矩较小,可以忽略,壳板内力可近似按无弯矩理论计算。在轴向对称荷载作用下,穹顶径向受压,径向压力在壳顶小、在壳底大;穹顶环向受力,则与壳板支座边缘处径向法线与旋转轴的夹角 φ 大小有关,当 $\varphi \leqslant 51°49'$ 时,穹顶环向全部受压;当 $\varphi > 51°49'$ 时,穹顶环向上部受压,下部受拉力。

在球面薄壳中,支座环对穹顶壳板起箍的作用,承受壳身边缘传来的推力。一般情况下,该推力使支座环在水平面内受拉,在竖向平面内受弯矩、剪力。当支座环内不产生拉力时,仅承受竖向平面的内力。

2.3.2　圆柱形薄壳

圆柱形薄壳的壳板为柱形曲面,如图 2-15 所示。由于外形既似圆筒,又似圆柱体,故既称为圆柱形薄壳,也称为柱面壳。

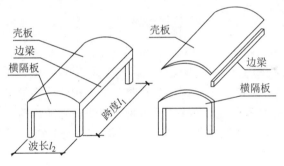

图 2-15　柱面壳

圆柱形薄壳由壳板、边梁及横隔三部分组成。两个边梁之间的距离,称为波长;两个横隔之间的距离称为跨度。圆柱形薄壳的跨度与波长的比例常常是不同的。一般当 l_1/l_2（跨／波）$\geqslant$ 1 时,称为长壳,一般为多波形;当 l_1/l_2（跨／波）< 1 时,称为短壳,大多为单波多跨。

圆柱形薄壳壳板的曲线线形可以是圆弧形、椭圆形和抛物线等,一般常采用圆弧形,可减少采用其他线形所造成的施工难度。壳板边缘处的边坡(即切线的水平倾角 φ)不宜过大,否则不利于混凝土浇筑,一般 φ 取 $35° \sim 40°$。壳板的厚度一般为 $50 \sim 80mm$,一般不宜小于 35mm。壳板与边梁连接处可局部加厚,以抵抗此处局部的横向弯矩。

圆柱形薄壳是空间结构,内力计算比普通结构复杂。圆柱形薄壳与筒拱的外形都为筒形,极其相似,但两者的受力本质不同。筒拱两端无横隔支承,而圆柱形薄壳两端常有横隔支承。因而,两者在承荷和传力上有着本质的区别。筒拱是横向以拱的形式单向承载和传力,纵向不传力,是平面结构;而圆柱形薄壳在横向以拱的形式承载和传力,在曲面内产生横向压力,在纵向以纵梁的形式把荷载传给横隔板。因此,圆柱形薄壳是横向拱与纵向梁共同作用的空间受力结构。

当圆柱形薄壳的跨波比不同时，圆柱形薄壳的受力状态存在很大差别。一般来讲，圆柱形薄壳的受力特点有以下三种：

（1）当 $l_1/l_2 \geqslant 3$ 时，由于圆柱形薄壳的跨度较长，横向拱的作用明显变小，横向压力较小，而纵向梁的传力作用显著，故圆柱形薄壳近似梁的作用，可按材料力学中梁的理论来计算。

（2）当 $l_1/l_2 \leqslant 0.5$ 时，试验研究证明，由于圆柱形薄壳的跨度较小，圆柱形薄壳横向的拱作用明显，而纵向梁的传力作用很小，因此近似拱的作用。而且壳体内力主要是薄膜内力，故可按薄膜理论来计算。

（3）当 $0.5 < l_1/l_2 < 3$ 时，由于圆柱形薄壳的跨度既不太长，也不太短，其受力时拱和梁的作用都明显，壳体既存在薄膜内力，又存在弯曲应力，可用弯矩理论或半弯矩理论来计算。边梁是壳板的边框，与壳板共同工作，整体受力。一般边梁主要承受纵向拉力，因此需集中布置纵向受拉钢筋，同时，由于它的存在，壳板的纵向和水平位移可大大减小。

一般圆柱形薄壳覆盖面积较大，采光和通风洞口处理的好与坏，直接影响建筑物的使用功能。一般情况下，圆柱形薄壳的采光可以采用以下几种方法：①可在外墙上开侧窗；②可利用在圆柱形薄壳混凝土中直接镶嵌玻璃砖；③不论长短壳，可在壳顶开纵向天窗，而短圆柱形薄壳还可沿曲线方向开横向天窗；④可以布置锯齿形屋盖。

由于圆柱形薄壳的壳体中央受力最小，故洞口宜在壳顶沿纵向布置。洞口的宽度，对于短壳不宜超过波长的1/3；对于长壳，不宜超过波长的1/4，纵向长度不受限制，但孔洞的四边必须加边框，沿纵向还须每隔2～3m设置横撑。

2.3.3　双曲扁壳

圆柱形薄壳与球面薄壳的结构空间非常大，对无需如此大的使用空间者，会造成较大的浪费，因此都宜降低其结构空间。当薄壳的矢高与被其覆盖的底面最小边长之比≤1/5时，称为扁壳。因为扁壳的矢高与底面尺寸和中面曲率半径相比要小得多，所以扁壳又称为微弯平板。实际上，有很多壳体都可设计成扁壳，如属于双曲扁壳的扁球壳就是球面壳的一部分，属于单曲扁壳的扁圆柱形薄壳为柱面壳的一部分等。双曲扁壳为采用抛物线平移而成的椭圆抛物面扁壳，如图2-16所示。

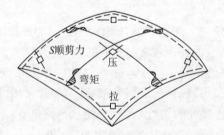 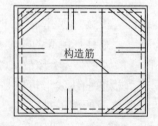

图 2-16　双曲扁壳

（1）双曲扁壳的结构组成与形式

双曲扁壳由壳板和周边竖直的边缘构件组成。壳板是由一根上凸的抛物线作竖直母线，其两端沿两根也上凸的相同抛物线作导线平移而成的。双曲扁壳的跨度可达 3～40m，最大可至 100m，壳厚 δ 比圆柱形薄壳薄，一般为 60～80mm。

由于扁壳较扁，其曲面外刚度较小，设置边缘构件可增加壳体刚度，保证壳体不变形，因此，边缘构件应有较大的竖向刚度，且边缘构件在四角应有可靠连接，使之成为扁壳的箍，以约束壳板变形。边缘构件的形式多样,可以采用变截面或等截面的薄腹梁,拉杆拱或拱形桁架等,也可采用空腹桁架或拱形刚架。

（2）双曲扁壳的受力特点

双曲扁壳在满跨均布竖向荷载作用下,壳板的受力以薄膜内力为主,在壳体边缘受一定横向弯矩。根据壳板中内力分布规律,一般把壳板分为三个受力区。

①中部区域:该区占整个壳板的大部分,约80%,壳板主要承受双向轴压力,该区强度潜力很大,仅按构造配筋即可。一般洞口开设在此区域。

②边缘区域:该区域主要承受正弯矩,使壳体下表面受拉,为了承受弯矩应相应布置钢筋。当壳体越高越薄,则弯矩越小,弯矩作用区也小。

③四角区:该区域主要承受顺剪力且较大,因此,产生很大的主应力。为承受主压应力,将混凝土局部加厚,为承受主拉应力,应配置45°斜筋。

2.3.4　鞍面壳与扭面壳

（1）鞍面壳与扭面壳的结构组成与形式

鞍面壳是由一抛物线沿另一凸向相反的抛物线平移而成的,而扭壳是从鞍壳面中沿直纹方向取出来的一块壳面。由此可见,鞍面壳与扭面壳都为双曲抛物面壳,并且也是双向直纹曲面壳。由于鞍面壳与扭面壳受力合理,壳板的配筋和模板制作都很简单,造型多变,式样新颖,深受欢迎,发展很快。

双曲抛物面的鞍面壳与扭面壳结构是由壳板和边缘结构组成的。当采用鞍壳作屋顶结构时,应用最为广泛的是预制预应力鞍壳板。鞍壳板宽1.2～3m,跨度为6～27m,宽向矢高为（1/34～1/24）×板宽,跨向矢高为（1/75～1/35）×跨度。一般用于矩形平面建筑。由于鞍壳板结构简单,规格单一,采用胎模叠层生产,生产周期短,造价低,因此已被广泛用于食堂、礼堂、仓库、商场和车站站台等。当采用鞍壳作为屋顶的壳板时,一般其边缘构件根据具体情况而定。如当采用预制鞍壳板时,其边缘构件,可采用抛物线变截面梁、等截面梁或带拉杆双铰拱等。当屋盖结构采用扭壳时,常用的扭壳形式有双倾单块扭壳和单倾单块扭壳,组合型扭壳可以用单块作为屋盖,也可用多块组合成屋盖。当用多块扭壳组合时,其造型多变,形式新颖,往往可以获得意想不到的艺术效果。

（2）鞍壳与扭壳的受力特点

鞍壳与扭壳受力合理,一般均按无弯矩理论计算。在竖向均布荷载作用下,曲面内不产生法向力,仅存在平行于直纹方向的顺剪力,且壳体内的顺剪力 S 都为常数,因而壳体内各处的配筋均一致。顺剪力 S 产生主拉应力和主压应力,作用在与剪力成45°角的截面上。主拉应力沿壳面下凹的方向作用,为下凹抛物线索,主压应力沿壳面上凸的方向作用,为上凸抛物线拱,如图2-17所示。

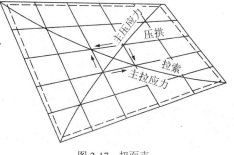

图 2-17　扭面壳

2.3.5　折板结构

（1）折板结构的结构组成与形式

折板结构是薄壳结构的一种,是由若干狭长的薄板以一定角度相交连接成折纸形的框架薄壁体系,其跨度不宜超过 30m,适于长条形平面的屋盖,两端应有通长的墙或圈梁作为折板的支点。折板结构与筒壳相似,一般由折板、边梁和横隔三部分组成,如图 2-18 所示。折板主要起承重及围护作用。边梁主要作用:作为简支板或连续板的横向支承;连接相邻折板,增强折板的纵向刚度;增强折板的平面外刚度;对折板起加劲作用。横隔主要作用:保证折板结构为双向受力的空间结构体系;作为折板边梁的纵向支座,承受折板传来的顺剪力,并传给下部支承结构;作为折板的板端边框,加强折板的横向刚度,并保持折板的几何形状不变。

折板结构的形式有 V 形、Ⅱ 形和 Z 形等。折板结构的折线形横截面,大大增加了空间刚度,就能既作梁受弯,又能作拱受压,且便于预制,因而得到发展。按跨数分有单跨、多跨及悬臂折板。按覆盖平面分有矩形、扇形、环形及圆形的平面折板。按所用材料分有钢筋混凝土折板、预应力混凝土折板及钢纤维混凝土折板。如果折板沿跨度方向也是折线形或弧线形的,则形成折板拱,是大跨度屋盖结构的形式之一。在混凝土折板中 V 形和梯形折板结构是较常用的截面形式,对混凝土折板结构的计算常用的方法有解析法、有限元法和应力分配法等。

折板结构的布置形式主要包括外伸悬挑（图 2-19）、变形折板（图 2-20）、并列组合（图 2-21）和反向并列组合（图 2-22）。

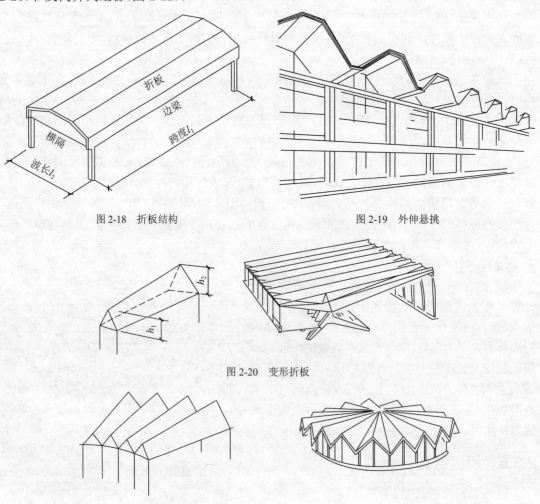

图 2-18 折板结构 　　　　　　图 2-19　外伸悬挑

图 2-20　变形折板

图 2-21　并列组合

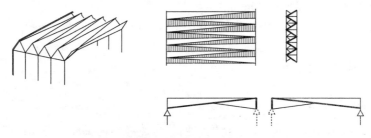

图 2-22 反向并列组合

折板结构的优点主要有受力优于梁式平板结构,模板简单,造型独特。缺点为折板很薄,一般需增加保温隔热材料。此外,折板结构在室内不平,利用其造型,可吊顶,也可不吊顶。折板结构以其空间刚度大、整体性好、抗震性能强而得到广泛运用。

(2)折板结构的受力特点

双向受力与传力:竖载由横向多跨连续板传给折缝,由折缝及其两侧斜板承担此荷载,并借纵横双向受力。其横向靠多跨连续板传力。因横向有弯矩,板仍不能太薄或太宽。波数(折数)越多,波宽越小,则横向弯矩也小。这是减小板厚,减轻自重的关键。其纵向依靠折缝及两侧斜板传力,斜板的平面内刚度很大,故跨度可大,厚度可薄。折板的高跨比与板的斜度(其影响折缝的刚劲程度)直接影响其强度与刚度。

折缝的保证作用:与壳体的折缝作用一样,折板的折缝在横向作连续的支座,在纵向使各块斜板连成整体,保证其纵向刚度。又由于折板是平板,其出平面刚度极小,故其折缝比曲面壳体的折缝起着更重要的加劲作用。

横隔的保证作用:横隔不仅是折板的支座和板端边框,其最主要的作用是保证薄而高的斜板不变位,使之具有足够横向跨度,从而使具有纵向刚度的折板发挥其强度。

根据折板结构的受力特点,按其跨度与波长的比,分为长折板($l_1/l_2 \geqslant 1$)和短折板($l_1/l_2 \leqslant 1$)。短折板结构的受力性能与短筒壳相似,双向受力作用明显,计算分析较为复杂。实际工程中,由于折板结构的波长不宜过大,其跨度是波长的好几倍,因此工程中多为长折板结构。

长折板($l_1/l_2 \geqslant 1$)的受力特点:其受力性能与长筒壳相似,对于边梁下无中间支承,且$l_1/l_2 \geqslant 3$的长折板可按梁理论计算。纵向折板取一个波长作为计算单元,按两端支承在横隔上的梁进行内力分析。折板截面折算成 T 形或工字形截面,截面上应力可按材料力学有关公式计算。

(3)折板结构的构造

为了使折板的厚度 $t \leqslant 100mm$,板宽不宜大于 $3 \sim 3.5m$,同时考虑到顶部水平段板宽一般取 $(0.25 \sim 0.4)l_2$,因此现浇整体式折板结构的波长 l_2 一般不应大于 $10 \sim 12m$。折板结构的跨度 l_1 则可达 27m 甚至更大。

影响折板结构形式的主要参数有倾角、高跨比 f/l_1 及板厚 t 与板宽 b 之比 t/b。折板屋盖的倾角越小,其刚度也越小,这就必然造成增大板厚和多配置钢筋,经济上是不合理的,因此,折板屋盖的倾角不宜小于 25°。高跨比 f/l_1 也是影响结构刚度的主要因素之一,跨度越大,要求折板屋盖的矢高越大,以保证足够的刚度。长折板的矢高 f 一般不宜小于 $(1/15 \sim 1/10)l_1$;短折板的矢高 f 一般不宜小于 $(1/10 \sim 1/8)l_2$,板厚与板宽之比,则是影响折板屋盖结构稳定的重要因素,板厚与板宽之比过小,折板结构容易产生平面外失稳破坏。折板的厚度 t 一般可取(1/50～1/40)b,且不宜小于30mm。

折板结构在横向可以是单波的或多波的,在纵向可以是单跨的、多跨连续的或悬挑的。折板结构中的折板一般为等厚度的薄板。边梁一般为矩形截面梁,梁宽宜取折板厚度的2～4倍,以便于布置纵向受拉钢筋。

2.3.6　新型金属薄壳

早在20世纪40年代,美国的一些结构师们从自然界植物表皮纹理的结构造型中受到启发,开始寻求用极薄的材料通过波纹加劲,从而做成较大跨度结构的方法。他们以薄钢板为材料,建立力学模型,在理论上分析出合理的结构形式。在实现这种结构的道路上,结构师与机械师走到了一起,结构构造要求指引着机械师研制出了能生产带波纹薄壁结构的机组,这便是金属屋顶成型机。为填补我国的这项空白,北京市银河金属屋顶成型技术研究所与天津大学土木系空间结构研究室联合,投入了大量人力、物力,结合国际先进经验研制出了自己的金属屋顶——银河金属拱形波纹屋顶。

(1)拱形波纹钢屋盖的结构组成与形式

图2-23　拱形波纹钢屋盖

拱形波纹钢屋盖是指用专门的成型机组将彩涂板压制成具有折皱波纹的弧形钢槽板,经锁缝连接并安装就位而形成的屋盖结构。单元板主要是由彩涂板经专门的成型机组连续压制而成的单个直形槽板或具有折皱波纹的弧形槽板。由若干条单元板组装并锁缝连接而形成的吊装单元为组合单元板,如图2-23所示。

(2)拱形波纹钢屋盖的理论分析方法

金属拱形波纹板中拱形槽板从整体上看属于双曲拱形薄壳,但其细部带有许多波状褶皱,这些褶皱对于提高拱壳的抗弯刚度,增强结构的承载力有很大意义。但是波状褶皱的存在使得结构受载后的工作性能、破坏机理以及破坏模型变得极为复杂。目前,对于这种结构的理论分析主要可采用两种方法——有限元法和有限条法。

采用有限元法,可按大挠度、弹塑性理论建立一种广义协调的双非线性壳单元。为降低总刚度矩阵阶数,可采用子结构法,以一个周期的波状褶皱为子结构,子结构中单元划分要保证精度。

有限条法是一种半解析法,采用这种方法可以大大减少计算量和内存需要量。但与有限元法相比,其缺点是没有适应任意几何形状、边界条件和材料变化的能力。样条有限条法是有限条法的改进,可统一且简单地处理复杂边界问题,并且对于集中荷载情形收敛性较好。

2.4　工程实例

2.4.1　球壳案例——克斯吉体育馆

此体育馆于1955年建于麻省理工学院,建筑师为埃罗·沙里宁,如图2-24所示。屋顶为球面薄壳,三脚落地。薄壳曲面由 1/8 球面组成,这 1/8 球面是由三个与水平面夹角相等的通过球心的大圆从球面上切割出来的。三点间的拱高 18.6m,其平面投影为曲形,穹顶半径为 34m,薄壳平面形状为 48m×41.5m 的曲边三角形。薄壳平均厚度 8.7cm,但在底部加厚为 50cm,以抵抗此处的力。薄壳的三个边为向上卷起的边梁,并通过它将壳面荷载传至三个支座,支座为铰接。支撑点特意加强其配筋,对弯曲应力而言,其作用有如旋转接头,并以混凝土扶壁支撑。

图 2-24　麻省理工学院体育馆

2.4.2　筒壳案例——金贝尔美术馆

此美术馆建于 1972 年,建筑师为路易斯·康。美术馆屋顶包括 14 块筒壳,其中,两片恰好为室外的雨披,跨度为 30.5m×7m,筒壳剖面为摆线形,如图 2-25 所示。筒壳由方柱支承,墙均为非承重墙。多数筒壳屋顶在中央都有一道 91cm 宽的天窗,筒壳屋顶所受的压力则经由分持屋顶两半的混凝土块传递至两端。混凝土块间的筒壳,作用如水平梁。天窗附近的混凝土块则加厚,以维持稳定。筒壳边缘混凝土边梁加厚。筒壳底部除钢筋外还加收拉钢索加强,只有在端部加强为拱,拱与端墙之间为玻璃,强调端墙为非承重墙。

图 2-25　金贝尔美术馆柱面壳

2.4.3　双曲抛物面案例——墨西哥霍奇米洛科餐厅

建于 1958 年的位于墨西哥城索奇米尔科的洛斯马纳迪阿勒斯餐厅由墨西哥著名工程师

坎迪拉设计,如图 2-26 所示。该建筑由四个双曲抛物面薄壳交叉组成。在交叉部位,壳面加厚,形成四条有力的拱肋,直接支承在八个基础上。壳厚 4cm。两对点的距离是 42.5m。建筑平面为 30m×30m。壳体外围八个立面是斜切的,整个建筑犹如一朵覆地莲花,造型别致,室内采光通风效果好。

图 2-26　墨西哥霍奇米洛科餐厅

2.4.4　双曲抛物面案例——星海音乐厅

星海音乐厅位于广州市二沙岛中南部,工程总用地面积 11658m²,建筑占地面积 4579m²,如图 2-27 所示。大厅采用了钢筋混凝土双曲抛物面壳体结构,造型美观。钢筋混凝土双曲抛物面薄壳在水平面上的投影,是一个边长 48m 的正方形。对角线两点落地跨度 67.88m,南面壳体高 40m,北面壳顶 25m,东、西两角落地,形成正反凹凸曲面的双曲抛物面壳体。壳体四周均由 4 根变截面的混凝土大斜梁支承,这 4 根大刚度的边缘构件则支承于四边剪力墙及柱上,但南面最高一段为悬臂 19m(水平投影 15m)的悬挑壳面。壳体法向厚度为 140mm,在壳体周边 6m 范围内(从斜梁内侧起计 5.2m),则由 140mm 增至根部的 220mm 厚。造型奇特的外观,富于现代感,犹如江边欲飞的一只天鹅,与蓝天碧水浑然一体,形成一道瑰丽的风景线。

图 2-27　星海音乐厅

2.4.5　折板结构案例——美国伊利诺大学会堂

美国伊利诺大学会堂建于 1962 年,平面呈圆形,直径 132m,矢高 18.8m,如图 2-28 所示,是一个集会、文艺演出、篮球和展览的多功能厅,面积为 4000m²。屋顶为预应力混凝土折板组成的穹顶,由 48 块同样形状的钢筋混凝土板,采用移动脚手架分段对称就位现浇而成。板厚 9cm,由膨胀页岩轻混凝土浇制而成,形成 24 对折板拱,重 5000t。拱脚水平推力由预应力圈梁承受。薄壳底部衬 50cm 厚木丝板,作为吸声处理。其造型如盖之碟,外观新颖。

图 2-28 美国伊利诺大学会堂

本章参考文献

[1] 中国建筑科学研究院建筑结构研究所,中国建筑科学研究院建筑情报研究所.中外大跨度空间结构的发展情况[M].北京:中国建筑科学研究院,1979.

[2] 张毅刚,薛淑铎,杨庆山,等.大跨空间结构[M].北京:机械工业出版社,2013.

[3] 杜文风,张慧.空间结构[M].北京:中国电力出版社,2008.

[4] 刘锡良.现代空间结构[M].天津:天津大学出版社,2003.

[5] 天津大学,等.CECS167:2004 拱形波纹钢屋盖结构技术规程[S].中国工程建设标准化协会,2004.

[6] 中国石油化工公司北京石油化工工程公司,等.JGJ/T 21—93 V 形折板屋盖设计与施工规程[S].北京:中国建筑工业出版社,1993.

[7] 虞季森.中大跨度建筑结构体系及选型[M].北京:中国建筑工业出版社,1990.

[8] 蓝天.空间结构的十年——从中国看世界[C]//第六届空间结构学术会议论文集.北京:地震出版社,1992:1-8.

[9] 陈星辉,蒋津.十年来中国折板结构的发展[C]//第六届空间结构学术会议论文集.北京:地震出版社,1992:31-41.

[10] 沈世钊.大跨空间结构的发展——回顾与展望[J].土木工程学报,1998,31(3):5-14.

[11] 刘锡良.一种新型空间钢结构——银河金属拱型波纹屋顶[J].建筑结构学报,1996,17(4):72-75.

[12] 张勇.金属拱型波纹屋盖结构结构设计分析、设计理论与实验研究[D].天津大学,2000.

[13] 刘锡良,张勇,张福海.金属拱型波纹屋盖结构的拱计算模型[J].钢结构增刊,2000.

[14] 刘鸿文.板壳理论[M].杭州:浙江大学出版社,2003.

[15] 中国建筑科学研究院. JGJ22—2012. 钢筋混凝土薄壳结构设计规程 [S]. 北京, 中国建筑工业出版社, 2012.

[16] 齐志刚, 张希黔. 双曲抛物面组合扭壳屋盖施工技术 [J]. 建筑技术. 2008 (7): 521-524.

[17] S. 铁摩辛柯, S. 沃诺斯基板壳理论 [M].《板壳理论》翻译组译. 北京: 科学出版社, 1977.

第3章 网架结构

网架结构（又称为平板型网架结构）是用多根杆件按照一定规律组合而成的网格状高次超静定空间杆系结构。杆件可以由多种材料制成，如钢材、木材、铝材等，目前工程中以钢制的管材或型材为主。网架结构因具有空间刚度好、用材经济、工厂预制、现场安装和施工方便等优点而得到广泛应用。

3.1 网架结构的类型

目前，国内外常用的网架结构，可分为平面桁架系网架、四角锥体系网架和三角锥体系网架三大类网架，共 13 种具体的网架形式。

3.1.1 平面桁架系网架

平面桁架系网架是由平面桁架交叉组成的，根据平面形状和跨度大小、建筑设计对结构刚度的要求等，网架可由两向平面桁架或三向平面桁架交叉而成，如图 3-1 所示。从图 3-1 中可以看出，这类网架上下弦杆的长度相等，而且其上下弦杆和腹杆位于同一垂直平面内。在各向平面桁架的交点处有一根共用的竖杆。连接上下弦点的斜腹杆应沿杆件受拉方向布置，这样受力较为有利。

根据上述原则，结合下部结构的具体条件，有下列五种平面桁架系网架形式。

（1）两向正交正放网架

两向正交正放网架（图 3-2）是由两个方向的平面桁架交叉组成的。各向桁架的交角成 90°。在矩形建筑平面中应用时，两向桁架分别与建筑轴线垂直或平行。这类网架两个方向桁架的节间布置成偶数，如果为奇数网格，则其中间节间应做成交叉腹杆。另外，在其上弦平

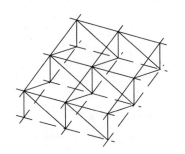

图 3-1 平面桁架系网架的构成

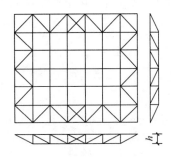

图 3-2 两向正交正放网架

面的周边网格中应设置附加斜撑,以传递水平荷载。当支座节点在下弦时,下弦平面内的周边网格也应设置此类杆件。

（2）两向正交斜放网架

两向正交斜放网架（图3-3）是由两个方向的平面桁架交叉而成的,其交角成90°,它与两向正交正放网架的组成方式完全相同,只是将它在建筑平面上放置时转动45°,各向平面桁架与建筑轴线的交角不再是正交,而是成45°。

这类网架两个方向平面桁架的跨度有长有短,节间数有多有少,但是网架是等高的,因此,各榀桁架刚度各异,能形成良好的空间受力体系。

（3）两向斜交斜放网架

两向斜交斜放网架（图3-4）是由两个方向的平面桁架交叉组成的,但其交角不是正交,而是根据下部两个方向支承结构的间距变化,两向桁架的交角可成任意角度。这类网架节点构造复杂,受力性能也不理想,只有当建筑要求长宽两个方向的支承间距不等时才采用。

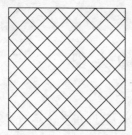 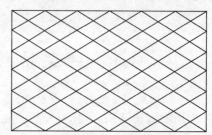

图3-3 两向正交斜放网架　　　　　图3-4 两向斜交斜放网架

（4）三向网架

三向网架（图3-5）是由三个方向的平面桁架交互交叉而成的。其相互交叉的角度成60°。网架的节点处均有一根为三个方向平面桁架共用的竖杆。这类网架的网格一般呈正三角形。由于各向桁架的跨度及节间数各不相同,故各榀桁架的刚度也各异,因而受力性能很好,整个网架的刚度也较大。但是,三向网架每个节点处汇交的杆件数量较多,最多达13根,故节点构造比较复杂。

（5）单向折线形网架

单向折线形网架（图3-6）是由一系列互相斜交成V形的平面桁架构成的。也可看作是将正放四角锥网架取消了纵向的上下弦杆后形成的。它只有沿短跨度方向的上下弦杆,因此,呈单向受力状态。但它比单纯的平面桁架刚度大;不需要布置支撑体系;所有杆件均为受力杆件。为加强其整体刚度,构成一个完整的空间结构,其周边还需按图3-6所示增设部分上弦杆件。单向折线形网架,由于它主要呈单向受力状态,故适宜在较狭长的建筑平面中采用。

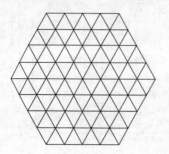 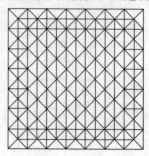

图3-5 三向网架　　　　　　图3-6 单向折线形网架

3.1.2 四角锥体系网架

倒置的四角锥体是四角锥体系网架的基本组成单元。这类网架上下弦平面内的网格均呈正方形。上弦网格的形心即是下弦网格的交点。从上弦网格的四个交点向下弦交点用斜腹杆相连,即形成倒置的四角锥体单元(图 3-7)。

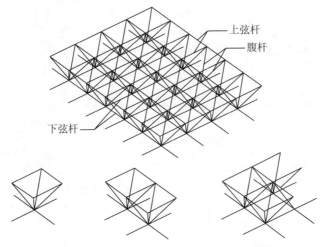

图 3-7 四角锥网架的组成

各独立四角锥体的连接方式可以是四角锥体的底边与底边相连,也可以是四角锥体底边的角与角相连。根据单元体连接方式的变化,四角锥体系网架可以有以下五种形式。

（1）正放四角锥网架

正放四角锥网架(图 3-8)的构成,是以倒置的四角锥体为组成单元,将各个倒置的四角锥体的底边相连,再将锥顶与平行的上弦杆杆件连接起来,即形成正放四角锥网架。这种网架的上下弦杆与建筑物轴线平行或垂直,而且没有垂直腹杆。正放四角锥网架的每个节点均汇交八根杆件。网架中不但上弦杆与下弦杆等长,如果网架斜腹杆与下弦平面夹角成 45°,则网架全部杆件的长度均相等。

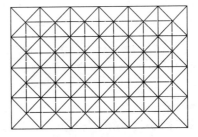

图 3-8 正放四角锥网架

正放四角锥网架受力比较均匀,空间刚度也比其他四角锥网架以及两向网架要大。同时,由于网格相同也使屋面板的规格减少,并便于起拱和屋面排水。这种网架在国内外得到了广泛的应用,特别是一些在工厂制作的定型化网架,都以四角锥作为预制单元,然后拼成正放四角锥网架。

（2）正放抽空四角锥网架

正放抽空四角锥网架（图 3-9）的组成方式与正放四角锥网架基本相同,除周边网格中的锥体不变外,其余网格可根据网架的支承情况有规律地抽掉一些锥体。正放抽空四角锥网架杆件数目较少,构造简单,经济效果较好。但是,网格抽空后,下弦杆内力增大,且差别较大,刚度也较正放四角锥网格小些,故一般多在轻屋盖及不需要设置吊顶的情况下采用。

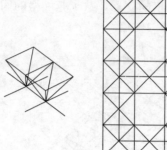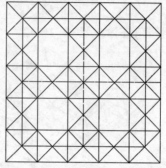

图 3-9 正放抽空四角锥网架

（3）斜放四角锥网架

斜放四角锥网架（图 3-10）的组成单元也是倒置的四角锥体,它与正放四角锥网架不同之处是四角锥体底边的角与角相接。这种网架的上弦网格呈正交斜放,而其下弦网格则与建筑轴线平行或垂直呈正交正放。

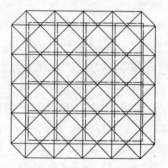

图 3-10 斜放四角锥网架

斜放四角锥网架的上弦杆短而下弦杆长。一般情况下,网架的上弦承受压力,下弦承受拉力,因而这种网架受力合理,能充分发挥杆件截面的作用,耗钢量也较省。这种网架每个节点汇交的杆件也最少,上弦节点处六根,下弦节点处八根,因而节点构造简单。在周边支承的正方形或接近正方形的矩形平面屋盖中采用时能充分发挥其优点,是一种目前国内工程中应用得相当广泛的网架。

（4）棋盘形四角锥网架

棋盘形四角锥网架（图 3-11）由于其形状与国际象棋的棋盘相似而得名。其组成单元也是倒置的四角锥体,其构成原理与斜放四角锥网架基本相同,是将斜放四角锥网架水平转动45°角而成。因而其上弦杆为正交正放,下弦杆为正交斜放。棋盘形四角锥网架也是具有上弦杆短而下弦杆长的特点。在周边布置成满锥的情况下刚度也较好。它具有斜放四角锥网架的全部优点,而且屋面构造简单。

（5）星形四角锥网架

星形四角锥网架（图 3-12）的构成与上述四种四角锥网架区别较大。它的单元体由两个倒置的三角形小桁架正交形成,在交点处有一根共用的竖杆,形状像一个星体。将单元体的上弦连接起来即形成网架的上弦,将各星体顶点相连即为网架的下弦。上弦杆呈正交斜放,下弦杆呈正交正放,网架的斜腹杆均与上弦杆位于同一垂直平面内。

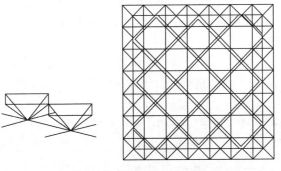

图 3-11　棋盘形四角锥网架

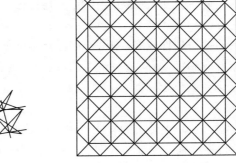

图 3-12　星形四角锥网架

星形四角锥网架的上弦杆短,下弦杆长,受力合理。竖杆受压,其内力等于上弦节点荷载。但其刚度稍差,不如正放四角锥网架。一般适用于中小跨度的周边支承屋盖。

3.1.3　三角锥体系网架

三角锥体系网架是以倒置的三角锥体为组成单元,锥底为等边三角形。将各个三角锥底面互相连接起来即为网架的上弦,锥顶用杆件相连即为网架的下弦,如图 3-13 所示。三角锥体的三条棱即为网架的斜腹杆。在这种单元组成的基础上,有规律地抽掉一些锥体或改变一下三角锥体的连接方式,就有以下三种三角锥体系网架。

（1）三角锥网架

三角锥网架（图 3-14）由倒置的三角锥体组成。其上下弦网格均为正三角形。倒置三角锥的锥顶位于上弦三角形网格的形心。三角锥网架受力比较均匀,整体刚度比较好。如果网

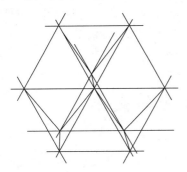

图 3-13　三角锥体系网架的组成单元

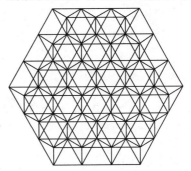

图 3-14　三角锥网架

架的高度 $h = \sqrt{\dfrac{2}{3}}s$（s 为弦杆长度），则网架的全部杆件均为等长。三角锥网架一般适用于大中跨度及重屋盖的建筑物。当建筑平面为三角形，六边形或圆形时最为适宜。

（2）抽空三角锥网架

抽空三角锥网架（图 3-15）是在三角锥网架的基础上有规律地抽去部分三角锥而成。其上弦仍为正三角形网格，而下弦网格则因抽锥规律不同，而有不同的形状。如图 3-15a）所示抽空三角锥网架的抽锥规律是：沿网架周边一圈的网格均不抽锥，内部从第二圈开始沿三个方向间隔一个网格抽掉一个三角锥。图 3-15 中加深的网格即表示抽掉锥体的网格。从图 3-15 中可以看出，网架上弦三个方向的网格中的任一向，均是抽锥格与不抽锥格相间布置。下弦网格既有三角形也有六角形网格。如图 3-15b）所示的抽空三角锥网架则采用了另一种抽锥规律，即从周边网格就开始抽锥，沿三个方向间隔两个锥抽一个。内部也按同样的规律在抽掉锥体网格的对称位置上抽锥，图 3-15 中加深的网格即为抽掉锥体的网格。其下弦网格呈完整的六边形。

由于抽空三角锥网架抽掉杆件较多，刚度不如三角锥网架。为增强其整体刚度，各种抽空三角锥网架的周边布置成满锥，即周边网格不抽，从第二层开始按上述规律抽锥。抽空三角锥网架适用于中小跨度的轻屋盖建筑。

（3）蜂窝形三角锥网架

蜂窝形三角锥网架（图 3-16）也是由倒置的三角锥体组成的，但其排列方式与前面所述的三角锥网架不同。它是将各倒置三角锥体底面的角与角相接的，因而其上弦网格是有规律排列的三角形与六边形。由于其图形与蜜蜂的蜂巢相似，故称为蜂窝形三角锥网架。这种网架的下弦网格呈单一的六边形。其斜腹杆与下弦杆位于同一垂直平面内。每个节点有六根杆件交汇。

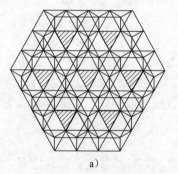 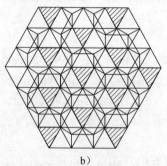 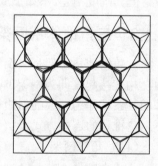

图 3-15　抽空三角锥网架　　　　　　图 3-16　蜂窝形三角锥网架

蜂窝形三角锥网架的上弦短，下弦长，受力比较合理。在各类网架中它的杆件数和节点数都比较少，在轻屋盖的中小跨度屋盖上采用，能获得较好的经济效果。

3.2　网架结构的支承

网架结构常支承在柱、梁、桁架等下部结构上，由于搁置方式不同，可分为周边支承、点支承、周边支承与点支承相结合、三边或两边支承、单边支承等情况。

3.2.1 周边支承

周边支承网架是指网架四周边界上的上弦或下弦节点均为支座（图 3-17）。支座节点可支承在柱顶，也可支承在柱间桁架或梁上。由于这种网架的支承点多，故传力直接，受力均匀。周边支承网架是最常用的支承方式之一。

3.2.2 点支承

点支承是指网架的支座支承在四个或多个支承柱上，前者称为四点支承〔图 3-18a）〕；后者称为多点支承〔图 3-18b）〕。点支承主要适用于体育馆、展览厅等大跨度公共建筑，也用于大柱网工业厂房。

点支承的网架与无梁楼盖受力有相似之处，应尽可能设计成带有一定长度的悬挑网格，这样可使跨中正弯矩和挠度减小，并使整个网架的内力趋于均匀。研究表明，对单跨多点支承网架，其悬挑长度宜取中间跨度的 1/3，如图 3-18a）所示。对于多点支承的连续跨网架，悬挑长度取其中间跨度的 1/4 较为合理，如图 3-18b）所示，在实际工程中，还应根据具体情况综合考虑确定。

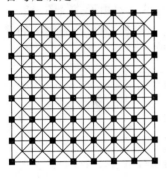

图 3-17　周边支承

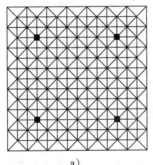

a)　　　　　　　　　　　　　b)

图 3-18　点支承网架

a)四点支承网架；b)多点支承网架

点支承网架与柱子连接的部位称为柱帽，常用的柱帽形式有下面几种：

（1）柱帽设置在网架下弦平面下，就是在支点处向下延伸一个网架高度，如图 3-19a）所示。有时为了建筑造型需要也可延伸数层形成一个倒锥形支座。这种柱帽能很快将柱顶反力扩散，由于加设柱帽，将占据一部分室内空间。

（2）柱帽布置在网架内，将上弦节点直接搁于柱顶，使柱帽呈伞形，如图 3-19b）所示。其优点是不占室内空间，屋面处理较简单。这种柱帽承载力较低，多应用在轻屋盖或中小跨度网架中。

（3）网架跨度较小，荷载较轻时，点支承网架与柱子连接也可简化处理成如图 3-19c）所示，此时连接构造比较简单。

（4）柱帽设置在网架上弦平面之上，就是在支点处向上延伸至一个网架高度，形成局部加高网格区域，如图 3-19d)所示，其优点是不占室内空间，柱帽上凸部分可兼作采光天窗。

3.2.3 周边支承与点支承相结合

周边支承与点支承相结合的网架是在周边支承的基础上，在建筑物内部增设中间支撑点,这样可以有效地减少网架杆件的内力峰值和挠度(图 3-20)。这种支承的网架适用于大柱网工业厂房、仓库、展览馆等建筑。

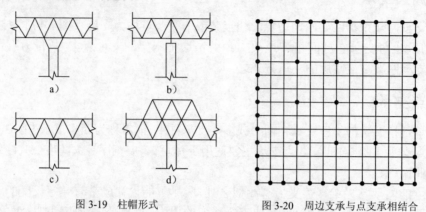

图 3-19 柱帽形式   图 3-20 周边支承与点支承相结合

3.2.4 三边支承或两边支承

在矩形建筑平面中,由于考虑扩建或因工艺及建筑功能的要求,在网架的一边或两边不允许设置柱子时,则需将网架设置成三边支承一边自由或两边支承两边自由形式(图 3-21)。自由边的存在,对网架内力分布和挠度都不利,故应对自由边进行适当加强,以改善网架的受力状态。这种支承在飞机库、影剧院、工业厂房、干煤棚等建筑中使用。

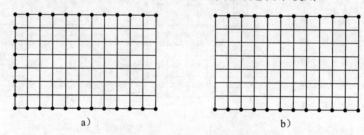

图 3-21 三边支承和两边支承的网架

a)三边支承网架;b)两边支承网架

3.2.5 单边支承

单边支承(图 3-22)常被应用在悬挑网架结构中,这时网架的受力与悬挑板受力相似,支承沿悬挑根部设置,且必须在网架上下弦平面内均设置。

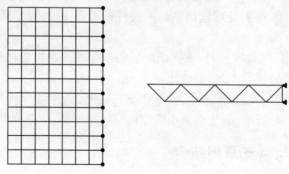

图 3-22 单边支承网架

3.3　网架结构的选型

3.3.1　网架结构形式选择

网架的形式很多,如何结合具体工程合理地选择网架形式是首先需要解决的问题。网架的选型应根据建筑平面形状和大小、网架的支承方式、荷载大小、屋面构造和材料、制作安装方法等,结合实用与经济的原则综合分析确定。一般情况下,应先选择几个方案经优化设计后确定最终方案。在优化设计中,不能单纯考虑耗钢量,应考虑杆件与节点间的造价差别、屋面材料与维护结构费用、安装费用、结构的整体刚度、网架的外观效果等综合经济指标。

对于采用周边支承的矩形平面,当其边长比小于或等于 1.5 时,宜选用斜放四角锥网架、棋盘形四角锥网架、正放抽空四角锥网架,也可考虑选用两向正交斜放网架、两向正交正放网架。正放四角锥网架耗钢量较其他网架高,但杆件标准化程度比其他网架好,结构的整体刚度及网架的外观效果好,是目前应用很多的一种网架形式。对于中小跨度,也可选用星形四角锥网架和蜂窝形三角锥网架。当边长比大于 1.5 时,宜选用两项正交正放网架、正放四角锥网架和正放抽空四角锥网架。当平面狭长时,可采用单项折线形网架。表 3-1 给出了正方形周边支承的各类网架的用钢量和挠度比。

正方形周边支承网架的用钢量和挠度比　　　　　　表 3-1

网架类型	24m 跨		48m 跨		72m 跨	
	用钢量(kg/m²)	挠度(mm)	用钢量(kg/m²)	挠度(mm)	用钢量(kg/m²)	挠度(mm)
两向正交正放	9.3	7	16.1	21	21.8	32
两向正交斜放	10.8	5	16.1	19	21.4	32
正放四角锥	11.1	5	17.7	18	23.4	30
斜放四角锥	9	5	14.8	16	19.3	29
棋盘形四角锥	9.2	7	15.0	22	21.0	33
星形四角锥	9.9	5	15.5	16	21.1	30

对于平面形状为矩形、三边支承一边开口的网架,可根据上述方法进行选型,开口边必须具有足够的刚度并形成完整的边桁架。当刚度不满足要求时,可采用增加网架高度、增加网架层数等办法加强。

对于点支承情况的矩形平面,宜采用两向正交正放网架、正放四角锥网架、正放抽空四角锥网架。

对于平面形状为圆形、多边形等平面,宜选用三向网架、三角锥网架、抽空三角锥网架。由于三角锥网架的整体刚度及网架的外观效果好,也是目前采用较多的一种网架形式。

对于跨度不大于 40m 的多层建筑的楼层及跨度不大于 60m 的屋盖,可采用以钢筋混凝土板代替上弦的组合网架结构。组合网架宜选用正放四角锥网架、正放抽空四角锥网架、两向正交正放网架、斜放四角锥网架和蜂窝形三角锥网架。

对于大跨度建筑,尤其是当跨度近百米时,实际工程经验表明,三角锥网架和三向网架耗钢量反而比其他网架省。因此,对于这样大跨度的屋盖,三角锥网架和三向网架是一个适宜的选型。

网架可采用上弦或下弦支承方式,当采用下弦支承时,应在支座边形成边桁架。

当采用两向正交正放网架时,应沿网架周边设置封闭的水平支撑。

多点支承的网架有条件时宜设柱帽。柱帽宜设置于下弦平面之下（图 3-23a）,也可设置于上弦平面之上(图 3-23b)或采用伞形柱帽(图 3-23c)。

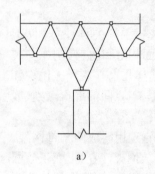
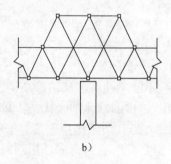
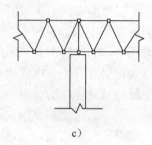

a)   b)   c)

图 3-23　多点支承网架柱帽设置

多点支承网架的悬臂长度可取跨度的 1/4 ～ 1/3。

当网架上弦杆节间有集中荷载或需要减少杆件的计算长度时,可设置再分式腹杆。对于由平面桁架系组成的网架[图 3-24a)]或四角锥网架[图 3-24b)],当设置再分式腹杆时,应注意保证上弦杆在再分式腹杆平面外的稳定性。

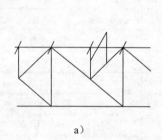
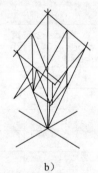

a)   b)

图 3-24　再分式腹杆设置

a)用于平面桁架系网架;b)用于四角锥体网架

3.3.2　网架结构主要几何尺寸选择

（1）网架高度

①与屋面荷载和设备有关。当屋面荷载较大时,网架应选择得较厚,反之可薄些。当网架中必须穿行通风管道时,网架高度必须满足此高度。但当跨度较大时,主要取决于相对挠度要求。一般来说,跨度大时,网架高跨比选用相对小些。

②与平面形状有关。当平面形状为圆形、正方形或接近正方形的矩形时,网架高度可取小些。狭长平面时,单向作用越加明显,网架应选高些。

③与支承条件有关。点支承比周边支承的网架高度要大。例如,点支承厂房,下列数据可作为参考:当柱距为 12m 时,网架高跨比取 1:7;18m 时取 1:10;24m 时取 1:11.3。

（2）网架网格尺寸

①与屋面材料有关。钢筋混凝土板（包括钢丝网水泥板）尺寸不宜过大，否则安装有困难，一般不超过 3m；当采用有檩体系构造方案时，檩条长度一般不超过 6m。网格尺寸应和屋面材料相适应。当网格大于 6m 时，斜腹杆应再分，这时应注意出平面方向的杆件屈曲问题。

②与网架高度有一定比例关系。斜腹杆与弦杆的夹角应为 45°～55° 较好，如夹角过小或过大，节点构造会发生困难。

近年来，随着计算机技术和运筹学的发展，已可借助于电子计算机进行优化设计，以确定网架结构的几何尺寸。在网架形式确定以后，采用优化设计方法选择网架网格尺寸和网架高度，以达到网架总造价或总用钢量最省。

根据对矩形周边支承网架（边长比为 1、1.5、2 等）以造价为目标函数的优化分析研究表明，网架的最优跨高比与跨度大小无关，而屋面构造与材料的影响较大，表 3-2 为对七种类型网架进行优化研究后的结论，可作为选择网架网格数和跨高比时的参考，对其他形式网架也可参考使用。

网架的上弦网格数和跨高比　　　　　　　　　　　　　　　　　表 3-2

网架形式	钢筋混凝土屋面体系		钢檩条体系	
	网格数	跨高比	网格数	跨高比
两向正交正放网架，正放四角锥网架，正放抽空四角锥网架	$(2 \sim 4)+0.2L_2$	$10 \sim 14$	$(6 \sim 8)+0.07L_2$	$(13 \sim 17)-0.03L_2$
两向正交斜放网架，棋盘形四角锥网架，斜放四角锥网架，星形四角锥网架	$(6 \sim 8)+0.08L_2$			

注：1. L_2 为网架短向跨度，单位为 m。

　　2. 当跨度在 18m 以下时，网格数可适当减少。

3.3.3　网架的整体构造

（1）网架屋面排水坡的形成

任何建筑物的屋面都有排水问题。对于采用网架作为屋盖的承重结构，由于面积较大，一般屋面中间起坡高度也比较大，对排水问题更应给予足够的重视。

网架屋面排水坡的形成，有下列几种方式。

①整个网架起坡

采用整个网架起坡形成屋面排水坡的方法，就是使网架的上下弦杆仍保持平行，只将整个网架在跨中抬高，如图 3-25a）所示。这种形式类似桁架起拱的做法，起拱高度根据屋面排水坡度确定。但起拱高度过高会改变网架的内力分布规律，此时应按网架实际几何尺寸进行分析校核。

②网架变高度

为了形成屋面排水坡度，可采用网架变高度的方法，如图 3-25b）所示。这种方法不但节省找坡小立柱的用钢量，而且由于网架跨度中间高度增加，还可降低网架上下弦杆内力峰值，使网架内力趋于均匀。但是，由于网架变高度，腹杆及上弦杆种类较多，给网架制作与安装带来一定困难。

③上弦节点上加小立柱找坡

在上弦节点上加小立柱形成排水坡的方法［图 3-25c）］比较灵活，改变小立柱的高度即可形成双坡、四坡或其他复杂得多坡排水屋面。小立柱的构造也比较简单,尤其是用于空心球节点或螺栓球节点上,只要按设计要求将小立柱(钢管)焊接或用螺栓连接在球体上即可。因此,国内已经建成的网架多数采用这种方法找坡。

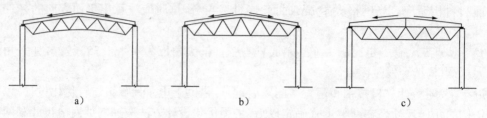

图 3-25　网架屋面排水坡形成方式

应当指出的是,对大跨度网架,当中间屋脊处小立柱较高时,应当验算其自身的稳定性,必要时应采取加固措施。

此外,也可采用网架变高度和加小立柱相结合的方法,以解决屋面排水问题。这在大跨度网架上应用更为有利:一方面可降低小立柱高度,增加其稳定性;另一方面,也可使网架的高度变化不大。

(2)网架起拱度与容许挠度

网架起拱主要为了消除人们在视觉或心理上对建成的网架的下垂的感觉。然而,起拱将给网架制作增加麻烦,故一般网架可不起拱。当要求起拱时,拱度可取小于或等于网架短向跨度的 1/300。此时,网架杆件内力变化一般不超过 5%～10% 设计时可按不起拱计算。

综合近年来国内外的设计与使用经验,网架结构的容许挠度用作屋盖时不得超过网架短向跨度的 1/250。一般情况下,按强度控制而选用的网架杆件不会因刚度要求而加大截面。至于一些跨度特别大的网架,即使采用较小的高度（如跨度的 1/16),只要选用恰当的网架形式,其挠度仍可满足小于 1/250 跨度的要求。当网架用作楼层时,则参考混凝土结构设计规范,容许挠度取网架跨度的 1/300。

3.4　网架结构力学分析

3.4.1　网架结构计算原则

网架是一种空间汇交杆系结构,杆件之间的连接可假定为铰接,忽略节点刚度的影响,不计次应力所引起的变化。模型试验和工程实践都已表明,铰接假定是合适的,它所带来的误差可忽略不计,现已被国内外分析计算网架结构时普遍采用。由于一般网架均属平板型,受荷后网架在板平面内的水平变位都小于网架的挠度,而挠度远小于网架的高度,属小挠度范畴,也就是说,不必考虑因大变位、大挠度所引起的结构几何非线性性质。此外,网架结构的材料都按弹性受力状态考虑,未进入弹塑性状态和塑性状态,即不考虑材料的非线性性质（当研究网架的极限承载能力时要考虑这一因素)。因此,对网架结构的一般静动力计算,其基本假定可归纳为:①节点为铰接,杆件只承受轴向力;②按小挠度理论计算;③按弹性方法分析。

网架的计算模型大致可分为以下三种：

（1）铰接杆系计算模型。这种计算模型直接根据上述基本假定就可得到，未引入其他任何假定，把网架看成铰接杆件的集合。根据每根杆件的工作状态，可集合得出整个网架的工作状态，所以每根铰接杆件可作为网架计算的基本单元。

（2）梁系计算模型。这种计算模型除基本假定外，还要通过折算的方法把网架等代为梁系，然后以梁段作为计算分析的基本单元。显然，计算分析后要有个回代的过程，所以这种梁系的计算模型没有上述计算模型那样精确、直观。

（3）平板计算模型。这种计算模型也与梁系计算模型相类似，要有一个把网架折算等代为平板的过程，解算后也要有一个回代过程。平面有单层的普通板与夹层板之分，故平板计算模型也可分为普通平板计算模型与夹层平板计算模型。

网架结构的分析方法大致有四类：①有限元方法：包括铰接杆元法、梁元法等；②差分法；③力法；④微分方程近似解法。网架结构的具体计算方法见表3-3。随着计算机技术和有限元理论的发展，一些近似方法已不再使用。目前，以空间杆系模型和有限元方法为基础的空间桁架位移法是最常用的方法。

网架结构计算方法　　　　　　　　　　　　　　　　表 3-3

计算模型	具体计算方法	分析方法	适 用 范 围	误差(%)
铰接杆系	空间桁架位移法	有限元法	各类型网架，各种支撑条件	0
梁系	交叉梁系梁元法		平面桁架系网架	约 5
	下弦内力法	差分法	蜂窝形三角锥网架	0～5
	交叉梁系差分法		平面桁架系网架，正放四角锥网架	10～20
	网板法		正放四角锥网架	10～20
	假想弯矩法		斜放四角锥，棋盘形四角锥网架	15～30
	交叉梁系力法	力法	两向交叉平面桁架网架	10～20
平板	拟板法	微分方程近似解法	平面桁架系网架，角锥体系网架	10～20
	拟夹层法			5～10

3.4.2　网架结构温度应力计算

网架结构是高次超静定杆系结构，在因温度变化而出现温差时，由于杆件不能自由变形，将会在杆件中产生应力，即温度应力。温差的大小和网架支座安装完成时的温度与当地年最高或最低气温有关，也与工业厂房生产过程中的最高或最低温度有关。

网格结构设计规程中规定，网架结构如符合下列条件之一，可不考虑由于温度变化而引起的内力：

（1）支座节点的构造允许网架侧移时，其可侧移值应等于或大于式（3-1）的计算值。

（2）周边支撑的网架，当网架验算方向跨度小于 40m 时，支承结构应为独立柱或砖壁柱。

（3）在单位力作用下，柱顶位移等于或大于式（3-1）的计算值。

上述三条规定是根据网架结构因温差引起温度应力不会超过钢材强度设计值5%而制定的。目前，国内不少工程中采用板式橡胶支座，他们能满足第一条规定。第二条规定是根据国内已建成的多座网架的经验，当考虑温差时，网架跨度小于 40m，只要是钢筋混凝土独立柱或砖壁柱，其柱顶位移都能满足式（3-1）的要求。

$$u = \frac{L}{2\zeta EA_{\mathrm{m}}} \left(\frac{Ea\Delta t}{0.038f} - 1 \right) \tag{3-1}$$

式中：L——网架结构在验算方向的跨度（mm）；

　　E——钢材的弹性模量（N/mm^2）；

　　A_{m}——支撑平面弦杆截面面积的算术平均值（mm^2）；

　　ζ——系数，支承平面弦杆为正交正放 $\zeta=1$，正交斜放 $\zeta=\sqrt{2}$，三向 $\zeta=2.0$；

　　a——钢材的线膨胀系数，一般为 $1.2\times10^{-5}/℃$；

　　Δt——计算温差（℃），以升温为正值；

　　f——钢材的强度设计值（N/mm^2）。

当网架支座节点的构造使网架沿边界法向不能移动时，由温度变化而引起的柱顶水平力可按下式计算：

$$H_{\mathrm{c}} = \frac{a\Delta t L}{\dfrac{L}{\xi EA_{\mathrm{m}}} + \dfrac{2}{K_{\mathrm{c}}}} \tag{3-2}$$

式中：K_{c}——悬臂柱的水平刚度（N/mm^2），可按式（3-3）计算，其余符号同式（3-1）。

$$K_{\mathrm{c}} = \frac{3E_{\mathrm{c}}I_{\mathrm{c}}}{H_{\mathrm{c}}^3} \tag{3-3}$$

式中：E_{c}——柱子材料的弹性模量（N/mm^2）；

　　I_{c}——柱子截面惯性矩（mm^4），当为框架柱时取等代柱的折算惯性矩；

　　H_{c}——柱子高度（mm）。

如果不满足上述条件，则需计算因温度变化而引起的网架内力。目前，温度应力常采用精确的空间桁架位移法分析计算。

3.4.3　网架地震反应计算

地震发生时，由于强烈的地面运动而迫使网架结构产生振动，受迫振动的网架，其惯性作用一般来说是不容忽视的。正是这个由地震引起的惯性作用使网架结构产生很大的地震内力和位移，从而有可能造成结构破坏或倒塌，或者失去结构工作能力。因此，在地震设防区，必须对网架结构进行地震反应计算。

对用作屋盖的网架结构，其抗震验算应符合下列规定：

（1）在抗震设防烈度为 8 度的地区，对于周边支承的中小跨度网架结构应进行竖向抗震验算，对于其他网架结构进行竖向和水平抗震验算。

（2）在抗震设防烈度为 9 度的地区，对各种网架结构应进行竖向和水平抗震验算。

在单维地震作用下，对网架结构进行多遇地震作用下的效应计算时，可采用振型分解反应谱法；对于体型复杂或重要的大跨度网架结构，应采用时程分析法进行补充验算。

采用时程分析法时，应按建筑场地类别和设计地震分组选用不少于两组实际强震记录和一组人工模拟的加速度时程曲线，其平均地震影响系数曲线应与振型分解反应谱法所采用的地震影响系数曲线在统计意义上相符。加速度曲线峰值应根据与抗震设防烈度相应的多遇地震的加速度时程曲线最大值进行调整，并应选择足够长的地震动持续时间。

当采用振型分解反应谱法进行网架结构地震效应分析时,宜至少取前 10～15 个振型。

在进行网架结构地震效应分析时,对于周边落地的空间网格结构,阻尼比值可取 0.02;对设有混凝土结构支承体系的空间网格结构,阻尼比可取 0.03。

3.4.4 网架结构的荷载类型与荷载效应组合

（1）荷载类型

网架结构的荷载主要包括永久荷载、可变荷载、偶然荷载。对永久荷载应采用标准值作为代表值;对可变荷载应根据设计要求采用标准值、组合值、频遇值或准永久值作为代表值;对偶然荷载应按建筑结构使用的特点确定其代表值。

①永久荷载

永久荷载是指在结构使用期间,其值不随时间变化,或其变化与平均值相比可以忽略不计,或其变化是单调的并能趋于限值的荷载。永久荷载标准值,对结构自重,可按结构构件的设计尺寸与材料单位体积的自重计算确定。对于自重变异较大的材料和构件（如现场制作的保温材料、混凝土薄壁构件等）,自重的标准值应根据对结构的不利状态,取上限值或下限值。作用在网架结构上的永久荷载有以下几种:

a. 网架杆件自重和节点自重。网架杆件大多采用钢材,它的自重可通过计算机自动形成,一般钢材重度取 $\gamma=78.5\text{kN/m}^3$。也可预先估算网架单位面积自重,双层网架自重可按下式估算:

$$g_0 = \frac{\zeta\sqrt{q_w}L_2}{200} \tag{3-4}$$

式中: g_0——网架自重（kN/m^2）;

q_w——除网架自重外的屋面荷载或楼面荷载的标准值（kN/m^2）;

L_2——网架的短向跨度（m）;

ζ——系数,杆件采用钢管时,取 $\zeta=1.0$;采用型钢时,取 $\zeta=1.2$。

网架的节点自重,一般占网架杆件总重的 15%～25%。如果网架节点的连接形式已定,可根据具体的节点规格计算出其节点自重。

b. 楼面或屋面覆盖材料自重。根据实际使用材料查《建筑结构荷载规范》（GB 50009—2012）取用。如采用钢筋混凝土屋面板,其自重取 1.0～1.5kN/m^2,采用轻质板,其自重取 0.3～0.7kN/m^2。

c. 吊顶材料自重。

d. 设备管道自重。

上述荷载中, a、b 两项必须考虑, c、d 两项根据实际工程情况而定。

②可变荷载

可变荷载是指在结构使用期间,其值随时间变化,且其变化值与平均值相比不可忽略的荷载。作用在网架结构上的可变荷载有以下几种:

a. 屋面或楼面活荷载。网架的屋面,一般不上人,屋面活荷载标准值为 0.5kN/m^2。楼面活荷载根据工程性质查荷载规范取用。

b. 雪荷载。屋面水平投影面上的雪荷载标准值,应按下式计算:

$$S_k = \mu_s S_0 \tag{3-5}$$

式中：S_k——雪荷载标准值（kN/m²）；

    μ_s——屋面积雪分布系数，按网架屋面考虑 $\mu=1.0$；

    S_0——基本雪压（kN/m²），根据地区不同查荷载规范。

雪荷载与屋面活荷载不必同时考虑，但取两者的较大值。对雪荷载敏感的结构，基本雪压应适当提高，并应参照有关的结构设计规范具体规定。雪荷载的组合值系数可取 0.7；频遇值系数可取 0.6；准永久值系数应按雪荷载分区Ⅰ、Ⅱ和Ⅲ的不同，分别取 0.6、0.2 和 0。

c. 风荷载。对于周边支承且支座节点在上弦的网架，风载由四周墙面承受，计算时可不考虑风荷载。其他支承情况，应根据实际工程情况考虑水平风荷载作用。风荷载标准值，应按下述公式计算：

$$w_k = \mu_s \mu_z w_0 \tag{3-6}$$

式中：w_k——风荷载标准值（kN/m²）；

    μ_s——风荷载体型系数，表示内、外风压最大值的组合，且含阵风效应；

    μ_z——风压高度变化系数；当高度小于 10m 时，应按 10m 高度处的数值采用；

    w_0——基本风压（kN/m²）；基本风压应按荷载给出的 50 年一遇的风压采用，但不得小于 0.3kN/m²。

w_0、μ_s、μ_z 可查《建筑结构荷载规范》（GB 50009—2012）。风荷载的组合值、频遇值和准永久值系数可分别取 0.6、0.4 和 0。

d. 积灰荷载。工业厂房中采用网架时，应根据厂房性质考虑积灰荷载。积灰荷载大小可根据生产工艺确定，也可参考《建筑结构荷载规范》（GB 50009—2012）的有关规定采用。积灰均布荷载，仅应用于屋面坡度 $\alpha \leqslant 25°$；当 $\alpha \geqslant 45°$ 时，可不考虑积灰荷载；当 $25° \leqslant \alpha \leqslant 45°$ 时，可按插值法取值。积灰荷载应与雪荷载或屋面活荷载两者中的较大值同时考虑。

e. 吊车荷载。工业厂房中如设有吊车应考虑吊车荷载。吊车形式有两种：一种是悬挂吊车，另一种是桥式吊车。悬挂吊车直接挂在网架下弦节点上，对网架产生竖向荷载。桥式吊车在吊车梁上行走，通过柱子对网架产生吊车水平荷载。

吊车竖向荷载标准值按下式计算：

$$F = \alpha_1 F_{max} \tag{3-7}$$

式中：α_1——竖向轮压动力系数，对于悬挂吊车 $\alpha_1 = 1.05$；

    F_{max}——吊车每个车轮的最大轮压。

吊车横向水平荷载标准值按下式计算：

$$T = \alpha_2 T_1 \tag{3-8}$$

式中：α_2——横向水平制动力的动力系数，对于中、轻级工作制桥式吊车：$\alpha_2 = 1.0$；对于重级工作制的软钩吊车，当吊车起重量 $Q = 5 \sim 20t$ 时：$\alpha_2 = 4.0$；$Q = 30 \sim 275t$ 时：$\alpha_2 = 3.0$；

    T_1——吊车每个车轮的横向水平制动力，按以下方法确定：

软钩吊车

$Q \leqslant 10t$ 时 $T_1 = (Q+g) \times \dfrac{1}{n} \times 12\%$

$15t \leqslant Q \leqslant 50t$ 时 $T_1 = (Q+g) \times \dfrac{1}{n} \times 10\%$

$$Q \geqslant 75t \text{ 时} \qquad T_1 = (Q+g)\frac{1}{n} \times 8\%$$

硬钩吊车

$$T_1 = \frac{1}{5} \times (Q+g) \times \frac{1}{n}$$

式中：Q——吊车额定起重量；

$\quad g$——小车自重；

$\quad n$——吊车桥架的总轮数。

③温度作用和地震作用

网架结构的温度作用和地震作用分别按 3.4.2 节和 3.4.3 节计算。

（2）荷载效应组合

作用在网架上的荷载类型很多，应根据使用过程和施工过程中可能出现的最不利荷载进行组合。荷载效应组合的一般表达式为：

$$S = r_0 \left(S_G + S_{Q1} + \psi_c \sum_{i=2}^{n} S_{Qi} \right) \tag{3-9}$$

式中：　　S——作用在网架上的组合荷载效应设计值；

$\quad r_0$——结构重要性分项系数，分别取 1.1、1.0、0.9；

$\quad S_G$——永久荷载效应设计值，$S_G = r_G S_{GK}$；

$\quad S_{GK}$——永久荷载效应标准值；

$\quad r_G$——永久荷载分项系数，计算内力时取 $r_G = 1.2$，计算挠度时取 $r_G = 1.0$；

S_{Q1}、S_{Qi}——第一个可变荷载和第 i 个可变荷载效应设计值；

$\quad \psi_c$——可变荷载的组合分项系数，当有风荷载参与组合时，取 0.6，当没有风荷载参与组合时，取 1.0。

当无吊车荷载和风荷载、地震作用时，网架应考虑以下荷载组合：

①永久荷载 + 可变荷载。

②永久荷载 + 半跨可变荷载。

③网架自重 + 半跨屋面板自重 + 施工荷载。

后两种荷载组合主要考虑斜腹杆的变号。当采用轻屋面（如压型钢板）或屋面板对称铺设时，可不计算。

考虑多台吊车竖向荷载组合时，对有一层吊车的单跨厂房的网架，参与组合的吊车台数不应多于两台；对于有一层吊车的多跨厂房的网架，不多于四台。

吊车荷载是移动荷载，其作用位置不断变动，网架又是高次超静定结构，使考虑吊车荷载时的最不利荷载组合复杂化。目前采用的组合方法是由设计人员根据经验人为选定几种吊车组合及位置，作为单独的荷载工况进行计算，在此基础上选出杆件的最大内力，作为吊车荷载的最不利组合值，再与其他工况的内力进行组合。另一种方法是使吊车荷载简化为均布荷载和其他工况进行组合。精确计算是根据吊车行走位置，以每一位置作为单独荷载工况进行计算，找出各种位置时网架杆件的最大内力，再与其他工况的内力进行组合。这种计算必须进行几十种甚至几百种组合，计算工作量大，但计算机的广泛使用使这类计算成为可能。

3.5 网架结构杆件设计与构造

网架结构的杆件可采用普通型钢或薄壁型钢。管材宜采用高频焊管或无缝钢管,当有条件时应采用薄壁管型截面。目前,网架结构工程中通常采用 Q235 钢和 Q345 钢,以前者应用最多。网架杆件的截面形式有圆管、双角钢(等肢或不等肢双角钢组成的 T 形截面)、单角钢、H 形钢、方管等。目前,国内应用最广泛的是圆钢管和双角钢杆件,其中圆钢管因其具有回转半径大、截面特性无方向性、抗压承载能力高等特点而成为最常用截面之一。圆钢管截面有高频电焊钢管和无缝钢管两种,适用于球节点连接。双角钢截面杆件适用于板节点连接,因其安装时工地焊接工作量大,制作复杂,应用渐少。

确定网架杆件的长细比时,其计算长度 l_0 可按表 3-4 采用。

网架杆件计算长度 l_0   表 3-4

杆　件	节 点 形 式		
	螺栓球节点	焊接空心球节点	板节点
弦杆及支座腹杆	$1.0l$	$0.9l$	$1.0l$
腹杆	$1.0l$	$0.8l$	$0.8l$

注:l 为杆件几何长度(节点中心间距离)。

网架杆件的长细比 λ 由下式计算:

$$\lambda = \left| \frac{l_0}{r_{min}} \right| \tag{3-10}$$

式中:l_0——杆件计算长度(mm);

r_{min}——杆件最小回转半径(mm)。

网架杆件的长细比不宜超过容许长细比 $[\lambda]$,即

$$\lambda \leqslant [\lambda] \tag{3-11}$$

式中:$[\lambda]$——网架杆件的容许长细比,查表 3-5。

网架杆件容许长细比   表 3-5

杆件	受压杆件	受拉杆件		
		一般杆件	支座附近处杆件	直接承受动力荷载杆件
容许长细比	180	300	250	250

用于网架结构杆件,普通角钢不宜小于 ∟50×3,圆钢管不宜小于 ϕ48×3,对于大、中跨度网架结构,钢管不宜小于 ϕ60×3.5。在选择杆件截面时,应避免最大截面弦杆与最小截面腹杆同交于一个节点的情况,否则容易造成腹杆弯曲,特别是螺栓节点网架。网架结构杆件分布应保证刚度的连续性,受力方向相邻的弦杆截面面积之比不宜超过 1.8 倍,多点支承的网架结构其反弯点处的上、下弦杆宜按构造加大截面。对于低应力、小规格的受拉杆件长细比宜按受压杆件控制。

杆件截面选择应参考以下原则:①每个网架结构所选截面规格不宜过多,以方便加工与

安装,一般小跨度网架以 3～5 种为宜,大、中跨度网架也不宜超过 10 种规格;②杆件宜选用壁厚较薄的截面,以使杆件在截面面积相同的条件下,能获得较大的回转半径,有利于压杆稳定;③宜选用常供钢管;④考虑到杆件材料负公差的影响,宜留有适当余地。

杆件截面应满足承载力(包括强度与稳定性)与刚度要求。

按承载力选择截面面积 A,由下式决定:

$$\sigma = \frac{N}{\varphi A} \leqslant f \tag{3-12}$$

式中:N——杆件设计轴向内力(N),拉力为正;

f——杆件材料强度设计值(N/mm^2);

φ——压杆稳定系数,可查钢结构设计规范;对拉杆($N \geqslant 0$)为 1.0。

按稳定及刚度要求验算杆件长细比 λ。根据式(3-12)求得杆件截面面积 A 后,可根据 A 选择规格化的杆件,再由选定杆件的几何参数通过式(3-11)、式(3-12)验算刚度条件是否满足。

3.6 网架结构的节点设计与构造

网架节点是空间节点,汇交的杆件数量较多,且来自不同方向,构造复杂。因此,网架节点设计得合理与否直接影响到整个结构的受力性能、制作安装、用钢量及工程造价等,是网架设计中的重要环节之一。

网架节点设计应满足以下基本要求:①牢固可靠,传力明确、简捷;②构造简单,制作简便,安装方便;③用钢量省,造价低;④构造合理,使节点尤其是支座节点的受力状态符合设计计算假定。

目前,网架结构常用的节点类型有焊接空心球节点和螺栓球节点。由于焊接空心球节点和螺栓球节点也是网壳结构的主要节点,因此与网壳结构相关的一些设计与构造将在本章讲述。

3.6.1 焊接空心球节点

焊接空心球节点(图 3-26)是由两块圆钢板经加热冲压成两个半圆球,然后相对焊接而成。当球径等于或大于 300mm,其杆件内力较大需要提高承载能力时,或当空心球外径大于或等于 500mm 时,应在球内加肋板。肋板必须设在轴力最大杆件的轴线平面内,且其厚度不应小于球壁的厚度,加肋后承载能力可提高 15%～30%。

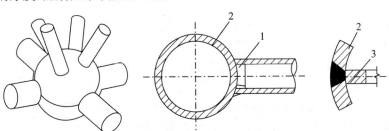

图 3-26 焊接空心球节点

1- 衬管;2- 球;3- 环肋

焊接空心球节点的优点是构造和制造均较简单,球体外型美观,具有万向性,可以连接任意方向的杆件。它用于连接圆钢管杆件,连接时只需将钢管正截面切断,然后使管与球按等间隙焊接,即可达到圆钢管与球节点自然对中的目的。其缺点是由于球节点由等厚钢板制成,在与钢管交接处应力集中明显,形成应力尖峰值,使球体受力不均匀;由于钢管与球正交连接,焊缝长等于钢管周长,没有余量,要求焊缝必须与钢管等强,而且在多数情况下,焊接时工件不能翻身,就造成一圈焊缝中俯、侧、仰焊均有的全位置焊接,因此,对焊接要求高而难度大。焊接空心球节点用钢量一般占网架总用钢量的 20%～25%,它适用于各种形式、各种跨度的网架结构。

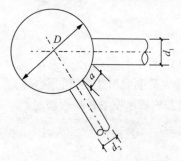

（1）球体尺寸（图 3-27）

球体直径 D 主要根据构造要求确定。为便于施焊,要求两钢管间隙不少于 10mm,根据此条件可初选球的直径为

$$D \approx \frac{d_1 + 2\alpha + d_2}{\theta} \tag{3-13}$$

式中:d_1、d_2——两根杆件的外径(mm);

θ——相邻两杆夹角(rad);

D——空心球外径(mm);

α——管间净距(mm)。

图 3-27 钢管与钢球尺寸关系

在同一网架结构和网壳结构中,应使空心球的规格尽量减少,以方便施工。网架和双层网壳结构空心球的外径与壁厚之比宜取 25～45;单层网壳结构空心球的外径与壁厚之比宜取 20～35;空心球外径与主钢管外径之比宜取 2.4～3.0;空心球壁厚与主钢管的壁厚之比宜取 1.5～2.0;空心球壁厚不宜小于 4mm。

不加肋空心球和加肋空心球的成型对接焊接,应分别满足图 3-28 和图 3-29 的要求。加肋空心球的肋板可用平台或凸台,采用凸台时,其高度不得大于 1mm。

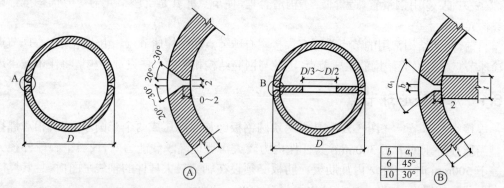

图 3-28 不加肋空心球(尺寸单位:mm)   图 3-29 加肋空心球(尺寸单位:mm)

b	α_1
6	45°
10	30°

当空心球直径过大且连接杆件又较多时,为了减小空心球节点直径,允许部分腹杆与腹杆或弦杆与弦杆互相汇交,但应符合下列要求:①所有汇交杆件的轴线必须通过球中心线;②汇交两杆中,截面面积大的杆件必须全截面焊在球上（当两杆截面面积相等时,取受拉杆）,另一杆坡口焊在相汇交杆上,但应保证有 3/4 截面焊在球上,并应按图 3-30 设置加劲板;③受力大的杆件,可按图 3-31 增设支托板。

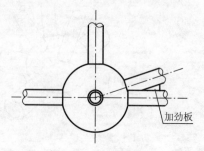

图 3-30 汇交杆件连接

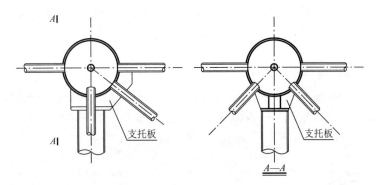

图 3-31　汇交杆件连接增设支托板

（2）焊接空心球节点容许承载力计算

当空心球直径为 120～900mm 时，其受压和受拉承载力设计值 N_R（N）可按下式计算：

$$N_R = \eta_0\left(0.29 + 0.54\frac{d}{D}\right)\pi tdf \tag{3-14}$$

式中：η_0——大直径空心球节点承载力调整系数，当空心球直径≤500mm 时，$\eta_0=1.0$；当空心球直径>500mm 时，$\eta_0=0.9$；

D——空心球外径（mm）；

t——空心球壁厚（mm）；

d——与空心球相连的主钢管杆件的外径（mm）；

f——钢材的抗拉强度设计值（N/mm²）。

对于单层网壳结构，空心球承受压弯或拉弯的承载力设计值可按下式计算：

$$N_m = \eta_m N_R \tag{3-15}$$

式中：N_R——空心球受压和受拉承载力设计值（N）；

η_m——考虑空心球受压弯或拉弯作用的影响系数，应按图 3-32 确定，图中偏心系数 c 应按下式计算：

$$c = \frac{2M}{Nd} \tag{3-16}$$

式中：M——杆件作用于空心球节点的弯矩（N·mm）；

N——杆件作用于空心球节点的轴力（N）；

d——杆件的外径（mm）。

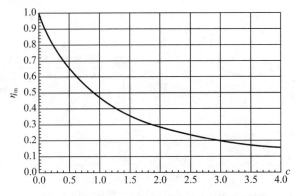

图 3-32　考虑空心球受压弯或拉弯作用的影响系数

对于加肋空心球,当仅承受轴力作用或轴力与弯矩共同作用但以轴力为主($\eta_m \geqslant 0.8$)且轴力方向和加肋方向一致时,其承载力可乘以加肋空心球承载力提高系数,受压球取 1.4,受拉球取 1.1。

(3)圆钢管与空心球的连接

钢管杆件与空心球连接,钢管应开坡口,在钢管与空心球之间应留一定缝隙并予以焊透,以实现焊缝与钢管等强,否则应按角焊缝计算。钢管端头可加套管与空心球钢管与空心球,如图 3-33 所示。套管壁厚不应小于 3mm,长度可为 30~50mm。

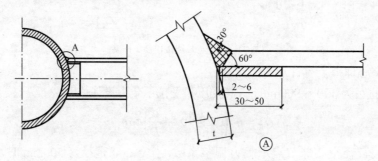

图 3-33　钢管加套管的连接

角焊缝的焊脚尺寸 h_f 应符合下面规定:①当钢管壁厚 $t_c \leqslant 4mm$ 时,$1.5t_c \geqslant h_f > t_c$;②当 $t_c > 4mm$ 时,$1.2t_c \geqslant h_f > t_c$。

对于大、中跨度网架,受拉的杆件必须抽样进行无损探伤检测,如超声波探伤,抽样数至少取拉杆总数的 20%,质量应符合网架结构二级焊缝的要求。

3.6.2　螺栓球节点

螺栓球节点(图 3-34)安装过程如下:将高强螺栓 2 初步拧入螺栓球 1 后,即用扳手扳动套筒 5(套筒是通过装在上面的销子 7 插入高强螺栓槽 6 中与之连接的),套筒旋转时,通过销子带动高强螺栓旋转向螺栓球拧紧,由于高强螺栓的移动,使固定在套筒上的销子也逐渐相对向槽后移动,直达深槽 8 处为止,此深槽的作用是使节点不易产生松动。安装时,必须把套筒(也即高强螺栓)拧紧,并施加一定的预紧力。这种预紧力是在接触面 9~11 全部密合后产生的,因而,对杆力没有影响(但杆件制造过短时,拧紧套筒会牵动杆件使之产生拉力),而只是使螺栓受预拉力,套筒受预压力。当网架承受荷载后,对于拉杆,内力是通过螺栓传递的,而套筒则随内力的增加而逐渐卸荷,对于压杆,则通过套筒传递内力,随着内力的增加,螺栓逐渐卸荷。

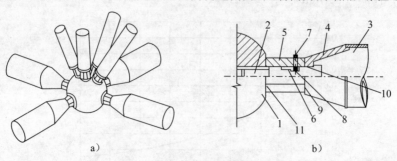

a)　　　　　　　　　　　　b)

图 3-34　螺栓球节点

a)外形图;b)剖面图

1-螺栓球;2-高强螺栓;3-钢管;4-锥头;5-套筒;6-槽;7-销子;8-深槽;9~11-接触面

螺栓球节点的优点是制作精度由工厂保证,现场装配快捷,工期短,有利于缩短房屋建造周期;拼装费用低。缺点是组成节点的零件较多,增加了制造成本,制作费用比焊接空心球节点高,高强螺栓上开槽对其受力不利,安装时是否拧紧不易检查。安装时应特别注意对结合面处的密封防腐处理,特别在湿度较大的南方地区更应重视防腐措施。这种节点适用于各种类型的网架,目前高强螺栓的最大拉力可达 750kN,网架下悬挂吊车起重量最大可达 5t。

(1)球体尺寸

钢球直径应保证相邻螺栓在球体内不相碰,并应满足套筒接触面的要求,可分别按照图3-35 和下式核算,并按计算取结果中的最大值选用。

$$D \geqslant \left[\left(\frac{d_2}{\sin\theta} + d_1 \cot\theta + 2\zeta d_1 \right) + \eta^2 d_1^2 \right]^{\frac{1}{2}} \tag{3-17}$$

$$D \geqslant \left[\left(\frac{\eta d_2}{\sin\theta} + \eta d_1 \cot\theta \right)^2 + \eta^2 d_1^2 \right]^{\frac{1}{2}} \tag{3-18}$$

式中：D——钢球直径(mm)；

θ——两螺栓间的最小夹角；

d_1、d_2——螺栓直径(mm)；

ζ——螺栓伸进钢球长度与螺栓直径的比值；

η——套筒外接圆直径与螺栓直径的比值。

ζ 和 η 值应分别根据螺栓承受拉力和压力的大小来确定,一般情况下 $\zeta=1.1$, $\eta=1.8$。

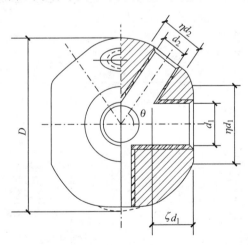

图 3-35　螺栓球直径 D 计算

当相邻杆件夹角 θ 较小时,尚应根据相邻杆件及相关封板、锥头、套筒等零部件不相碰的要求核算螺栓球直径。此时可通过检查可能相碰点至球心的连线与相邻杆件轴线间的夹角不大于 θ 的条件进行核算。

(2)高强螺栓

高强螺栓的性能等级应按照规格分别选用。对于 M12～M36 的高强螺栓,其强度等级应按10.9 级选用;对于 M39～M64 的高强螺栓,其强度等级应按 9.8 级选用,如表 3-6 所示。螺栓的形式与尺寸应符合国家标准《钢网架螺栓球节点用高强度螺栓》(GB/T 16939—2016)的要求。

高强度螺栓材料 表 3-6

螺纹规格	强度等级	材　料	标准编号
M12～M24	10.9S	20MnTiB、40Cr、35CrMo	GB/T 3077
M27～M36		35VB、40Cr、35CrMo	
M39～M64	9.8S	40Cr、35CrMo	

每个高强螺栓的抗拉设计承载力 N_t^b 按式（3-19）计算，其值应大于或等于荷载效应设计值，即

$$N_t^b \leqslant A_{eff} f_t^b \tag{3-19}$$

式中：N_t^b——高强螺栓抗拉设计承载能力（N）；

A_{eff}——高强度螺栓的有效截面面积（mm²），可按照表 3-6 选取。当螺栓上钻有钻孔或键槽时，A_{eff} 应取螺纹处面积或钻孔键槽处面积两者中的较小值；

f_t^b——高强螺栓经热处理后的抗拉设计强度；对 10.9S，取 430N/mm²；对 9.8S，取 385 N/mm²。

受压杆件的连接螺栓直径，可按其内力设计值绝对值求的螺栓直径计算值后，按表 3-7 的螺栓直径系列减小 1～3 个级差。

常用螺栓在螺纹处有效面积及承载力设计值 表 3-7

性 能 等 级	规格 d	螺距 p（mm）	A_{eff}（mm²）	N_t^b（kN）
10.9 级	M12	1.75	84	36.1
	M14	2	115	49.5
	M16	2	157	67.5
	M20	2.5	245	105.3
	M22	2.5	303	130.5
	M24	3	353	151.5
	M27	3	459	197.5
	M30	3.5	561	241.2
	M33	3.5	694	298.4
	M36	4	817	351.3
9.8 级	M39	4	976	375.6
	M42	4.5	1120	431.5
	M45	4.5	1310	502.8
	M48	5	1470	567.1
	M52	5	1760	676.7
	M56×4	4	2144	825.4
	M60×4	4	2485	956.6
	M64×4	4	2851	1097.6

（3）套筒

套筒（即六角形无纹螺母）外形尺寸应符合扳手开口系列，端部要求平整，内孔径可比螺栓直径大 1mm。套筒可按国家标准《钢网架螺栓球节点用高强度螺栓》（GB/T 16939—2016）的规定与高强螺栓配套采用，对于受压杆件的套筒应根据其传递最大压力值验算其抗压承载力和端部有效截面的局部承压力。

对于开设滑槽的套筒应验算套筒端部到滑槽端部的距离,应使该处有效截面的抗剪承载力不低于紧固螺钉的抗剪力,且不小于 1.5 倍的滑槽宽度。

套筒长度 l_s 和螺栓长度 l 可按下列公式计算:

$$l_s=m+B+n \tag{3-20a}$$

$$l=\zeta d+l_s+h \tag{3-20b}$$

式中:B ——滑槽长度(mm),$B=\zeta d-K$;

ζ ——螺栓拧入钢球的长度(mm);

d ——螺栓直径,ζ 一般取 1.1;

m ——滑槽端部紧固螺钉中心到套筒端部的距离(mm);

n ——滑槽顶部紧固螺钉中心至套筒顶部的距离(mm);

h ——锥头板厚或封板厚度(mm)。

(4)锥头与封板

杆件端部应采用锥头或封板连接,其连接焊缝的承载力应不低于连接钢管,焊缝底部宽度 b 可根据连接钢管壁厚取 2～5mm,如图 3-36 所示。锥头任何截面的承载力不应低于连接钢管,封板厚度应按实际受力大小计算确定,封板及锥头底板厚度不应小于表 3-8 中的数值。锥头底板外径宜较套筒外接圆直径大 1～2mm,锥头底板内平台直径宜比螺栓头直径大 2mm。锥头倾角应小于 40°。

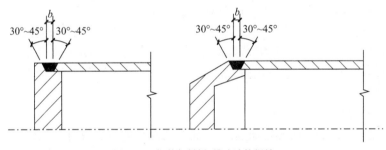

图 3-36　杆件与封板、锥头连接焊缝

封板及锥头底板厚度　表 3-8

高强度螺栓规格	封板/锥头底厚度	高强度螺栓规格	封板/锥头底厚度
M12、M14	12	M36～M42	30
M16	14	M45～M52	35
M20～M24	16	M56×4～M60×4	40
M27～M33	20	M64×4	45

封板的厚度应根据钢管的实际受力大小计算确定,当钢管壁厚小于 4mm 时,其封板厚度不宜小于钢管外径的 1/5。

$$h=\sqrt{\frac{2P(R_0-S_0)}{\pi r f_p}} \tag{3-21}$$

式中:P ——钢管所受拉力设计值(N);

R_0 ——封板的半径(mm);

S_0——螺头中心至封板中心的距离（mm）；

f_p——钢材强度设计值（N/mm²），在塑性设计时应乘以折减系数 0.9。

（5）紧固螺钉

紧固螺钉宜采用高强度钢材，其直径可取螺栓直径的 0.16～0.18 倍，且不宜小于 3mm。紧固螺钉规格可采用 M5～M10。

紧固螺钉（图 3-37）的长度 E 应为高强度螺栓的深槽深度（t_1）加上套筒厚度。

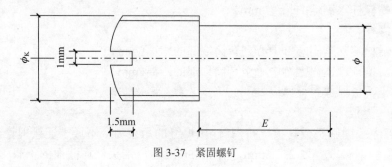

图 3-37　紧固螺钉

3.6.3　可视螺栓球节点

在大量工程实践的基础上，为了解决现实使用中螺栓球节点存在"假拧紧"的现象，提出了改进型螺栓球节点。螺栓球节点改进的原则是：通过"可见的连接螺栓行进长度"，来直观地判断螺栓是否有效连接，使节点存在直观的、有效的判定螺栓行进深度的标准。改进型螺栓球节点的构思是不改变原有传力原理，通过改变紧固螺钉的固定位置和滑槽的位置就可以实现直观的、有效的判定标准。改进型螺栓球节点提出的意义是为假拧紧提供直观有效的判断标准，防止"假拧紧"现象，保证工程质量。

（1）改进型螺栓球节点施工原理

改进型螺栓球节点的连接构造原理是：先将置有螺栓的锥头或封板焊在钢管杆件的两端，在伸出锥头或封板的螺杆上套上长形六角套筒，用销子或紧固螺钉将螺栓与套筒连在一起，拼装时直接拧动套筒，通过销钉或螺钉带动螺栓转动，使螺栓旋入球体，因在套筒上开有长条形的滑槽，随着高强螺栓进入球体，紧固螺钉沿滑槽滑动，若紧固螺钉移动到套筒滑槽的端部，则可判断已拧紧，螺栓头与封板或锥头贴紧，各汇交杆件按此连接后形成节点（图 3-38、图 3-39）。

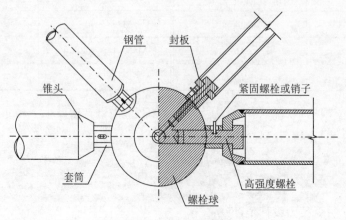

图 3-38　改进型螺栓球节点

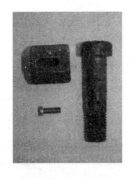
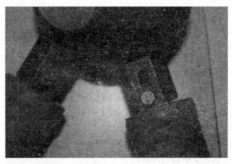

图 3-39　实物照片

该螺栓球节点不改变原节点传力路径,当杆件受压时,压力由零件之间接触面传递,套筒受压,螺栓不受力。杆件受拉时,拉力由高强螺栓传给钢球,此时螺栓受拉,套筒不受力。

（2）改进型螺栓球设计方法

螺栓球节点的设计通常包括螺栓球设计、高强螺栓设计、套筒设计、封板与锥头设计和紧固螺钉设计。其中,螺栓球、锥头与封板、紧固螺钉的设计可参考普通螺栓球节点。

改进型螺栓球节点高强螺栓的计算简图如图 3-40 所示。

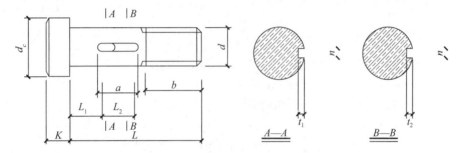

图 3-40　改进型螺栓球节点高强度螺栓

高强度螺栓的直径由杆件内力控制,每个高强度螺栓的受拉承载力设计值应按下式计算：

$$N_t^b \leqslant \psi A_{\text{eff}} f_t^b \tag{3-22}$$

式中：N_t^b——高强度螺栓的拉力设计值（N）；

　　　ψ——螺栓直径对承载力影响系数,当螺栓直径小于时 30mm 时, $\psi=1.0$,当螺栓直径大于或等于 30mm 时, $\psi=0.93$；

　　　f_t^b——高强度螺栓经热处理后的抗拉强度设计值,对 40Cr 钢、40B 钢或 20MnTiB 钢,取 430N/mm²,对 45 号钢,取 365N/mm²；

　　　A_{eff}——高强度螺栓的有效截面面积（mm²）；

对于上式而言,关键是确定螺栓的有效截面面积 A_{eff},即整个螺杆上的最小截面面积。对于改进型螺栓球节点的高强螺栓而言,有两个可能的有效截面：螺纹处和非螺纹区钻孔最深点。对于螺纹处的有效截面面积按式（3-23）计算,或者按表 3-6 选用。对于非螺纹区钻孔最深点,可按照式（3-24）计算。计算式时取式 3-23 和 3-24 中的最小值即

$$A_{\text{eff}} = \frac{\pi}{4}\left(d_0 - 0.9382p\right)^2 \tag{3-23}$$

$$A_{\text{eff}} = \frac{\pi d^2}{4} - nt_1 \tag{3-24}$$

式中：p——螺距（mm）。

（3）套筒

套筒应具有足够的抗压强度,按承压进行计算,并验算其端部和开槽或开孔处有效截面的承载力。改进型螺栓球节点的套筒的计算简图如图 3-41 所示。套筒外形尺寸应符合扳手开口尺寸系列,端部要保持平整,孔直径可比螺栓直径大 1mm。套筒端部到开槽端部距离应使该处有效截面抗剪力不低于紧固螺钉(或销钉)抗剪力,且不应小于 1.5 倍开槽的宽度。

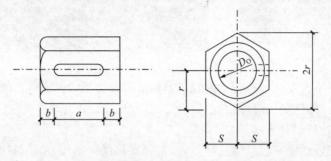

图 3-41　改进型螺栓球节点的套筒

改进型螺栓球节点的套筒长度计算:

$$l=a+2b \tag{3-25}$$

$$a=\xi d-c+d_s+4 \tag{3-26}$$

式中:a——套筒上的滑槽长度(mm);

　　　b——套筒端部至滑槽端部距离(mm);

　　　ξ——螺栓伸入螺栓球的长度(mm);

　　　d——螺栓直径(mm);

　　　c——螺栓露出套筒长度,可预留 4～5mm,但不应少于 2 个螺纹扣;

　　　d_s——紧固螺钉直径(mm)。

3.6.4　支座节点

网架的支座节点可直接支承于柱顶上或支承于圈梁、砖墙上。要求支座节点传力明确、构造简单、安全可靠,并符合计算假定。

网架支座节点一般采用铰支座,有时为了消除温度应力的影响,支座应允许侧移。实际上支座节点受力复杂,除承受压力、拉力和扭矩外,有时还有侧移和转动。因此,网架支座节点受力比平面桁架支座节点复杂得多,特别当跨度较大、平面形状复杂时,更应认真对待。

下面介绍几种常用支座形式:

（1）平板压力支座节点[图 3-42a]。这种节点构造简单,加工方便,但支承板下的摩擦力较大,支座不能转动或移动,和计算假定差距较大,因此,仅适用于小跨度网架。

（2）单面弧形压力支座节点［图 3-42b]。弧形板可用铸钢或圆钢剖开而成。当用双锚栓时,可放在弧形支座中心线上,并开有椭圆孔,以容其有微小移动。当支座反力较大时,可用四根带有弹簧的锚栓,以利其转动。这种支座节点适用于中小跨度网架。

（3）双面弧形压力支座节点［图 3-42c]。其又称摇摆支座,这种支座的双向弧形铸钢件位于开有椭圆孔的支座板间,支座可以沿铸钢件的弧面产生一定的转动和移动。这种节点比较符合不动铰支座的假定。缺点为构造较复杂,造价较高,只能在一个方向转动。适用于大跨度,且下部支承结构刚度较大的网架。

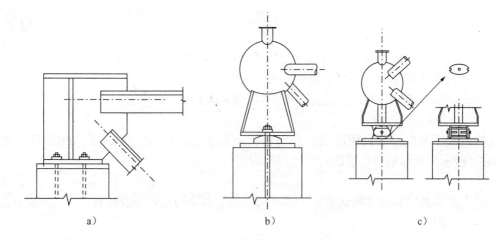

图 3-42 平板及弧形压力支座

a)平板压力支座;b)单面弧形压力支座;c)双面弧形压力支座

（4）球铰压力支座节点〔图 3-43a）。这种节点由一半圆实心球位于带有凹槽底板下,再由四根带有弹簧的锚栓连接牢固。这种节点比较符合不动铰支座的假定,构造较为复杂,抗震性好,适用于四点及多点支承的大跨度网架。

（5）单面弧形拉力支座节点〔图 3-43b）。这种节点类似于压力支座节点。为了更好地传力,在承受拉力的锚栓附近,节点板应加肋,以增强节点刚度,弧形板可用铸钢或厚钢板加工而成。这种节点可用于大、中跨度的网架。

（6）板式橡胶支座节点〔图 3-44）。这种支座不仅可以沿切向及法向位移,还可绕两向转动。板式橡胶支座上下表面由橡胶构成,中间夹有 3～5 层薄钢板。适用于大、中跨度网架。这种节点构造简单、安装方便、节省钢材、造价低,可构成系列产品,以工厂化大量生产,是目前使用最广泛的一种支座节点。但其橡胶老化以及下部支承结构的抗震设计等问题尚待进一步研究。

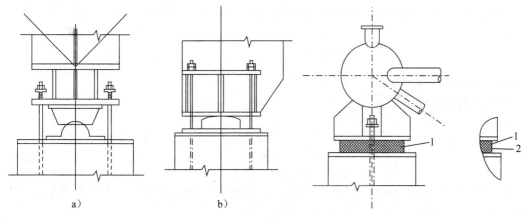

图 3-43 球铰压力支座与单面弧形拉力支座

a)球铰压力支座;b)单面弧形压力支座

图 3-44 板式橡胶支座图

1- 橡胶垫板;2- 销钉

橡胶垫板计算时,应考虑下列各项:

（1）确定橡胶垫板的平面尺寸

由下式确定平面尺寸:

$$A \geqslant \frac{R_{\max}}{[\sigma]} \qquad (3\text{-}27)$$

式中：A——橡胶垫板面积 $A=ab$，a 和 b 分别为橡胶垫板短边及长边边长；

$R_{\max}$——网架全部荷载设计值引起的反力最大值；

$[\sigma]$——橡胶垫板允许抗压强度，$[\sigma]=7.84\sim9.80\text{N/mm}^2$。

（2）确定橡胶垫板厚度

网架的水平变位是通过橡胶层的剪切变位来实现的，设网架支座最大水平位移值为 u（图 3-45），该水平位移不应超过橡胶层的容许剪切变位，即

$$u \leqslant [u] \qquad (3\text{-}28)$$

式中：$[u]$——橡胶层的容许剪切变位 $[u]=d_0[\tan\alpha]$，其中$[\tan\alpha]$一般取 0.7，d_0 为橡胶层总厚度。

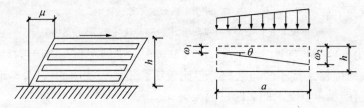

图 3-45 板式橡胶支座计算简图

橡胶层厚度不宜太大，否则容易造成支座失稳，因此空间网格结构技术规程规定，橡胶层厚度应不大于支座法向边长的 0.2 倍。于是橡胶层总厚度可根据其剪切变位条件及控制橡胶层厚度的构造要求按式（3-29）计算，即

$$0.2a \geqslant d_0 \geqslant u \qquad (3\text{-}29)$$

橡胶层总厚度 d_0 确定后，加上各橡胶片间钢板厚度之和，即可得橡胶垫板总厚度。

（3）验算橡胶垫板的压缩变位

因橡胶垫板的弹性模量较低，因此必须控制其变位值不宜过大。支座节点的转动通过橡胶垫板产生的不均匀压缩变形实现。设内外侧变位为 w_1、w_2（图 3-45），则其平均变形为：

$$w_{\mathrm{m}} = \frac{1}{2}(w_1 + w_2) = \frac{\sigma_{\mathrm{m}} d_0}{E} \qquad (3\text{-}30)$$

式中：σ_{m}——平均应力；

E——橡胶的弹性模量。

支座转角为：

$$\theta = \frac{1}{a}(w_1 - w_2) \qquad (3\text{-}31)$$

由上式可得 $w_2=w_{\mathrm{m}}-\theta a/2$，当 $w_2<0$ 时，表明支座局部脱空，这是不允许的，为此必须使 $w_2>0$，即 $w_{\mathrm{m}}>\theta a/2$。

同时，为使橡胶垫板不出现过大的竖向压缩变位，应使此 $w_{\mathrm{m}}<0.05d_0$。故橡胶垫板的应满足下式要求：

$$0.05d_0 \geqslant w_{\mathrm{m}} \geqslant \frac{\theta a}{2} \qquad (3\text{-}32)$$

（4）验算橡胶垫板的抗滑移

橡胶垫板因水平变位 u 产生的水平力将依靠接触面上的摩擦力平衡，故不使橡胶支座滑移的条件为：

$$\mu R_g \geqslant GA\frac{u}{d_0} \tag{3-33}$$

式中：μ——橡胶垫板与混凝土或钢板间的摩擦系数，分别取 0.2（与钢），0.3（与混凝土）；

R_g——乘以荷载分项系数 0.9 的永久荷载标准值引起的支座反力；

G——橡胶垫板的切变模量（G=0.98～1.47N/mm^2）。

本章参考文献

[1] 网架结构设计与施工规程编制组.网架结构设计与施工——规程应用指南 [M].北京：中国建筑工业出版社，1995.

[2] 刘锡良，刘毅轩.平板网架设计[M].北京：中国建筑工业出版社，1979.

[3] 哈尔滨建筑工程学院.大跨房屋钢结构[M].北京：中国建筑工业出版社，1985.

[4] 沈祖炎，严慧，马克剑，等.空间网架结构[M].贵阳：贵州人民出版社，1987.

[5] 沈祖炎，陈扬骥.网架与网壳[M].上海：同济大学出版社，1997.

[6] 肖炽，李维滨，马少华.空间结构设计与施工[M].南京：东南大学出版社，1999.

[7] 浙江大学建筑工程学院，浙江大学建筑设计研究院.空间结构 [M].北京：中国计划出版社，2003.

[8] 蓝天，张毅刚.大跨度屋盖结构抗震设计[M].北京：中国建筑工业出版社，2000.

[9] 张毅刚，蓝偶恩.网架结构在竖向地震作用下的实用分析方法 [J].建筑结构学报，1985（5）.

[10] 刘锡良，董石麟.20 年来中国空间结构形式创新[C]：第十届空间结构学术会议论文集.北京：中国建材工业出版社，2002，13-37.

[11] 沈世钊.中国空间结构理论研究 20 年进展 [C]：第十届空间结构学术会议论文集.北京：中国建材工业出版社，2002.38-52.

[12] 雷宏刚，尹德钰.网架结构疲劳问题研究进展 [C]：第十届空间结构学术会议论文集.北京：中国建材工业出版社，2002.124-129.

[13] 张毅刚，孔祥和.网架结构体系的水平抗震性能[J].工业建筑.1998（7）.

[14] 蓝偶恩，钱若军.新疆乌恰影剧院网架屋盖震害分析[C]：空间结构论文集（二）.北京：中国建材工业出版社，1997，78-85.

[15] 董石麟，赵阳，周岱.我国空间钢结构发展中的新技术、新结构 [J].土木工程学报.1998，31（6）：3-11.

[16] 姚念亮，杨联萍.铝合金格结构的发展与应用 [C]：第十届空间结构学术会议论文集.北京：中国建材工业出版社，2002.27-34.

[17] 中华人民共和国住房和城乡建设部.JGJ1—2010 空间网格结构技术规程 [S].北京：光明日报出版社，2010.

第 4 章 网壳结构

4.1 网壳结构的类型

网壳结构是将杆件沿着某个曲面有规律地布置而组成的空间结构体系,其受力特点与薄壳结构类似,以"薄壳"作用为主要受力特征,即大部分荷载由网壳杆件在轴向承受。由于它具有自重轻、结构刚度大等特点,这种结构可以覆盖较大的空间。不同的曲面网壳可以提供各种新颖的建筑造型,因此也是建筑师常采用的一种结构形式。

网壳的分类通常有按层数划分、按高斯曲率划分和按曲面外形划分等。按层数划分有单层网壳和双层网壳两种,如图 4-1 所示,下面详细介绍按高斯曲率划分和按曲面外形划分。

4.1.1 按高斯曲率分类

设通过网壳曲面 S 上的任意点 P(图 4-2),作垂直于切平面的法线 P_n。通过法线 P_n 可以作无穷多个法截面,法截面与曲面 S 相交可获得许多曲线,这些曲线在 P 点处的曲率称为法曲率,用 K 表示,在 P 点处所有法曲率中,有两个取极值的曲率(即最大与最小曲率)称为 P 点主曲率,用 k_1、k_2 表示。两个主曲率是正交的,对应于主曲率的曲率半径用 R_1、R_2 表示,它们之间关系为

$$\left. \begin{array}{l} k_1 = \dfrac{1}{R_1} \\ k_2 = \dfrac{1}{R_2} \end{array} \right\} \tag{4-1}$$

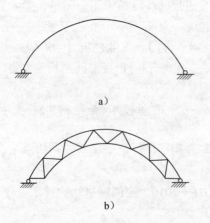

图 4-1 单层网壳和双层网壳

a)单层网壳;b)双层网壳

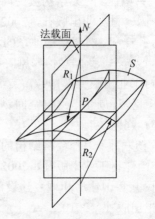

图 4-2 曲线坐标

曲面的两个主曲率之和称为曲面在该点的高斯曲率,用 k 表示。

按高斯曲率划分有:

(1)零高斯曲率的网壳

零高斯曲率是指曲面一个方向的主曲率半径 $R_1=\infty$,即 $k_1=0$;而另一个主曲率半径 $R_2=\pm a$(a 为某一数值),即 $k_2 \neq 0$,故又称为单曲网壳,如图 4-3a)所示。

零高斯曲率的网壳有柱面网壳、圆锥形网壳等。

(2)正高斯曲率的网壳

正高斯曲率是指曲面的两个方向主曲率同号,均为正或均为负,即 $k_1 k_2>0$,如图 4-3b)所示。

正高斯曲率的网壳有球面网壳、双曲扁网壳、椭圆抛物面网壳等。

(3)负高斯曲率的网壳

负高斯曲率是指两个主曲率符号相反,即 $k_1 k_2<0$,这类曲面一个方向是凸面,一个方向是凹面,如图 4-3c)所示。

负高斯曲率的网壳有双曲抛物面网壳、单块扭网壳等。

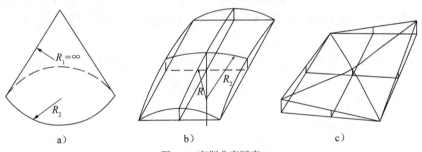

图 4-3　高斯曲率网壳

a)圆锥网壳;b)双曲扁网壳;c)单块扭网壳

4.1.2　按曲面外形分类

网壳结构按曲面外形,主要有如下几种形式。

(1)球面网壳

球面网壳是由一母线(平面曲线)绕 z 轴旋转而成,如图 4-4 所示。母线由圆弧线组成,适用于圆平面。高斯曲率大于 0,曲率半径 $R_1=R_2=R$。球面网壳是常用的网壳形式之一。球面网壳的曲面方程为:

$$x^2+y^2+(z+R-f)^2=R^2 \tag{4-2}$$

式中: R ——曲率半径;

$\qquad f$ ——曲面网壳的矢高。

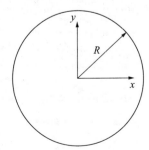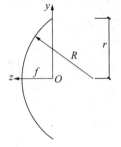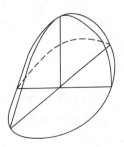

图 4-4　球面网壳

（2）双曲扁网壳

双曲扁网壳的矢高 f 较小，如图4-5所示，$a>b$，$a/b \leqslant 2$，且 $f/b \leqslant 1/5$，高斯曲率大于0。该网壳适用于矩形平面。

双曲扁网壳的曲面可由球面、椭圆抛物面、双曲抛物面等组成。

当 $f=f_a+f_b$ 时，双曲扁网壳的曲面方程为：

$$z = f - \left[f_b \left(\frac{2x}{a} \right)^2 + f_a \left(\frac{2y}{b} \right)^2 \right]$$　　（4-3）

式中：a、b——网壳投影面的长边、短边尺寸；

　　f_a、f_b——网壳长、短边处的矢高；

　　　　f——网壳跨中矢高。

（3）柱面网壳

柱面网壳是由一根直线沿两根曲率相同的曲面平行移动而成，如图4-6所示。它根据曲面形状不同有圆柱面网壳、椭圆柱面网壳和抛物线柱面网壳。因其母线是直线，故曲率 $k_1=0$，高斯曲率等于零。

柱面网壳适用于矩形平面，是国内常用网壳形式之一。圆柱面的曲面方程为：

$$x^2+(z+R-f)^2=R^2$$　　（4-4）

式中：R——曲率半径；

　　f——柱面网壳的矢高。

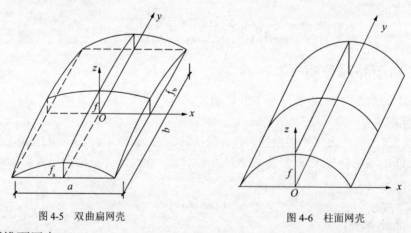

图4-5　双曲扁网壳　　　　　　　　图4-6　柱面网壳

（4）圆锥面网壳

圆锥面网壳是由一根直线与转动轴成一夹角，经旋转而成，如图4-7所示，高斯曲率等于零。

圆柱面网壳适用于圆形平面，其曲面方程为：

$$\sqrt{x^2 + y^2} = \left(1 - \frac{z}{h}\right) R$$　　（4-5）

式中：R——圆锥面网壳锥底半径；

　　h——圆锥面网壳锥高。

（5）扭转曲面网壳

如图4-8所示，高斯曲率小于0，适用于矩形平面。它的曲面方程为：

$$z = f - \frac{4f}{ab}xy \qquad (x,\ y \geqslant 0) \tag{4-6}$$

$$z = f + \frac{4f}{ab}xy \qquad (x,\ y < 0)$$

式中：a、b——网壳的边长；

　　　f——网壳的矢高。

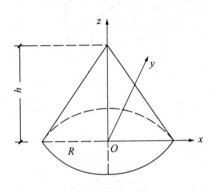

图 4-7　圆锥面网壳

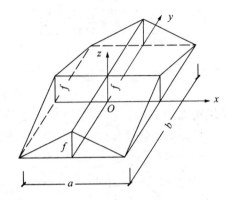

图 4-8　扭曲面网壳

（6）单块扭网壳

如图 4-9 所示，高斯曲率小于 0，适用于矩形平面，它的特点是与 xz、yz 平面平行的面与网壳曲面的交线是直线。

（7）双曲抛物面网壳

双曲抛物面网壳是由一根曲率向下（$k_1 > 0$）的抛物线（母线），沿着与之正交的另一根具有曲率向上（$k_2 < 0$）的抛物线平行移动而成。该曲面呈马鞍形，如图 4-10 所示。如沿曲面斜向垂直切开时，则均为直线。高斯曲率 $k < 0$。该网壳适用于矩形、椭圆形和圆形等平面。

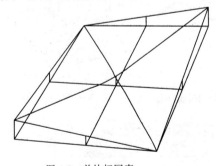

图 4-9　单块扭网壳

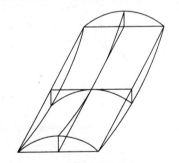

图 4-10　双曲抛物面网壳

矩形平面的双曲抛物面网壳的曲面方程为：

$$z = \frac{y^2}{R_2^2} - \frac{x^2}{R_1^2} \tag{4-7}$$

式中：R_1、R_2——双曲抛物面两个主曲率的曲率半径。

（8）切割或组合形成的曲面网壳

球面网壳用于三角形、六边形和多边形平面时，采用切割方法组成新的网壳形式，如图 4-11 所示。

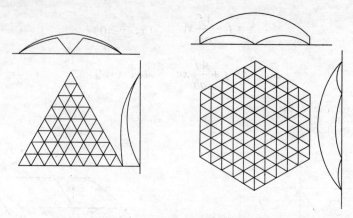

图 4-11　切割形成的球面网壳

由单块扭面组成的各种网壳如图 4-12 所示。由球面网壳和柱面网壳组成的网壳如图 4-13 所示。其他形式的组合和切割这里不再赘述。

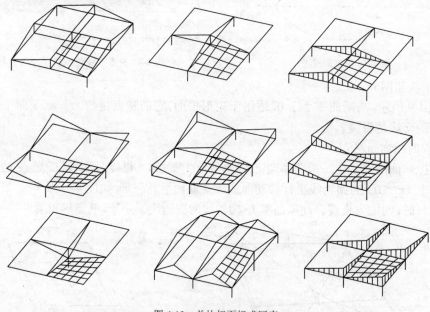

图 4-12　单块扭面组成网壳

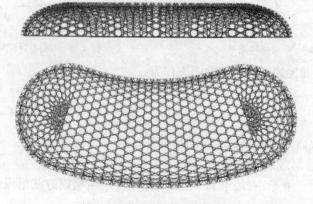

图 4-13　球面和柱面组成的网壳

4.1.3　球面网壳的网格划分

球面网壳又称穹顶,是目前常用形式之一。它可分为单层和双层两大类。现按网格划分方法分述它们的形式。

(1)单层球面网壳的形式

单层球面网壳的形式,按网格划分主要有以下几种。

①肋环形球面网壳

肋环形球面网壳是由径肋和环杆组成的,如图 4-14 所示。径肋汇交于球顶,使球顶节点构造复杂。环杆如能与檩条共同工作,可降低网壳整体用钢量。

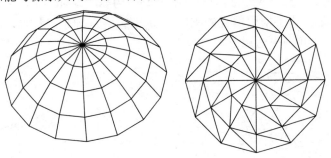

图 4-14　肋环形球面网壳

肋环形球面网壳的大部分网格是梯形,每个节点只汇交四根杆件,节点构造简单,整体刚度差,适用于中小跨度。

②肋环斜杆型球面网壳

这种网壳是在肋环形基础上加斜杆而组成的,也称为施威德勒型球面网壳。它大大提高了网壳的刚度,提高了抵抗非对称荷载的能力。根据斜杆布置不同有单斜杆（图 4-15a、b）、交叉斜杆(图 4-15c)和无环杆的交叉斜杆(图 4-15d)等,网格为三角形,整体刚度好,适用于大中跨度。

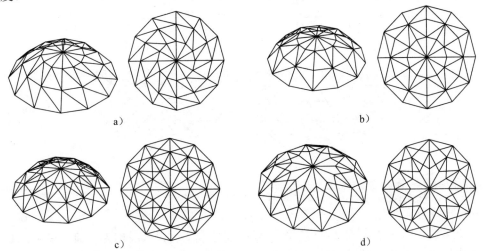

a)　　　　　　　　　　　　　　b)

c)　　　　　　　　　　　　　　d)

图 4-15　肋环斜杆型球面网壳

③三向网格型球面网壳

这种网壳的网格在水平投影面上呈正三角形,即在水平投影面上,通过圆心作夹角为

60°的三个轴,将轴 n 等分并连线,形成正三角形网格,再投影到球面上形成三向网格型网壳,如图 4-16 所示。这种网壳结构受力性能好,外形美观,适用于中小跨度。

网壳球面上任意节点 i 的坐标,可先由水平投影面上求出 x_i、y_i,再按下式求 z_i 坐标。

$$z_i = \sqrt{R^2 - x_i^2 - y_i^2} - (R - f) \tag{4-8}$$

式中：R——网壳的曲率半径;

f——网壳的矢高。

④葵花形三向网格球面网壳

这种网壳由人字斜杆组成菱形网格,两斜杆夹角为 30°～50°,如图 4-17a)所示,其造型美观,也称为联方形。为了增强网壳的刚度和稳定性,在环向加设杆件,使网格成为三角形,如图 4-17b)所示。这种网壳适用于大中跨度。

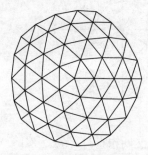

图 4-16 三向网格球面网壳

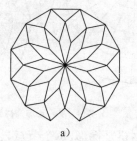

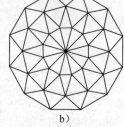

a)   b)

图 4-17 葵花形三向网格球面网壳

⑤扇形三向网格型球面网壳

这种网壳是由 n（$n=6$，8，12…）根径肋把球面分为 n 个对称扇形曲面。每个扇形曲面内,再由环杆和斜杆组成大小匀称的三角形网格,如图 4-18 所示,也称恺威特型球面网格,或根据肋数 n 简称 Kn 型。这种网壳综合了旋转式划分法与均分三角形划分法的优点,因此不但网格大小匀称,而且内力分布均匀,适用于大中跨度。

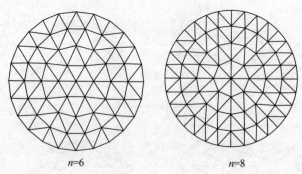

$n=6$ $n=8$

图 4-18 扇形三向网格型球面网壳

⑥短程线球面网壳

如图 4-19a)所示,用过球心 O 的平面截球,在球面上所得截线称为大圆。在大圆上 A、B 两点连线为最短路线,称短程线。由短程线组成的平面组合成空间闭合体,称为多面体。如果短程线长度一样,称为正多面体。球面是多面体的外接球。

把球面划分为 20 个等边球面三角形,如图 4-19b)、c)所示。在实际工程中,有时正 20 面体的边长过大,需要再划分。再划分后杆件的长度都有微小差异,将正三角形再划分主要有:

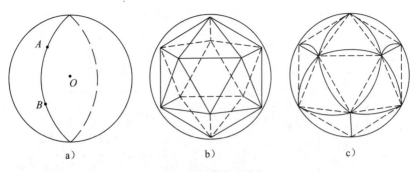

图 4-19　短程线球面网壳

a. 弦均分法。将正三角形三个边等分组成若干个小正三角形。然后从其外接球中心,将这些等分点投射到外接球面上,形成短程线球面网格,如图 4-20 所示。

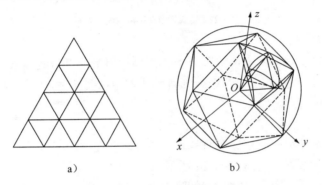

图 4-20　弦均分法形成球面网壳

b. 等弧再分法。将 20 面体的正三角形的边进行二等分,并从其外接球中心将等分点投影到球面上,把投影点连线,形成新的多面体的弦,此时弦长缩小一半 [图 4-21a)]。再将此新弦二等分,再投影到球面上 [图 4-21b)],如此循环进行直至划分结束。

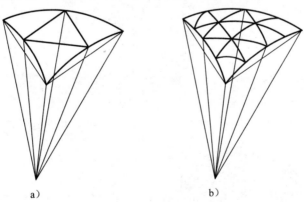

图 4-21　等弧再分法形成球面网壳

c. 边弧等分法。将正三角形各边所对应的弧直接进行等分,连接球面上各个划分点,即所求的短程线球面网格,如图 4-22 所示。这种网壳杆件布置均匀,受力性能好,适用于矢高较大或超半球形的网壳。

(2)双层球面网壳的形式

双层球面网壳可由交叉桁架体系和角锥体系组成,主要形式有以下几种。

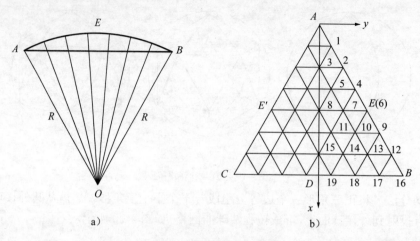

图4-22 边弧等分法形成球面网壳

①交叉桁架体系

上节所述六种单层球面网壳网格划分形式都可适用于交叉桁架体系,只要将单层网壳中每个杆件,用平面网片(图4-23)来代替,即可形成双层球面网壳,网片竖杆是各杆共用,方向通过球心。这里不再赘述。

②角锥体系

由四角锥和三角锥组成的双层球面网壳主要有以下几种:

a. 肋环形四角锥球面网壳,如图4-24所示。

b. 联方形四角锥球面网壳,如图4-25所示。

c. 联方形三角锥球面网壳,如图4-26所示。

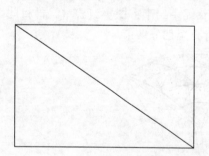

图4-23 基本单元

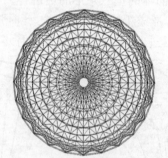

图4-24 肋环形四角锥球面网壳

图4-25 联方形四角锥球面网壳

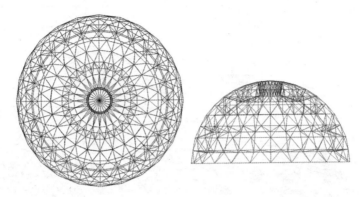

图 4-26 联方形三角锥球面网壳

d. 平板组合式球面网壳,如图 4-27 所示。将球面变为多面体,每一面为平板网架。

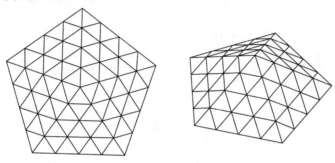

图 4-27 平板组合式球面网壳

4.1.4 柱面网壳的网格划分

柱面网壳是目前国内常用的形式之一。它分为单层和双层两类,现按网格划分方法分述它们的形式。

(1)单层柱面网壳的形式

单层柱面网壳按网格形式划分为以下几种:

①单斜杆正交正放型柱面网壳

如图 4-28a)所示,首先沿曲面划分为等弧长,通过曲线等分点作为平行纵向直线,再将直线等分,作平行于曲面的横线,形成方格,对每个方格加斜杆。如将斜杆布置成人字形,如图 4-28b)所示,称为人字形正交正方柱面网壳,也称弗普尔型网壳。

②交叉斜杆正交正放型柱面网壳

如图 4-28c)所示为在方格内设置交叉斜杆,以提高网壳的刚度。

③联防网格型柱面网壳

如图 4-28d)所示,其杆件组成菱形网格,杆件夹角为 $30° \sim 50°$。

④三向网格型柱面网壳

如图 4-28e)所示,三向网格可理解为联方网格上加纵向杆件,将菱形变为三角形。

单斜杆型与交叉斜杆型相比,前者杆件数量少,杆件连接已处理,但整体刚度差,适用于小跨度、小荷载屋面。

联方网格杆件数量最少,杆件长度统一,节点上只连接四根杆件,节点构造简单,但刚度较差。三向网格型刚度最好,杆件品种也较少,是一种较经济合理的形式。

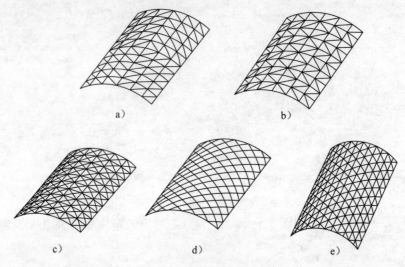

图 4-28 单层柱面网壳

单层柱面网壳,有时为了提高整体稳定度和刚度,在某部分区段设横向肋,变为局部双层网壳。

(2)双层柱面网壳的形式

双层柱面网壳形式很多,主要由交叉桁架体系和四角锥体系组成,主要形式有以下几种。

①交叉桁架体系

单层柱面网壳形式都可称为交叉桁架体系的双层柱面网壳,每个网片形式如图 4-23 所示,这里不赘述。

②四角锥体系

四角锥体系在网架结构中共有六种,这几种类型是否都可以应用于双层网壳中应从受力合理性角度分析。网架结构受力比较明确,对周边支承网架,上弦杆总是受压,下弦杆总是受拉,而双层网壳的上层杆和下层杆都可能出现受压,因此对于上弦杆短、下弦杆长的这种网架形式,在双层柱面网壳中不一定适用。

四角锥体系组成双层杆柱面网壳主要有以下几种。

a. 正放四角锥柱面网壳。如图 4-29 所示,它由正放四角锥体,按一定规律组合而成,杆件品种少,节点结构简单,刚度大,是目前最常用的形式之一。

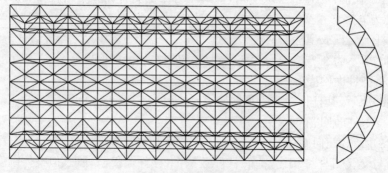

图 4-29 正交正放四角锥柱面网壳

b. 抽空正方四角锥柱面网壳。如图 4-30 所示,这类网壳是在正放四角锥网壳基础上适当抽掉一些四角锥单元中的腹杆和下层杆而形成,网格数应为奇数。适用于小跨度、轻屋面荷载。

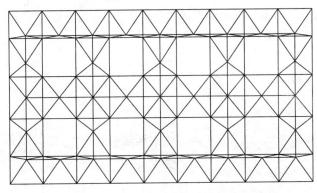

图 4-30　正放抽空四角锥柱面网壳

c. 斜置正放四角锥柱面网壳,如图 4-31 所示。

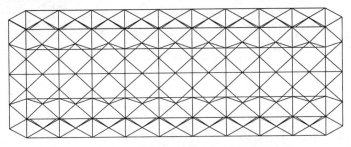

图 4-31　斜置正放四角锥柱面网壳

③三角锥体系

三角锥柱面网壳如图 4-32 所示。抽空三角锥柱面网壳如图 4-33 所示。

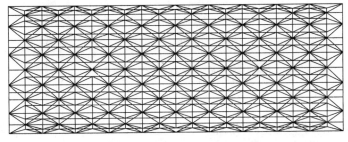

图 4-32　三角锥柱面网壳

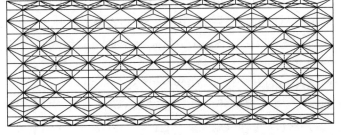

图 4-33　抽空三角锥柱面网壳

4.1.5　双曲抛物面网壳的网格划分

双曲抛物面网壳沿直纹两个方向可以设置直线杆件,主要形式有以下几种:

（1）正交正放类，如图4-34a）、b）所示。组成网格为正方形，采用单层形式时，在方格内设斜杆；采用双层形式时可组成四角锥体。

（2）正交斜放类，如图4-34c）所示。杆件沿曲面最大曲率方向设置，抗剪刚度较弱。在第三方向全部或局部设置杆件，如图4-34d）、e）、f）所示，可提高它的抗剪刚度。

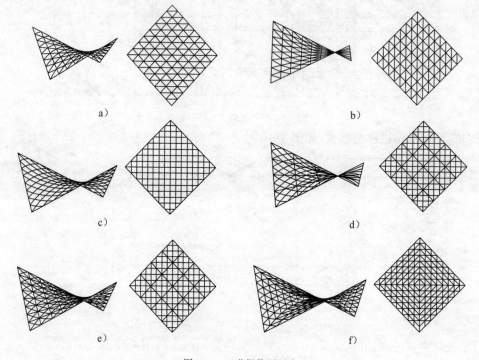

图 4-34　双曲抛物面网壳

4.2　网壳结构的选型

球面网壳结构设计宜符合下列规定：①球面网壳结构的矢跨比不宜小于1/7；②双层球面网壳结构的厚度可取跨度（平面直径）的1/60～1/30；③单层网壳结构的跨度不宜大于80m。

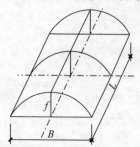

图 4-35　圆柱面网壳

圆柱面网壳，如图4-35所示，其结构设计宜符合下列规定：①两端边支承的圆柱面网壳，其宽度B和跨度L之比宜小于1，壳体的矢高可取跨度B的1/6～1/3；②沿两纵向边支承或四边支承的圆柱面网壳，壳体的矢高可取跨度L（宽度B）的1/5～1/2；③双层圆柱面网壳结构的厚度可取宽度B的1/50～1/20；④两端支承的单层圆柱面网壳，其跨度L不宜大于35m；沿两纵向边支承的单层圆柱面网壳，其跨度（此时为宽度B）不宜大于30m。

双曲抛物面网壳结构设计宜符合下列规定：①双曲抛物面网壳底面的两对角线长度之比不宜大于2；②单块双曲抛物面壳体的矢高可取跨度的1/4～1/2（跨度为两个对角支承点之间的距离），四块组合双曲抛物面壳体每个方向的矢高可取相应跨度的1/8～1/4；③双层双曲抛物面网壳的厚度可取短向跨度的1/50～1/20；④单层双曲抛物面网壳的跨度不宜大于 60m。

椭圆抛物面网壳结构设计宜符合下列规定:①椭圆抛物面网壳结构的底边两跨度之比不宜大于 1.5;②壳体每个方向的矢高可取短向跨度的 1/9～1/6;③双层椭圆抛物面网壳结构的厚度可取短向跨度的 1/50～1/20;④单层椭圆抛物面网壳结构的跨度不宜大于 50m。

小跨度的球面网壳的网格布置可采用肋环型,大跨度的球面网壳宜采用能形成三角形网格的各种网格类型。为不使球面网壳的顶部构件太密集而造成应力集中和制作安装的困难,宜采用三向网格型、扇形三向网格型及短程线型网壳;也可采用中部为扇形三向网格型、外围为葵花形三向网格型组合形式的网壳。

小跨度圆柱面网壳的网格布置可采用联方网格型,大中跨度的圆柱面网壳采用能形成三角形网格的各种类型。双曲扁网壳和扭网壳的网格选型可参照圆柱面网壳的网格选型。

网壳结构的最大位移计算值不应超过短向跨度的 1/400;悬挑网壳的最大位移计算值不应超过悬挑长度的 1/200。

网壳结构的支承构造应可靠传递竖向反力,同时应满足不同网壳结构形式所必需的边缘约束条件;边缘约束构件应满足刚度的要求,并应与网壳结构一起进行整体计算。各类网壳的相应支座约束条件应符合下列规定:①球面网壳的支承点应保证抵抗水平位移的约束条件;②圆柱面网壳当沿两纵向边支承时,支承点应保证抵抗侧向水平位移的约束条件;③双曲抛物面网壳应通过边缘构件将荷载传递给下部结构;④椭圆抛物面网壳及四块组合双曲抛物面网壳应通过边缘构件沿周边支承。

网壳结构除竖向反力外,通常有较大的水平反力,应在网壳边界设置边缘构件来承受这些反力。如在圆柱面网壳的两端、双曲扁网壳和四块组合型扭网壳的四侧应设置横隔(如桁架等),球面网壳应设置外环梁。这些边缘构件应有足够的刚度,并可作为网壳整体的组成部分进行调节分析计算。

4.3　网壳结构力学分析

与网架结构一样,网壳结构力学分析是为了得到各种荷载工况和边界约束条件下的结构变形和杆件内力,为杆件、节点设计和结构变形控制提供定量的数值依据。

随着建筑材料和计算理论的不断发展,网壳结构跨度越来越大,厚度越来越薄;同时,结构稳定性问题也变得更为突出,已成为网壳结构尤其是单层网壳结构设计中的关键问题。网壳结构稳定性分析过程十分复杂,将会在 4.4 节具体阐述。

4.3.1　空间刚架位移法

结构分析的过程实际上是一个数值计算的过程。如何将一个实际结构合理地抽象为一个数学计算模型是网壳结构分析首先面临的问题,也是影响分析结果是否符合结构实际受力状态的关键因素。对于网壳结构来说,结构分析的计算模型根据其受力特点和节点构造形式通常分为两种:一种是空间杆单元模型;一种是空间梁单元模型。前面章节已经讲到,网壳结构主要分为单层网壳结构和双层(或多层)网壳结构两种形式。计算分析表明,对于双层(或多层)网壳结构,无论采用螺栓球节点,还是具有一定抗弯刚度的焊接空心球节点,只要荷载作用在节点上,构件内力主要以轴力为主,弯矩通常很小。因此,双层(或多层)网壳结构通常采用空间杆单元模型,其结构分析方法采用与网架结构相同的空间桁架位移法。而对于单层网壳,构件之间通常采用以焊接空心球节点为主的刚性节点;同时,从结构受力性能上来看,单层网壳构件中的弯矩和轴力相比往往不能忽略,而且可能成为控制构件设计的主要内力,因此单层网壳的结构分析通常采用空间梁单元模型。

网壳结构的分析方法通常可分为两类:一类是基于连续化假定的分析方法;一类为基于离散化假定的分析方法。网壳结构的连续化分析方法通常主要指拟壳法,这种方法的基本思想是通过刚度等代将其比拟成光面实体壳,然后按照弹性薄壳理论对等代后的光面实体壳进行结构分析,求得壳体位移和内力的解析解,最终根据壳体的内力折算出网壳杆件的内力。网壳结构的离散化分析方法通常是指有限单元法,这种方法首先将结构离散成各个单元,在单元基础上建立表示单元节点力和节点位移之间关系的基本方程,以及相应的单元刚度矩阵,然后利用节点平衡条件和位移协调条件,建立整体结构节点荷载和节点位移关系的基本方程及其相应的总体刚度矩阵,通过引入边界约束条件修正总体刚度矩阵后求解节点位移,再由节点位移计算出构件内力。

以上所讨论网壳结构的分析方法各有优缺点。对于工程中经常使用的球面网壳和柱面网壳,采用拟壳法进行结构分析时,可以很便利地采用薄壳理论中有关球面壳和柱面壳的已知解答,不依靠计算机便可求得网壳内力。而且采用拟壳法可以更方便地使设计人员借助壳体的受力特性来理解网壳结构受力特性。但是对于曲面形状不规则、网格不均匀、边界条件和荷载情况复杂的网壳结构,由于等代后的光面实体壳通常很难求出其解析解,因此不宜采用拟壳法。相比之下,有限元方法作为一种结构分析的通用方法,其计算分析不受结构形状、边界条件和荷载情况的限制,但是其计算分析过程需要借助计算机来完成。随着当前计算机的软硬件迅速发展,各种数据的前后处理计算和数值分析方法也日趋成熟,因此有限元法已成为网壳结构分析的主要方法。

根据上述分析,对于双层(或多层)网壳结构,采用空间杆单元模型进行结构分析的有限单元法——空间桁架位移法;对单层网壳结构,采用空间梁单元模型进行结构分析的有限单元法——空间刚架位移法。

空间刚架位移法具有有限单元法的共同特点,它的基本思想是:首先根据结构实际节点位置将网壳结构的各杆件离散成独立的梁单元;再通过单元分析,建立单元节点位移和节点力之间关系的单元刚度矩阵;然后对整体结构的每一个节点通过相邻单元的位移协调关系以及单元节点力和外荷载之间的平衡关系,建立整体结构节点位移和节点荷载之间的基本方程式及结构的总体刚度矩阵;通过引入边界条件修正总刚度矩阵后,求解基本方程式得到结构各节点的位移;最后根据求得的节点位移计算各单元内力。

4.3.2　网壳结构荷载与作用

网壳结构的荷载作用与网架结构一样,主要受永久荷载、可变荷载的作用。网壳结构的永久荷载和屋面活荷载的取值和网架结构相同,此处不再赘述,下面重点阐述雪荷载、风荷载、地震荷载和温度作用等荷载类型。

（1）雪荷载

雪荷载是网壳结构的重要荷载之一,在国外已发生多起由于大雪导致网壳结构倒塌的重大事故。网壳结构的雪荷载应按水平投影面计算,其雪荷载标准值同前所述。

影响屋面雪压的主要因素主要有以下几个方面：

①风对屋面积雪的影响。在降雪过程中，风会把部分本应落在屋面上的雪吹积到附近的地面上或较低的物体上。当风速较大时，部分已经堆积在屋面的雪也会被吹走。当然，风的这种吹积作用和风速大小、房屋所处的地理环境及周围的挡风情况等因素有关。

曲线型屋面，屋谷附近区域的积雪比屋脊区大，当曲线屋面为连续多跨或单跨带有挑檐和女儿墙等挡风构件时，它们的屋谷区域都会出现雪的吹积，使屋面局部雪压增加，这种积雪分布一般呈三角形。

②屋面坡度对积雪的影响。屋面雪荷载与屋面坡度有关，一般随坡度的增加而减小，主要是由风的作用和雪的滑移所致。当风吹过屋脊时，在屋面迎风一侧会因"爬坡风"效应使风速增大，吹走部分积雪。坡度越陡其效果越明显。在挡风一侧风速下降，风中夹裹的雪和从迎风面吹过的雪往往在背风一侧屋面上漂积。因此，对双坡及曲线型的屋面，风的作用除会使总的屋面积雪减少外，还会引起屋面出现不平衡积雪荷载。

曲线型屋面的积雪会向屋谷区滑移或缓慢蠕动，使屋谷区域积雪增加，增加幅度与屋面坡度及屋面材料的光滑程度密切相关。这种滑移现象与风的吹积作用，应在确定网壳结构的屋面雪荷载时一并考虑。

③屋面温度对积雪的影响。采暖房屋的屋面积雪厚度较一般不采暖房屋的积雪厚度小，因为屋面散热的热量会使积雪融化，由此引起的雪滑移又将改变屋面积雪分布。美国相关规范中采用温度系数来考虑这种影响，我国规范对此未作明确规定。

对于球面网壳屋顶的积雪分布系数，因规范未作规定，建议按下述方法采用。

球面网壳屋顶上的积雪分布应分两种情况考虑，即积雪均匀分布情况和非均匀分布情况。积雪均匀分布情况的积雪分布系数可采用荷载规范给出的拱形屋顶的积雪分布系数，见图4-36a）。国际标准化组织（ISO）起草的国际标准草案中给出的积雪均匀和非均匀分布情况的积雪分布系数按图 4-36b）和 4-36c）选取。国际标准草案给出的积雪均匀分布系数为 0.8，没有考虑 f/L 变化的影响。进行具体工程的雪荷载计算时，应结合具体条件和其他资料慎重确定。

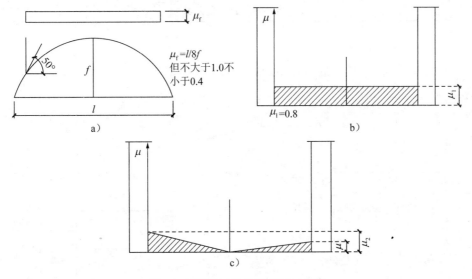

图 4-36　球面网壳屋顶的积雪分布系数

a）单面屋顶简图（我国规范的雪压分布系数）；b）ISO 国际标准草案积雪均匀分布情况；c）ISO 国际标准草案积雪非均匀分布情况限定 $\mu_2 \leqslant 2$

（2）风荷载

风荷载也是网壳的重要荷载之一，常常是设计时的控制荷载，因此对于跨度较大的网壳，设计时应特别重视。详细分析和对比各国规范发现，各国国家规范计算出的风荷载值有很大出入，造成这种差别的主要原因是：①基本风速的计算偏差；②修正基本风速时所考虑的因素偏差，如地形、挡风体、建筑物尺寸及其表面粗糙度等；③各种建筑物风压系数的偏差。球面网壳屋面属于三维曲面，其表面的风压与其雷诺数、表面粗糙度、风速剖面等密切相关，因此各国规范给出的风压系数不同是可以理解的。在实际工程设计中，有经验的工程师一般是以工程资料为基础与自己的经验结合进行主导设计，保证结构安全。

《建筑结构荷载规范》（GB 50009—2012）规定，垂直于建筑物表面上的风荷载标准值应按下式计算：

$$w_k = \beta \mu_s \mu_z w_0 \qquad\qquad (4\text{-}9)$$

式中：w_k——风荷载标准值（kN/m^2）；

β——风振系数；

μ_s——风荷载体型系数；

μ_z——风压高度变化系数；

w_0——基本风压（kN/m^2）。

对于网壳结构，μ_z 和 w_0 的计算和其他结构一样，可按荷载规范的规定采用。μ_s 则应根据网壳的体型确定。在荷载规范中给出了封闭式落地拱形屋面、封闭式拱形屋面、封闭式双跨拱形屋面和旋转壳顶四种情况的风荷载体型系数值，见表 4-1。对于完全符合表 3-1 中所列情况的网壳可按表中给出的体型系数采用。β 取值比较复杂，规范中给出的 β 计算方法主要适用于高层、高耸建筑物。网壳结构的 β 值，与结构的跨度、矢高、支撑条件等因素有关。同一标高处 β 值不一定相同，因此对于网壳应计算每一点的风振系数。

对于所处地形复杂、跨度较大的网壳结构以及体型或某些局部不完全符合表 4-1 所列情况的网壳结构，应该通过风洞试验确定其风荷载体型系数，以确保结构的安全。

网壳的风荷载体型系数　　　　　　　　　　　表 4-1

		f/l	μ_s	
封闭式落地拱形屋顶		0.1	+0.1	
		0.2	10.2	中间值按插入法计算
		0.6	10.6	
		f/l	μ_s	
封闭式拱形屋顶		0.1	0.8	
		0.2	0	中间值按插入法计算
		0.5	+0.6	

封闭式双跨拱形屋顶			
旋转壳顶		$f/l > 1/4$	$f/l < 1/4$
		$\mu_\mathrm{s}=0.5\sin^2\varphi\cdot\sin\varphi-\cos^2\varphi$	$\mu_\mathrm{s}=-\cos^2\varphi$

（3）地震作用

对于网壳结构，其抗震验算应符合下列规定：①在抗震设防烈度为 7 度的地区，当网壳结构的矢跨比大于或等于 1/5 时，应进行水平抗震验算；当矢跨比小于 1/5 时，应进行竖向和水平抗震验算；②在抗震设防烈度为 8 度或 9 度的地区，对各种网壳结构应进行竖向和水平抗震验算。

4.3.3　网壳结构荷载效应组合

对于非抗震设计，荷载效应组合应按《建筑结构荷载规范》（GB 50009—2012）进行计算。在杆件及节点设计中，应采用荷载效应的基本组合，计算式为：

$$S = \gamma_\mathrm{G} C_\mathrm{G} G_\mathrm{K} + \gamma_{\mathrm{Q}1} C_{\mathrm{Q}1} Q_{1\mathrm{K}} + \sum_{i=2}^{n} \gamma_{\mathrm{Q}i} C_{\mathrm{Q}i} \psi_{ci} Q_{i\mathrm{K}} \tag{4-10}$$

式中：　　γ_G——永久荷载的分项系数，当其效应对结构不利时，取 1.2；当其效应对结构有利时，取 1.0；

$\gamma_{\mathrm{Q}1}$、$\gamma_{\mathrm{Q}i}$——第 1 个和第 i 个可变荷载的分项系数，一般情况下取 1.4；

G_K——永久荷载的代表值；

$Q_{1\mathrm{K}}$——第一个可变荷载的标准值，该荷载的效应大于其他任意一个的可变荷载效应；

$Q_{i\mathrm{K}}$——其他第 i 个可变荷载的标准值；

C_G、$C_{\mathrm{Q}1}$、$C_{\mathrm{Q}i}$——永久荷载、第一个可变荷载和其他第 i 个可变荷载的荷载效应系数；

ψ_{ci}——第 i 个可变荷载的组合值系数，一般情况下，当有风荷载参与组合时，取 0.6；当没有风荷载参与组合时，取 1.0。

在验算挠度时，按荷载的短期效应组合计算，即

$$S = C_\mathrm{G} G_\mathrm{K} + C_{\mathrm{Q}1} Q_{1\mathrm{K}} + \sum_{i=2}^{n} C_{\mathrm{Q}i} \psi_{ci} Q_{i\mathrm{K}} \tag{4-11}$$

对于抗震设计，荷载效应组合应按《建筑抗震设计规范》（GB 50011—2010）进行计算。在构件和节点设计中，地震作用效应和其他荷载效应的基本组合计算为：

$$S = \gamma_\mathrm{G} C_\mathrm{G} G_\mathrm{E} + \gamma_{\mathrm{Eh}} C_{\mathrm{Eh}} E_{\mathrm{h}k} + \gamma_{\mathrm{Ev}} C_{\mathrm{Ev}} E_{\mathrm{v}k} \tag{4-12}$$

式中：γ_{Eh}、γ_{Ev}——水平、竖向地震作用分项系数，按表 4-2 采用；

G_E——重力荷载代表值，取结构和构配件自重标准值和各可变荷载组合值之和；

γ_G——重力荷载的分项系数；

C_G——结构和构配件自重及各可变荷载的组合系数，按表 4-3 取用；

E_{hk}、E_{vk}——水平和竖向地震作用标准值；

C_{Eh}、C_{Ev}——水平和竖向地震作用的效应系数。

地震作用分项系数　　　　　　　　　　　表 4-2

地震作用	γ_{Eh}	γ_{Ev}
仅考虑水平地震作用	1.3	不考虑
仅考虑竖向地震作用	不考虑	1.3
同时考虑水平与竖向地震作用	1.3	0.5

组 合 系 数　　　　　　　　　　　表 4-3

可变荷载种类	组合系数值	可变荷载种类	组合系数值
雪荷载	0.5	屋面活荷载	不考虑
屋面积灰荷载	0.5		

在组合风荷载效应时，应计算多个风荷载方向，以便得到各构件和节点的最不利效应组合。

4.4　网壳结构的稳定性

4.4.1　网壳稳定性分析的必要性

稳定性分析是网壳结构尤其是单层网壳结构设计中的关键问题。结构的稳定性可以从其荷载—位移全过程曲线中得到完整的概念。传统的线性分析方法是把结构的强度和稳定问题分开考虑的。事实上，从非线性分析的角度，结构的稳定性问题和强度问题是联系在一起的。结构的荷载—位移全过程曲线能够准确地表现结构的强度、稳定性以及刚度的整个变化历程。当考察初始缺陷和荷载分布方式等因素对实际网壳结构稳定性能的影响时，也可通过全过程曲线的规律性变化进行研究。

4.4.2　网壳稳定性的分析方法

当利用计算机对复杂结构体系进行有效的非线性有限元分析尚未能充分实现时，要进行网壳结构的全过程分析是十分困难的。在较长一段时间内，人们不得不求助于连续化理论（"拟壳法"）将网壳转化为连续壳体结构，然后通过某些近似的非线性解析方法来求出壳体结构的稳定性承载力。这种"拟壳法"公式对计算某些特定形式网壳的稳定性承载力起到重要作用。但这种方法有较大的局限性：连续化壳体的稳定性理论本身并不完善，缺乏统一的理论模式，需要针对不同问题假定可能的失稳形态，并作出相应的近似假设；事实上仅对少数特定的壳体（例如球面壳）才能得出较实用的公式。此外，所讨论的壳体一般是等厚度和各向同性的，无法反映实际网壳结构的不均匀构造和各向异性的特点。因此，在许多重要场合必须依靠精细模型试验来测定结构的稳定性承载力,并与可能的计算结果相互校核。

　　随着计算机的发展和广泛应用,非线性有限元分析方法逐渐成为结构稳定性分析的有力工具,近二十年来这一领域获得了长足的发展,尤其在屈曲后路径跟踪的计算技术方面做了许多有成效的探索。各种改进的弧长法是这方面的重要成果,它为结构的荷载—位移全过程路径跟踪提供了迄今最有效的计算方法。但对于像网壳这样具有众多自由度的大型复杂结构体系,要实现荷载—位移全过程分析,并不像文献中通常给出的简单算例。大量计算实践表明,由简单结构过渡到大型复杂结构的全过程分析,不只是量的变化,后者由于计算累积误差的严重影响,为了保证迭代的实际收敛性,还需要在非线性有限元分析理论表达式的精确化、迭代策略的灵活性以及计算控制参数的合理选择等方面进行认真探索。应该说,现在已完全有可能对各种复杂网壳结构进行完整的全过程分析,并且较精确地确定其稳定性极限承载力。

　　为便于实际设计应用,可以在上述理论方法的基础上,采用大规模参数分析的方法,进行网壳结构稳定性实用计算方法的研究。针对不同类型的网壳结构,在其基本参数(几何参数、构造参数、荷载参数等)的常用变化范围内,进行实际尺寸网壳结构的全过程分析,对所得结果进行统计分析和归纳,考察网壳稳定性的变化规律,最后从理论高度进行概括,提出网壳稳定性验算的实用公式。

　　在参数分析中采用仅考虑几何非线性的全过程分析方法,原因主要有:①如果同时考虑几何、材料两种非线性,所需计算时间需增加许多倍,目前对于如此大规模的参数分析是难以实现的;②网壳结构的正常工作状态是在弹性范围内,材料非线性对结构的影响实际上是使结构承载力的安全储备有所下降;目前,这种影响可暂时放在安全系数内作适当考虑。

4.4.3　网壳设计规程关于稳定性验算的规定及说明

　　确定网壳的极限承载力计算公式中系数 K 时考虑到下列因素:①荷载等外部作用和结构抗力的不确定性可能带来的不利影响(一般考虑此项影响可乘系数 1.6);②计算中未考虑材料弹塑性可能带来的不利影响(一般考虑此项影响可乘系数 2.0);③结构工作条件中的其他不利因素。关于系数 K 的取值,尚缺少足够统计资料作进一步论证,暂时沿用目前的经验值。目前沿用的安全因数值(一般取 5)可覆盖这一影响。按照安全因数 K 取 5,将以上给出的网壳稳定极限承载力公式变换为以下网壳稳定容许承载力 n_{ks}(标准值)公式,同时根据算例的参数取值范围将公式的应用范围严格限制,并对公式作适当形式变换。

　　(1)标准网壳稳定容许承载力计算公式

　　①单层球面网壳

$$n_{ks} = 0.21 \frac{\sqrt{B_e D_e}}{r^2} \tag{4-13}$$

式中: B_e ——网壳的等效薄膜刚度(kN/m);

　　　　D_e ——网壳的等效抗弯刚度(kN·m);

　　　　r ——球面的曲率半径(m)。

　　扇形三向网壳的等效刚度 B_e 和 D_e 应按主肋处的网格尺寸和杆件截面进行计算;短程线型网壳应按三角形球面上的网格尺寸和杆件截面进行计算;肋环斜杆型和花形三向网壳应按自支承圈梁起第三向环梁处的网格尺寸和杆件截面进行计算。网壳径向和环向的等效刚度不相同时,可采用两个方向的平均值。

②单层椭圆抛物面网壳,四边铰支在刚性横隔上时

$$n_{ks} = 0.24\mu\frac{\sqrt{B_e D_e}}{r_1 r_2} \tag{4-14}$$

式中:r_1、r_2——椭圆抛物面网壳两个方向的主曲率半径(m);

μ——考虑荷载不对称分布影响的折减系数。

折减系数 μ 可按下式计算:

$$\mu = \frac{1}{1 + 0.956\dfrac{q}{g} + 0.076\left(\dfrac{q}{g}\right)^2} \tag{4-15}$$

式中:g、q——作用在网壳上的恒荷载和活荷载(kN/m^2)。

上式的适用范围为 $g/q = 0 \sim 2$。

③单层圆柱面网壳

a. 当网壳为四边支承,即两纵边固定铰支(或固结),而两端铰支在刚性横隔上时

$$n_{ks} = 14.4\frac{D_{e11}}{r^3\left(L/B\right)^3} + 3.9\times10^{-5}\frac{B_{e22}}{r\left(L/B\right)} + 15.0\frac{D_{e22}}{\left(r+3f\right)B^2} \tag{4-16}$$

式中:L、B、f、r——圆柱面网壳的总长度、宽度、矢高和曲率半径(m);

D_{e11}、D_{e22}——圆柱面网壳纵向（零曲率方向）和横向（圆弧方向）的等效抗弯刚度（$kN \cdot m$）；

B_{e22}——圆柱面网壳横向等效薄膜刚度(kN/m)。

当圆柱面网壳的长宽比 $L/B \leqslant 1.2$ 时,由式(4-16)算出的容许承载力尚应乘以下列荷载不对称分布影响的折减系数 μ:

$$\mu = 0.6 + \frac{1}{2.5 + 5\dfrac{q}{g}} \tag{4-17}$$

上式的适用范围为 $g/q = 0 \sim 2$。

b. 当网壳仅沿两纵边支承时

$$n_{ks} = 15.0\frac{D_{e22}}{\left(r+3f\right)B^2} \tag{4-18}$$

c. 当网壳为两端支承时

$$n_{ks} = 0.013\frac{\sqrt{B_{e11}D_{e22}}}{r^2\sqrt{L/B}} + 0.028\frac{\sqrt{B_{e22}D_{e22}}}{r^2\left(L/B\right)\xi} + 0.017\frac{\sqrt{I_h I_v}}{r^2\sqrt{Lr}} \tag{4-19}$$

式中:B_{e11}——圆柱面网壳纵向等效薄膜刚度;

I_h、I_v——边梁水平方向和竖向的线刚度($kN \cdot m$)。

$$\xi = 0.96 + 0.16\left(1.8 - \frac{L}{B}\right)^4 \tag{4-20}$$

对于桁架式边梁,其水平方向和竖向的线刚度可按下式计算:

$$I_{h,v} = \frac{E\left(A_1 a_1^2 + A_2 a_2^2\right)}{L} \tag{4-21}$$

式中：A_1、A_2——两根弦杆的截面面积；

$\quad\quad a_1$、a_2——相应的形心距。

两端支承的单层圆柱面网壳尚需考虑荷载不对称分布的影响，其折减数 μ 按下式计算：

$$\mu = 1.0 + 0.2\frac{L}{B} \tag{4-22}$$

式（4-22）的适用范围为 L/B=1.0～2.5。

以上各式中网壳等效刚度的计算公式参见《空间网格结构技术规程》（JGJ 7—2010）。

（2）网壳结构稳定性分析的说明

①单层网壳和厚度较小的双层网壳均存在总体失稳（包括局部壳面失稳）的可能性；设计某些单层网壳时，稳定性还可能起控制作用，因而对这些网壳应进行稳定性计算。对于双曲抛物面网壳（包括单层网壳），从实用角度出发，可以不考虑这类网壳的失稳问题，结构刚度应该是设计中的主要考虑因素。

②以非线性有限元分析为基础的结构荷载—位移全过程分析，可以把结构强度、稳定乃至刚度等性能的整个变化历程表示得十分清楚，因而可以从最精确的意义上来研究结构的稳定性问题。仅考虑几何非线性的荷载—位移全过程分析方法已相当成熟，包括对初始几何缺陷、荷载分布方式等因素影响的分析方法也比较完善。因而现在完全有可能要求对实际大型网壳结构进行考虑几何非线性的荷载—位移全过程分析，在此基础上，确定其稳定性承载力。现有算例表明，材料弹塑性能对网壳稳定性承载力的影响随结构具体条件变化，尚无规律性的结果可循。规程中这一影响放在"安全因数"中考虑。当然，当有必要和可能时，应鼓励进行考虑双重非线性的全过程分析。

③设网壳受恒载 g（kN/m²）作用，且其稳定性承载力以（$g+q$）来衡量，则从大量实例分析发现，荷载的不对称分布（实际计算中取活载的半跨分布）对球面网壳的稳定性承载力无不利影响；对四边支承的柱面网壳当其长宽比 $L/B \leqslant 1.2$ 时，活载的半跨分布对网壳稳定性承载力有一定影响；荷载的不对称分布，对椭圆抛物面网壳和两端支承的圆柱面网壳影响则较大，应在计算中考虑。

④初始几何缺陷对各类网壳的稳定性承载力均有较大影响，应在计算中考虑，网壳缺陷包括节点位置的安装偏差、杆件的初弯曲、杆件对节点的偏心等，后两项是与杆件有关的缺陷。在分析网壳稳定性时有一个前提条件，即网壳所有杆件在强度设计阶段都已经过设计计算而保证了强度和稳定性。这样，与杆件有关的缺陷对网壳总体稳定性（包括局部壳面失稳问题）的影响就自然地被限制在一定范围内，因而此处主要考虑了网壳初始几何缺陷（节点位置偏差）对稳定性的影响。

节点安装位置偏差沿壳面的分布是随机的。通过实例研究发现：当初始几何缺陷按最低阶屈曲模态分布时，求得的稳定性承载力可能是最不利值，这也是规程推荐采用的方法。至于缺陷的最大值，本应采用施工中的容许最大安装偏差；但大量实例显示，当缺陷达到跨度的 1/300 左右时，其影响才充分展现；从偏于安全的角度考虑，规程中规定了"按网壳跨度的1/300"作为理论计算的取值。

⑤安全因数 K 的确定应考虑到下列因素：

a. 荷载等外部作用和结构抗力的不确定性可能带来的不利影响（一般考虑此项影响的系数大致为 1.6）。

b. 计算中未考虑材料弹塑性可能带来的不利影响（迄今进行的一些算例表明，考虑这一影响的系数大致在 $1.2 \sim 2.0$ 的范围内）。

c. 结构工作条件中的其他不利因素。

关于系数 K 的取值，尚缺少足够统计资料作进一步论证，因而暂时只能沿用目前的经验值，但从现在来看，这一经验值（一般取 5）可能偏于保守。

⑥按照安全因数 K 取 5，规程将以上给出的网壳稳定极限承载力公式变换为网壳稳定容许承载力（标准值）的公式。

给出实用计算公式的目的是为了广大设计部门应用方便；然而，尽管实用公式所依据的参数分析规模较大，但仍然难免有些疏漏之处，简单的公式形式也很难把复杂的实际现象完全概括进来。因而规程中对这些公式的应用范围作了适当限制，即当单层球面网壳跨度小于45m，单层圆柱面网壳宽度小于 18m，单层椭圆抛物面网壳跨度小于 30m，或对网壳稳定性进行初步计算时，其容许承载力标准值才可按这些实用公式进行计算。

4.5　网壳结构的杆件与节点

4.5.1　杆件的设计与构造

（1）截面形式、计算长度及容许长细比

网壳结构杆件材料可以根据《钢结构设计规范》（GB 50017—2003），选用 Q235 钢和Q345 钢。其中，Q345 钢由于强度高，宜用于大跨度网壳。一般的网壳结构采用 Q235 钢为多。这两种钢材力学性能、焊接性均很好，材质也比较稳定。杆件可以采用普通型钢和薄壁型钢。管材宜采用高频焊管或无缝钢管，当有条件时应采用薄壁管截面。

双层网壳杆件的计算长度取值与网架结构相同。单层网壳杆件的计算长度应按表 4-4 取用。

单层网壳杆件的计算长度 l_0　　　　　　　　　　　　　　　　　　表 4-4

弯曲方向	节点	
	焊接空心球	毂节点
壳体曲面内	$0.9l$	l
壳体曲面外	$1.6l$	$1.6l$

注：l 为杆件的几何长度（节点中心间距离）。

网壳杆件的长细比不宜超过表 4-5 中所规定的数值。

网壳杆件的容许长细比 $[\lambda]$　　　　　　　　　　　　　　　　　　表 4-5

网壳类别	受压杆件和受弯杆件	受拉杆件和拉弯杆件	
		承受静力荷载	直接承受动力荷载
双层网壳	180	300	250
单层网壳	150	250	—

（2）杆件截面设计计算

网壳结构在完成内力分析求出每根杆件的内力之后，就可以进行杆件截面设计。

对于双层网壳，因为内力分析时，杆件一般按空间杆单元考虑，所以杆件的内力为轴向受拉或轴向受压。此时杆件的截面设计计算与网架结构相同，可以参照 2.4 节，这里不再赘述。

对于单层网壳，在进行内力分析时，杆件一般按空间梁单元考虑，所以杆件为压弯或拉弯受力。无论是压弯受力还是拉弯受力，杆件必须满足式（4-23）的强度要求。而对于压弯受力杆还必须满足式（4-24）和式（4-25）的稳定性要求。

① 压弯和拉弯杆件的强度计算

$$\frac{N}{A_\mathrm{n}} \pm \frac{M_x}{\gamma_x W_{\mathrm{n}x}} \pm \frac{M_y}{\gamma_y W_{\mathrm{n}y}} \leqslant f \tag{4-23}$$

式中：N、M_x、M_y——作用在杆件上的轴向力和两个主轴方向弯矩；

A_n、$W_{\mathrm{n}x}$、$W_{\mathrm{n}y}$——杆件的净截面面积和两个主轴方向净截面系数；

γ_x、γ_y——截面塑性发展系数，根据《钢结构设计规范》（GB 50017—2003）相应的规定取用，当直接承受动力荷载时，$\gamma_x = \gamma_y = 1.0$；

f——钢材的设计强度值，根据《钢结构设计规范》（GB 50017—2003）相应的规定取用。

② 压弯杆件的稳定性验算

弯矩作用的两个主轴平面内的双轴对称实腹式工字形和箱形截面的压弯杆件，其稳定性按式（4-24）和式（4-25）验算。

$$\frac{N}{\varphi_x A} \pm \frac{\beta_{\mathrm{m}x} M_x}{\gamma_x W_x \left(1 - 0.8 \dfrac{N}{N_{\mathrm{E}x}}\right)} + \frac{\beta_{\mathrm{t}y} M_y}{\varphi_{\mathrm{b}y} W_y} \leqslant f \tag{4-24}$$

$$\frac{N}{\varphi_y A} \pm \frac{\beta_{\mathrm{m}y} M_y}{\gamma_y W_y \left(1 - 0.8 \dfrac{N}{N_{\mathrm{E}y}}\right)} + \frac{\beta_{\mathrm{t}x} M_x}{\varphi_{\mathrm{b}x} W_x} \leqslant f \tag{4-25}$$

式中：φ_x、φ_y——对强轴 $x\text{-}x$ 和弱轴 $y\text{-}y$ 的轴心受压杆件稳定系数；

$\varphi_{\mathrm{b}x}$、$\varphi_{\mathrm{b}y}$——均匀弯曲的受弯杆件整体稳定性系数，对于圆形或方形截面，$\varphi_{\mathrm{b}x}$、$\varphi_{\mathrm{b}y} = 1.4$；

M_x、M_y——所计算杆件段范围内对强轴和弱轴的最大弯矩；

$N_{\mathrm{E}x}$、$N_{\mathrm{E}y}$——欧拉临界力，$N_{\mathrm{E}x} = \dfrac{\pi^2 EA}{\lambda_x^2}$，$N_{\mathrm{E}y} = \dfrac{\pi^2 EA}{\lambda_y^2}$；

W_x、W_y——对强轴和弱轴的毛截面系数；

$\beta_{\mathrm{m}x}$、$\beta_{\mathrm{m}y}$——等效弯矩系数，无横向荷载时，有

$$\beta_{\mathrm{m}x} = 0.65 + 0.35 \frac{M_{2x}}{M_{1x}} \geqslant 0.4$$

$$\beta_{\mathrm{m}y} = 0.65 + 0.35 \frac{M_{2y}}{M_{1y}} \geqslant 0.4$$

式中：M_{1x}、M_{1y}、M_{2x}、M_{2y}——杆端弯矩,使杆件产生同曲率时,取同号;使杆件产生反向曲率时,取异号, $|M_{1x}|>|M_{2x}|$, $|M_{1y}|>|M_{2y}|$;

β_{mx}、β_{my}——等效弯矩系数,取法同上。

4.5.2 节点的设计与构造

网壳结构的节点主要有焊接空心球节点、螺栓球节点和嵌入式毂节点等,其中应用最为广泛的是前两种。对于网壳结构中的焊接空心球节点和螺栓球节点设计,可参考 3.6 节。

网壳结构的支座节点设计应保证传力可靠、连接简单,并应符合计算假定。通常支座节点的形式有固定铰支座、弹性支座、刚性支座以及可以沿指定方向产生线位移的滚轴支座等。

固定铰支座如图 4-37 所示,适用于仅要求传递轴向力与剪力的单层或双层网壳支座节点。对于大跨度或点支撑网壳可采用球铰支座〔图 4-37a)〕;对于较小跨度的网壳结构可采用弧形铰支座〔图 4-37b)〕;对于较大跨度、落地的网壳结构可采用双向弧形铰支座节点〔图 4-37c)〕或双向板式橡胶支座〔图 4-37d)〕。

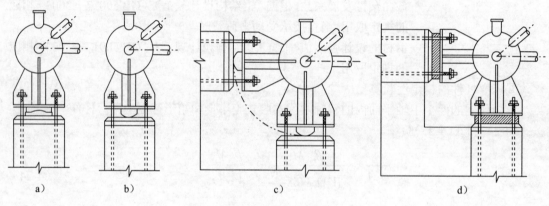

a)　　　　　　b)　　　　　　c)　　　　　　d)

图 4-37　固定铰支座

弹性支座如图 4-38 所示,可用于节点在水平方向产生一定弹性变位且能转动的网壳支座节点。刚性支座如图 4-39 所示,可用于既能传递轴向力又要求传递弯矩和剪力的网壳支座节点。滚轴支座如图 4-40 所示,可用于能产生一定水平线位移的网壳支座节点。网壳支座节点的节点板、支座垫板及锚栓的设计计算和构造等可以参考网架结构的支座节点。

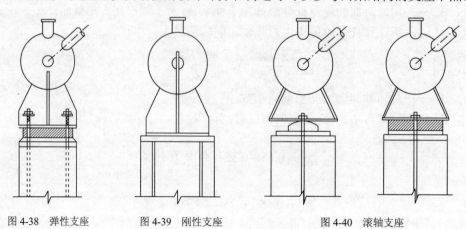

图 4-38　弹性支座　　　　图 4-39　刚性支座　　　　图 4-40　滚轴支座

4.6　网架与网壳的防腐和防火

网架与网壳的杆件和节点主要采用钢材，钢材具有自重轻、强度高的特点。而钢材的最大缺点是易于锈蚀。锈蚀使杆件截面减小，大大降低网架和网壳的安全可靠性和使用年限，因此必须采取防腐措施。钢材的锈蚀主要是由于构件表面未加保护或保护不当而受周围氧、氯和硫化物等侵蚀作用引起的。锈蚀速度与房屋所处的周围环境、空气温度、湿度等有关。根据国内外试验资料表明，表面无防护的钢材在大气中锈蚀速度每年是不同的，第一年锈蚀速度约为第五年的 2 倍。室外钢材的锈蚀速度约为室内锈蚀速度的 4 倍。网架与网壳主要用于室内，在防腐要求方面比室外钢结构低一些。

处于干燥环境的钢材几乎不会锈蚀。1975 年，研究人员曾在第二汽车厂进行过这方面的试验。钢管内不刷涂料，钢管两端封闭，两年后打开，基本上无锈蚀。另一钢管内放水且两端封闭，第一年锈蚀 0.000915mm，第二年锈蚀为 0.00893mm。说明对于闭口截面如两端封闭可大大提高钢材防锈能力。

网架与网壳应采取防腐措施，防止钢材锈蚀，设计中不宜因考虑锈蚀而加大网架与网壳杆件截面和厚度的办法。

此外，虽然钢材是一种不会燃烧的建筑材料，但它的力学性能，如屈服点、抗拉强度和弹性模量等会受到温度影响而产生变化。通常在 450～650℃时，钢结构就失去承载能力，使网架与网壳的杆件发生屈曲，造成大跨度屋面或楼面倒塌，或者产生过大的变形而不能继续工作。因此，对具有防火要求的建筑中的网架与网壳，必须采取防火措施，以达到防火要求。

4.6.1　网架与网壳的防腐

网架与网壳的防腐方法有三种：一是改变金属结构的组织，在钢材冶炼过程中增加铜、铬和镍等合金元素以提高钢材的抗锈能力，如采用不锈钢材制成网架；二是在钢材表面用金属镀层保护，如电镀或热浸镀锌等方法；三是在钢材表面涂非金属保护层，即用涂料将钢材表面保护起来使之不受大气中有害介质的侵蚀。在三种防腐方法中，第一种防腐方法造价最高，一般用于小跨度装饰性网架与网壳中。最常用的是采用非金属涂料的防腐方法，这种方法价格低廉，效果好，选择范围广，适用性强。网架与网壳大多数建造在室内，经过涂料方法处理之后，若无特殊情况，一般可保持 20～30 年。本节主要介绍非金属涂料的防腐方法。

非金属涂料的防腐需经过表面除锈和涂料施工两道工序。

（1）表面除锈

表面除锈的目的是彻底清除构件表面的毛刺、铁锈、油污及其他附着物，使构件表面露出银灰色，这样可增加涂层与构件表面的粘合力及附着力，进而防护层不会因锈蚀而脱落。

表面除锈方法有以下几种：

①人工除锈。即用刮刀、钢丝刷、砂纸或电动砂轮等简单工具，用手将钢材表面的氧化铁、铁锈、油污等除去，这种方法操作比较简单。人工除锈质量标准应满足表 4-6。

人工除锈质量分级　　　　表 4-6

级　别	钢材除锈表面状态
st2	彻底用铲刀铲刮,用钢丝刷刷擦,用机械刷子刷擦或用砂轮研磨等,除去疏松的氧化皮、锈和污物,最后用清洁干燥的压缩空气或干净的刷子清理表面,这时表面应具有淡淡的金属光泽
st3	非常彻底地用铲刀铲刮,用钢丝刷刷擦,用机械刷子刷擦和用砂轮研磨等。表面除锈要求与 st2 相同,但更为彻底。除去灰尘后,该表面应具有明显的金属光泽

②喷砂除锈。喷砂除锈是在封闭房间内用铁砂或铁丸冲击构件表面,以清除构件表面铁锈、油污等杂质。喷砂除锈效果好,除锈彻底。喷砂时如采用硅砂或海砂,喷砂效果差,操作条件差,并产生沙尘,对工人健康有影响,故应尽量避免采用硅砂和海砂。喷砂除锈应满足表4-7 质量标准。

喷砂除锈质量等级　　　　表 4-7

级　别	钢材除锈表面状态
sa1	轻度喷射除锈,应除去疏松的氧化皮、锈及污物
sa2	彻底地喷射除锈,应除去几乎所有的氧化皮、锈及污物,最后用清洁干燥的压缩空气或干净的刷子清理表面,这时该表面应稍成灰色
sa3	非常彻底地喷射除锈,氧化皮、锈及污物应清除到仅剩有轻微点状或条状痕迹的程度,但更为彻底。除去灰尘后,该表面应具有明显的金属光泽。最后用清洁干燥的压缩空气或干净的刷子清理
sa4	喷射除锈到出白,应完全除去氧化皮、锈及污物,最后用清洁干燥的压缩空气或干净的刷子清理,该表面应具有均匀的金属光泽

③酸洗和酸洗磷化除锈。酸洗和酸洗磷化是比较好的除锈方法,它是用酸性溶液与钢材表面的氧化物发生化学反应,使其溶解于酸性溶液中。这种方法质量好,工效高,是三种除锈方法中质量最好的一种。但酸洗除锈需要酸洗槽和蒸汽加温反复冲洗的设备,对于大型构件较难实现。目前构件长度小于 10cm 的杆件,采用酸洗工艺还是可能的。

在酸洗后再进行磷化处理,可使钢材表面呈均匀的粗糙状态,增加漆膜与钢材的附着力。对于难以进行磷化处理的构件,酸洗后喷涂磷化底漆,也能达到同样效果。

（2）涂料施工

涂料施工之前应首先正确、合理地选择涂料。涂料作用是在构件表面形成一层坚强的薄膜,保护钢材不受周围侵蚀介质的作用,以达到防锈蚀的目的。

涂料是一种含油或不含油的胶体溶液,分为底漆和面漆两大类。一般底漆内含粉料多,基料少,成膜粗糙,与构件表面的黏结附着力强,与面漆结合性好。而面漆则粉料少,基料多,成膜后有光泽,主要功能是保护下层底漆,使大气和潮气不能渗入底漆,并能抵抗由风化而引起的物理和化学的分解作用。

涂料品种较多,底漆和面漆应合理配套组成,配套要求见表 4-8。

防腐涂料的底漆和面漆配套组成要求　　　　表 4-8

底　漆	面　漆
一般铁红	油性漆、醇酸、酚醛、脂胶
环氧铁红	醇酸、酚醛、氧化橡胶
环氧富锌	醇酸、酚醛、氧化橡胶、环氧、聚氨酯
水溶性 无机锌 酸溶性	环氧、聚氨酯

涂料施工宜在温度为 15～35℃时进行,当气温低于 5℃或高于 35℃时,一般不宜施工。此外,宜在天气晴朗、具有良好通风的室内进行,不应在雨、雪、雾、风沙很大的天气或烈日下的室外进行施工。网架与网壳的构件底漆在工厂里进行,待安装结束后再进行面漆施工。

涂料施工的方法通常有以下两种:

①刷涂法。刷涂法是用毛刷将涂料均匀刷在构件表面,是常用施工方法之一。刷涂时要求均匀、色泽一致,无皱皮、流坠、分色线清楚整齐。

②喷涂法。这种方法效率高、速度快、施工方便。

涂装的厚度应按结构使用要求取用,也可按表 4-9 选择。

涂装厚度　表 4-9

涂层等级	控制厚度(μm)	涂层等级	控制厚度(μm)
一般性涂层	80～100	装饰性涂层	100～150

为了防止网架与网壳在局部区段防锈处理不当,降低结构防腐能力,网架与网壳应满足如下构造要求:

①网架与网壳的设计应便于进行防锈处理,构造上应尽量避免出现难以油漆及能积留湿气和大量灰尘的死角或凹槽,闭口截面应将杆件两端部焊接封闭;

②网架和网壳采用螺栓球节点连接时,拧紧螺栓后应将多余的螺孔封口,并应用油腻子将所有接缝处嵌密,补刷防腐漆两道;

③现场施工焊缝施焊完毕后,必须进行表面清理和补漆;

④在结构全部安装完成之后,必须进行全面认真的检查,对漏漆和损伤部分,应进行补涂和修复,防止存在防腐弱点。

4.6.2　网架与网壳的防火

网架与网壳大多数作为建筑屋盖而广泛应用于公用建筑、工业厂房中。它的防火要求应根据建筑物的耐火等级确定耐火极限。

网架与网壳结构的耐火极限,主要取决于钢材的耐火极限。使钢材失去承载能力的温度称为临界温度。结构构件要达到临界温度前需经历一定时间,把从受到火的作用起到构件到达临界温度为止所需时间称为耐火极限,它与构件吸热程度、传热程度和传热表面积等有关。无保护的钢结构其耐火极限为 0.5h。

网架与网壳结构的防火措施主要是喷涂防火覆面材料和采用水喷淋系统进行防护。

采用喷涂防火材料时,应选用消防部门认可的防火材料。喷涂材料厚度应按喷涂材料的类型、喷涂材料的施工方法及耐火极限等要求确定。

喷涂固定的石棉、矿纤类防火绝缘材料时,其最小喷涂厚度见表 4-10。

喷涂石棉、矿纤类防火绝缘材料厚度(单位:mm)　表 4-10

范围＼防火时间(h)	0.5	1	1.5	2
下限	15	22	28	35
上限	20	30	38	45

喷涂固定的水泥、蛭石类或其他防火绝缘材料时,其最小厚度见表 4-11。

水泥、蛭石类防火绝缘材料厚度（单位：mm）　　　　表 4-11

范围　防火时间(h)	0.5	1	1.5	2
下限	5	11	16	22

　　防火材料应在规定的耐火极限内与钢构件保持良好的结合，无裂缝、不剥落，以及有效屏蔽火焰，阻隔温度。防火材料应与构件的防锈涂装有良好相容性。

　　采用水喷淋系统是一种最有效防火方法，但它的造价太贵，一般情况下未能采用。

　　当网架和网壳结构的表面长期受辐射热达 150℃以上时，应加隔热层或采用其他有效的防护措施。

4.7　网架与网壳结构的施工

　　网架与网壳结构的安装方法，应根据结构的类型、受力和构造特点，在确保质量、安全的前提下，结合进度、经济及施工现场技术条件综合确定。网架与网壳结构的安装可选用高空散装法、分条或分块安装法、滑移法、整体吊装法、整体提升法、折叠展开整体提升法、攀达穹顶施工法。

　　高空安装法适用于全支架拼装的各种类型网架与网壳结构，尤其适用于螺栓连接、销轴连接等非焊接连接的结构，并可根据结构特点选用少支架的悬挑拼装施工方法，即内扩法（由边支座向中央悬挑拼装）和外扩法（由中央向边支座悬挑拼装）。

　　分条或分块安装法适用于分割后结构刚度和受力状态改变较小的网架与网壳结构。分条或分块的大小应根据起重设备的起重能力确定。

　　滑移法适用于能设置平行滑轨的各种网架与网壳结构，尤其适用于必须跨越施工（待安装的屋盖结构下部不允许搭设支架或行走起重机）或场地狭窄、起重运输不便等情况。当网架与网壳结构为大柱网或平面狭长时，可采用滑架法施工。

　　整体吊装法适用于中小型网架与网壳结构，吊装时可在高空平移或旋转就位。

　　整体顶升法适用于各种网架与网壳结构，结构在地面整体拼装完毕后提升至设计标高就位。

　　折叠展开整体提升法适用于柱面网壳结构等。在地面或接近地面的工作平台上折叠拼装，然后将折叠的机构用提升设备提升到设计标高，最后在高空补足原先去掉的杆件，使机构变成结构。

　　攀达穹顶是由日本法政大学川口卫教授首先提出的。攀达穹顶的基本思想和柱面网壳结构"折叠展开式"整体提升施工技术异曲同工，但攀达穹顶适合双曲率网壳结构的安装，它的运动学自由度是一维的，而"折叠展开式"整体提升施工技术具有二维的运动自由度。攀达穹顶的基本原理就是在穹顶上设置三道铰线，去掉一些环向杆件，从而使穹顶成为一个几何可变体系，即一个机构。穹顶的大部分结构、设备安装和内外装修工作可以在地面附近完成，然后将其顶升到预定高度，装上先前临时去掉的环向杆件，使其恢复为一个结构，从而形成一个完整的穹顶（图 4-41）。它最早的应用是 1984 年的日本神户世界纪念堂，该结构高

38.57m,平面为 70m×110m 的柱面形双层网格结构。

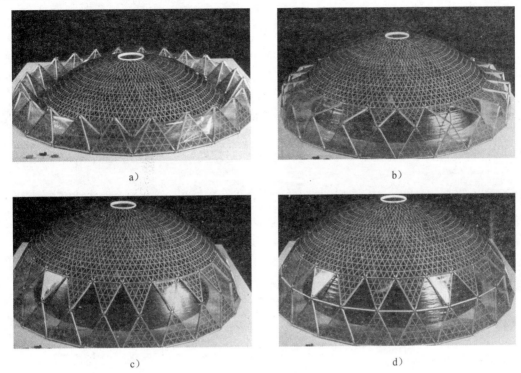

图 4-41　攀达穹顶施工过程

a)地面组装完毕并开始顶升;b)顶升途中;c)顶升完成;d)补杆并拆除顶升装置

本章参考文献

[1]　沈祖炎,陈扬骥.网架与网壳[M],上海:同济大学出版社，1997.

[2]　肖炽,李维滨,马少华.空间结构设计与施工[M].南京:东南大学出版社，1999.

[3]　浙江大学建筑工程学院,浙江大学建筑设计研究院.空间结构 [M].北京:中国计划出版社，2003.

[4]　蓝天,张毅刚.大跨度屋盖结构抗震设计[M].北京:中国建筑工业出版社，2000.

[5]　沈世钊,陈昕.网壳结构稳定性[M].北京:科学出版社，1999.

[6]　刘锡良,董石麟.20 年来中国空间结构形式创新 [C]:第十届空间结构学术会议论文集.北京:中国建材工业出版社，2002.13-37.

[7]　沈世钊.中国空间结构理论研究 20 年进展[C]:第十届空间结构学术会议论文集.北京:中国建材工业出版社，2002.38-52.

[8]　D.T.wright. Membrane Forces and Buckling inReticulated Shells,Journal of Structural Div. ASCE,vol.91,No.Stl,1965.

[9]　K.P.Buchert. Shell and Shell-like Structures. Guide to Stability Design Criteria for Metal Structures,1976.

[10]　胡学仁.穹顶网壳的稳定计算[C]:第三届空间结构学术交流会论文集.第二卷.1998.

[11]　沈世钊.网壳结构的稳定性[J].土木工程学报,1999（6）.

［12］ E，Riks. An Incremental Approach to the Solution of Snapping and Buckling Problems. Int. J.Solid Structures，vol.15，PP.529-551，1979.

［13］ E.Ramm. Strategies for Tracing the Nonlinear Response Near Limit Points，Nonlinear Finite Element analysis in Structural Mechanics. 1981.

［14］ M.A.crisfield. An Arc—Length Method Including Line Searches and Accelerations. Int. J. Num. Mech. Eng.，vol，19，PP.1269-1289，1983.

［15］ Cenap Oran. Tengent Stiffness in Space Frames. J.Struct.Div.，vol.99，No.ST6，PP.987-1001，1973.

［16］ 陈昕,沈世钊.单层穹顶网壳的荷载—位移全过程及缺陷分析[J].建筑结构学报，1993（3）.

［17］ 王娜,陈昕,沈世钊.网壳结构弹塑性大位移全过程分析[J].土木工程学报，1993（2）.

［18］ 范峰.空间网壳结构弹塑性地震响应及抗震性能分析［J］.哈尔滨建筑大学学报，1999（1）：32-37.

［19］ 薛素铎,曹资,王雪生.网壳结构多维地震分析的实用反应谱法[C]：第十届空间结构学术会议论文集.北京：中国建材工业出版社，2002.239-246.

［20］ 叶继红,沈世钊.网壳结构 TMD 振动控制研究［D］.国家自然科学基金重大项目专题年度研究报告(5.3)，1999.

［21］ 范峰,沈世钊.网壳结构的粘滞阻尼器减震分析与试验研究［J］.地震工程与工程振动，2000（1）：105-111.

［22］ ZhangYigang，Ren Guangzhi. A Practical Method on Seismic Response Controlled Double Layer Cylindrical Lattice Shell with Variable Stiffness Members，Proc. Of IASS Symposium，2001，Nagoxa，Japan.

［23］ 范峰,钱宏亮,邢佶慧,等.网壳结构强震下的延性及破坏机理研究［C］.国家自然科学基金重大项目"大型复杂结构的关系科学问题及设计理论"第三次学术交流会总结报告.北京，2002.

第 5 章　悬索结构

5.1　概　　述

5.1.1　悬索结构的概念

悬索结构是以一系列受拉的索作为主要承重构件形成的一种空间结构。这些索按一定规律组成各种不同形式的体系,并悬挂在边缘构件或支承结构上。悬索结构通过钢索的轴向拉伸来抵抗外部作用,边缘构件和下部支承结构的布置必须与拉索的形式相协调,以便有效地承受或传递拉索的拉力。拉索一般采用由高强钢丝组成的钢绞线、钢丝绳或钢丝束,也可采用圆钢筋或带状的薄钢板。

5.1.2　悬索结构的发展及现状

以悬索体系作为承重结构有着悠久的历史。古代的帐篷式房屋就是悬索屋盖结构的雏形。我国早在一千多年以前就已经用竹索或者铁链建成跨越河谷的悬索桥。随着钢材的发展和应用,现代化的大跨悬索桥开始出现,并且从 20 世纪初以来取得了快速发展。但悬索结构在房屋建筑方面的应用,只是近 60 多年的事,即从 20 世纪 50 年代开始,悬索屋盖结构才取得较大进展。目前,在美国、日本、俄罗斯及欧洲等国家和地区已建造了不少有代表性的悬索屋盖结构,主要用于飞机库、体育馆、展览馆、会堂、车站、商场等大跨建筑中和厂房建筑中。已建成的悬索屋盖结构跨度最大达 200m 以上。

世界上第一个现代悬索屋盖是美国 1953 年建成的"雷里"体育馆屋盖,它是采用以两个斜放的抛物线拱作为边缘构件的鞍形"正交索网"结构,整个索网由"X轴"和"Y轴"两个方向各 47 根悬索组成。在一般自重作用下,"Y"轴方向悬索主体受力(主索),用于阻止斜拱向外倾斜并支承屋面,钢索直径 19～33mm,按两侧到中心轴直径逐渐增大布置;"X"轴方向钢索(副索)直径 13～19mm,主要用于抵抗拱体在受压下向外扩展的趋势,并固定主索形成双曲面外形。结构充分利用了混凝土拱受压、索网受拉的特点,整体形成简洁高效的自平衡结构体系;屋面张力体系设计中采用双曲索网造型,既能够抵抗向下的荷载,也能在风吸作用下主副索作用转换,使其能抵抗向上的荷载作用;两个抛物线拱以 21.8°角倾斜,最高处距离地面27.4m,两拱之间最长 91.44m 的屋面通过钢索支承,并且马鞍形屋面最大的下挠高度为 9.36m。

1962 年,瑞典工程师贾维斯在斯德哥尔摩滑冰馆中首先采用了"索桁架"结构,这种平面双层索系结构很快在世界各国得以广泛应用。1967 年,苏联在列宁格勒建成列宁格勒纪念体育馆,其平面为圆形车辐式索桁架方案,直径达 93m,索桁架的高跨比为 1/17,这在当时被列入世界巨型体育建筑之一。为筹办第 22 届奥运会,苏联又于 1980 年建成直径 160m 的圆形车辐式索桁架列宁格勒比赛馆,并在索桁架上弦铺设薄钢板,既作屋面防护,又使其成为与上弦索共同工作的索膜结构。与此同时,在莫斯科也建成平面为椭圆形,长轴224m,短轴183m,覆盖面积达38800m²,可容纳观众4.5万人的奥运会中心体育馆。该建筑采用了桁架式劲性索,并与屋面防护钢板组成索膜结构,是当时世界上几个巨型室内体育建筑之一,结构用钢量为126kg/m²(其中包括钢筋混凝土外环梁的配筋46kg/m²),大跨度结构屋盖承重结构自重仅106kg/m²。

自美国于1953年建成"雷里"体育馆,首先创建了预应力鞍形"索网"结构之后,1983年加拿大又建成了卡尔加里滑冰馆,平面为椭圆形,长轴135.3m,短轴129.4m,该体育建筑为世界上目前最大跨度的预应力鞍形"索网"结构之一。

由于双层悬索体系(索桁架、鞍形索网、圆形车辐式双层悬索)是完全柔性结构,结构刚度主要由索体中的张力提供,使其具备承受外荷载和保形能力。但是,通过对索施加预应力使其"刚化"的手段,又会加大边缘支承结构的负担,往往要设置强大的边缘构件以平衡索体的张力,极大地影响了技术经济指标。针对这种问题,随着悬索结构的应用和发展,又出现了几种新型的悬索结构形式。

劲性索是以实腹或桁架构件代替柔性索的悬挂结构体系,这种结构体系的代表建筑有1964年建成的日本代代木体育馆、苏联1980年建成的22届奥运会游泳馆和莫斯科奥运会中心体育馆。

中国现代悬索结构的发展始于20世纪50年代后期。北京的工人体育馆和杭州的浙江人民体育馆是当时的两个代表建筑。北京工人体育馆(图5-1)建成于1961年,其屋盖为圆形平面,直径96m,采用车辐式双层悬索体系,由钢筋混凝土圈梁、中央钢环以及辐射布置的72根上索和72根下索组成。浙江人民体育馆(图5-2)建成于1967年,其屋盖为椭圆平面,长径80m,短径60m,采用双曲抛物面正交索网结构。

图 5-1　北京工人体育馆　　　　　　　　图 5-2　浙江人民体育馆

上述我国所建体育馆与美国1953年所建的雷里体育馆相比,无论从规模大小或技术水平来看,在当时都可以说是达到国际上较先进的水平。但此后我国悬索结构的发展停顿了较长一段时间,一直到1980年建成成都城北体育馆,它的圆形屋盖(直径61m)也是采用车辐式双层悬索结构,但在构造上做了一些改进。

回顾20世纪80年代初期我国悬索结构的发展情况,尽管存在如上几个杰出的工程,仍须承认当时的总体水平是比较落后的。工程实践有限,理论储备不足,同国际发展水平相比差距较大。直到后来,需要建设越来越多的大型公共建筑时,才感到结构形式的选择余地十分有限,在这种市场需求的刺激作用下,我国从20世纪80年代中期起,悬索结构进入了一种较好的协调发展状态。工程实践的数量有较大增长,结构的应用形式趋向多样化,理论研究也逐渐成熟,在这段时期,我国工程实践中所采用的悬索结构形式十分丰富,包括各种单层索系、双层索系、横向加劲单层索系——索—梁(桁)体系、鞍形索网、组合式悬挂屋盖、斜拉体系、索拱体系等混合结构形式,对各种悬索结构形式都进行了探索和尝试。

自 20 世纪 90 年代开始,张力结构的发展呈现出一些新的特点:采用刚性屋面的传统悬索结构的使用逐渐减少,把索与膜结合起来形成柔性张力结构,以及把索与刚性构件联合运用而形成各种轻型混合结构。典型的结构形式有预应力网格、索穹顶、张弦梁(桁架)、弦支穹顶等,这也是国内外张力结构领域的共同发展趋势。

近年来,索作为支承结构被广泛应用于大面积玻璃幕墙和玻璃采光顶中,这是索结构发展中的另一个新特点。玻璃幕墙的索支承结构可分为单层索系和双层索系两大类。玻璃采光顶的支承结构大都采用轻型混合结构或鞍形索网。

5.2 悬索结构的分类及特点

5.2.1 悬索结构的分类

悬索结构形式丰富多彩,根据几何形状、组成方法、悬索材料以及受力特点等不同因素,可有多种不同的划分。根据其组成方法和受力特点可将悬索结构分为单层悬索体系、预应力双层悬索体系、预应力鞍形索网、劲性悬索、预应力横向加劲单层索系与组合悬索结构、预应力索拱体系、悬挂薄壳与悬挂薄膜,以及混合悬挂结构等形式。

(1)单层悬索体系

单层悬索体系由一系列按一定规律布置的单根悬索组成,索两端锚挂在稳固的支承结构上。单层索系有平行布置、辐射布置和网状布置三种形式。

平行布置的单层索系形成下凹的单曲率曲面,适用于矩形或多边形的建筑平面,可用于单跨建筑,也可用于两跨或两跨以上建筑(图 5-3)。由于悬索对两端支承有较大的水平力作用,因此合理可靠地解决水平力的传递成为悬索结构设计中的重要问题。

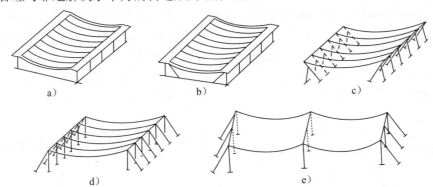

图 5-3 平行布置的单层悬索体系

国外最大的单跨、单层平行悬索结构是德国的多特蒙德展览大厅屋盖,跨度达 80m;最大的双跨、单层平行悬索结构是德国的法兰克福机场 5 号机库,其单跨跨度达 135m;覆盖面积最大的是美国约翰迪尔公司拖拉机站悬索屋盖,其覆盖面积达 16700m^2。

　　单索辐射式布置形成下凹的双曲率碟形屋面,适用于圆形、椭圆形平面（图 5-4a）。显然下凹的屋面不便于排水,当房屋中央容许设支柱时,可利用支柱升起为悬索提供中间支承,做成伞形屋面（图 5-4b）。辐射式布置的单层索系中,要在圆形平面的中心设置中心拉环;在外围设置受压外环。索的一端锚在中心环上,另一端锚在外环梁上。在索中拉力的水平分量作用下,内环受拉,外环受压;内环、悬索、外环形成自平衡体系。悬索拉力的竖向分力不大,由外环梁传到下部的支承柱。这一体系中,受拉内环采用钢制,充分发挥钢材的抗拉强度;受压的外环一般采用钢筋混凝土结构,充分利用混凝土的抗压强度,材尽其用,经济合理,因此辐射布置的单层索系跨度可比平行索系更大。

　　当前最大的碟形悬索结构是美国的阿拉美达郡比赛馆屋盖,跨径达 128m;最大的伞形悬索屋盖是苏联的乌斯契一伊利姆斯克汽车库,跨径达 206m。

　　网状布置的单层索系形成下凹的双曲率曲面,两个方向的索一般呈正交布置,可用于圆形、矩形等各种平面。用于圆形平面时,省去了中心拉环(图 5-5)。

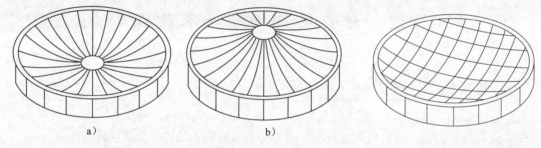

a)　　　　　　　　　　b)

图 5-4　辐射式布置的单层索网体系　　　　图 5-5　网状布置的单层悬索体系

　　网状布置的单层索系屋面板规格统一;但边缘构件的弯矩大于辐射式布置。

　　单层悬索体系的工作与单根悬索相似,其形状稳定性并不好。主要表现在两个方面:①悬索是一种可变体系,其平衡形式随荷载分布方式而变;②抗风能力较差。为了使单层悬索体系具有必要的形状稳定性,一般有如下几种做法:①采用重屋面;②采用预应力钢筋混凝土悬挂薄壳;③采用横向加劲构件。

　　(2)预应力双层悬索体系

　　双层悬索体系由一系列下凹的承重索和上凸的稳定索,以及它们之间的联系杆（拉杆或压杆）组成,如图 5-6 所示双层悬索的几种一般形式。双层悬索体系中,设置稳定索不仅是为了抵抗风吸力的作用,由于设置了相反曲率的稳定索及相应的联系杆,稳定索还可以对体系施加预应力,并且由于存在预应力,稳定索能与承重索一起抵抗竖向荷裁作用,从而整个体系的刚度得到提高。承重索的垂跨比和稳定索的拱跨比也是影响双层索系工作性能的重要几何参数,一般取承重索垂跨比为 1/20～1/15,稳定索的拱跨比为 1/25～1/20。

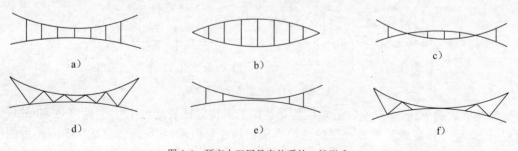

a)　　　　　　　　　b)　　　　　　　　c)

d)　　　　　　　　e)　　　　　　　　f)

图 5-6　预应力双层悬索体系的一般形式

双层索系的布置也有平行布置、辐射式布置和网状布置三种形式。

平行布置的双层索系多用于矩形、多边形建筑平面,并可用于单跨、两跨及两跨以上(图 5-7)。双层索系的承重索与稳定索要分别锚固在稳固的支承结构上,其支承结构形式与单层索系基本相同,索的水平力采用闭合的边缘构件、支承框架或地锚等来承受。

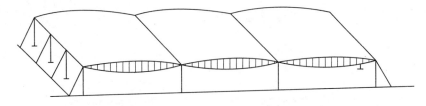

图 5-7 平行布置的多跨双层索系

辐射式布置的双层索系可用于圆形、椭圆形建筑平面(图 5-8)。为解决双层索在圆形平面中央的汇交问题,在圆心处要设置受拉内环,双层索一端锚挂于内环上,另一端锚挂在周边的受压外环上。根据所采用的索桁架形式不同,对应承重索和稳定索可能要设置两层外环梁或两层内环梁。

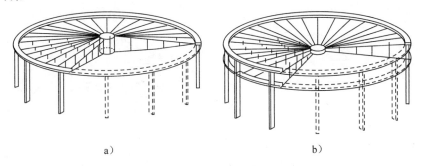

a)   b)

图 5-8 辐射式布置的双层索系

图 5-9 为双层索系的网状布置,两层索一般沿两个方向相互正交,形成四边网格。与网状布置的单层索系类似,这种布置方式的优点是省去了中心拉环,且屋面板规格统一,但边缘构件的弯矩大于辐射式布置。

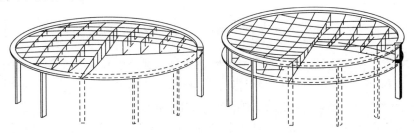

图 5-9 网状布置的双层索系

(3)预应力鞍形索网

鞍形索网是由相互正交、曲率相反的两组钢索直接连接形成的一种负高斯曲率的曲面悬索结构。两组索中,下凹的承重索在下,上凸的稳定索在上,两组索在交点处利用夹具相互连接在一起,索网周边悬挂在强大的边缘构件上。图 5-10 给出了几种常见的鞍形索网形式。

和双层索系一样,对鞍形索网也必须进行预张拉。由于两组索的曲率相反,因此可以对其中任意一组或同时对两组索进行张拉,在索网中建立起预应力。预应力加到足够大时,鞍形索网便具有很好的形状稳定性和刚度,在外荷载作用下,承重索和稳定索共同工作,并在两组索中始终保持张紧力。鞍形索网与双层索系的基本工作原理完全相同。两者的区别在于:双层索系属于平面结构体系;而鞍形索网则属于空间结构体系,鞍形索网结构的受力分析要复杂一些。

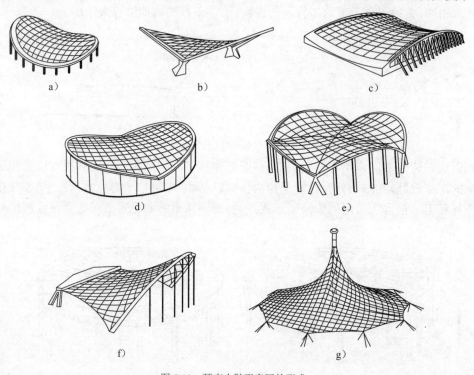

图 5-10　预应力鞍形索网的形式

a)空间曲梁支承;b)直线梁支承;c)抛物线形拱支承;d)倾斜大拱承;e)两对抛物线拱支承;f)柔性边界索支承;g)桅杆支承

鞍形索网的边缘构件有多种形式,可采用刚性构件,也可采用柔性的边界索。但不论哪种形式的边缘构件,都需要有足够强大的截面,这既是为满足受力较大的边缘构件本身的强度要求,更是为了保证索网具有必要的刚度,不致产生过大变形。

(4)劲性索系与横向加劲单层索系

前面介绍的悬索结构都属于完全柔性的体系。由于柔性悬索不能抗弯、抗压,因此对柔性索组成的悬索体系都要采取一定措施使其具有必要的结构刚度和保形能力,以满足结构的各种功能要求。如在单层悬索中,要采用重屋面或加超载方法使索保持强大的张紧力;在双层索系和鞍形索网中要建立强大的预应力等。但是,这些措施的作用是有一定限度的,与传统的"刚性"结构比较,悬索结构归根到底属于柔性结构的范围,它们的形状稳定性和刚度只是维持在可接受的水平上。而且,上述各种措施都会进一步加大边缘构件和支承结构的负担;如何处理好受力很大的边缘构件和支承结构,往往成为大跨度悬索结构设计中的核心问题,这在很大程度上抵消了采用轻型悬索结构所取得的经济效益。

针对以上柔性索体系的问题而产生以下几种新型结构形式。

①劲性索结构

劲性索结构是以具有一定抗弯和抗压刚度的曲线形实腹或格构式构件来替代柔索的悬挂结构(图 5-11)。在全跨荷载作用下,悬挂劲性索的受力仍然以受拉为主,因而和柔索一样,钢材的强度可充分得到利用,取得用料经济、以较少材料实现较大跨度的效果。

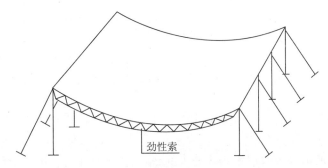

图 5-11　劲性索结构

与此同时,由于劲性索具有一定抗弯刚度,在半跨或局部荷载作用下的变形要比柔索小得多。理论分析和试验结果表明,在相同跨度、相同荷载条件下,与双层索系相比,劲性索支承结构的反力、挠度较小;在半跨活荷载作用下,劲性索的最大竖向位移比双层索系的要小 5～7 倍,这就说明以劲性构件代替柔索后,结构的刚度大大增强,特别是抵抗局部荷载下机构性位移的能力远强于柔索,所以劲性索结构无需施加预应力即有良好的承载结构性能,同时还可减小对支承结构的作用,简化施工程序。此外,劲性索取材方便,可采用普通强度等级的型钢、圆钢或钢管来制作。可见劲性索结构兼具了柔索与普通钢结构的优点。

劲性索结构适用于任意平面形状的建筑。矩形平面时,宜平行布置;圆形、椭圆平面时宜辐射式布置。劲性索还可沿鞍形索网中的承重索方向布置,形成双曲抛物面的形式。劲性索结构的屋盖宜采用轻质屋面材料,以减轻劲性索及其支承结构的负担。

在国外,劲性索结构已较早地应用于实际工程。如东京奥运会游泳馆、莫斯科奥运会游泳馆和通用体育馆。

②预应力横向加劲单层索系

在平行布置的单层悬索上,把索锚固好以后,在索上敷设与索方向垂直的实腹梁或桁架等横向劲性构件,下压这些横向构件的两端,使之产生强迫位移后并固定其位置,如此便在整个索与横向构件组成的体系中建立起预张力,形成了有足够刚度和形状稳定性的横向加劲单层索系屋盖结构(图 5-12),这种结构体系在有些文献上也称为索—梁(桁)体系。对这种体系预张力的施加也可以先将横向构件两端支座固定,然后对索进行张拉。

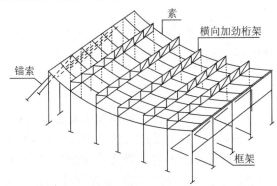

图 5-12　预应力横向加劲单层索系

横向加劲构件的有两个作用:①传递可能的集中荷载和局部荷载,使之更均匀地分配到各根平行的索上;②提供了使整个体系建立起预张力的可能性,从而提高屋盖的刚度。

横向加劲单层索系不但受力合理,用料经济,而且施工比较方便。施加预应力一般只需千斤顶、手动葫芦、扳手等简单工具即可完成。影响横向加劲单索体系受力性能的主要因素有支承结构刚度、预应力、索与横向构件的刚度比等。

我国在世界上首先成功地将预应力横向加劲单层索系应用于工程实践,先后于 1989 年和 1992 年建成安徽省体育馆、上海杨浦区体育馆和潮州体育馆等工程。

（5）预应力索拱体系

在双层索系或鞍形索网中,以实腹式或格构式劲性构件代替上凸的稳定索,通过张拉承重索或对拱的两端下压产生强迫位移,使索与拱互相压紧,使形成了预应力索拱体系。图 5-13a）以及 5-13b）所示为由双层索系演变来的、索与拱平行布置在同一个竖向平面内的平面索拱体系;图 5-13c）所示为由鞍形索网演变来的索与拱呈正交布置的鞍形索拱体系。

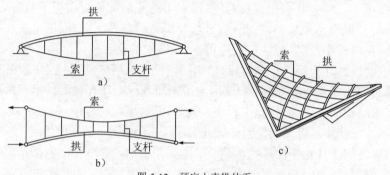

图 5-13　预应力索拱体系
a）、b）平面索拱体系;c）鞍形索拱体系

与柔性悬索结构相比,索拱体系具有较大的刚度,尤其是抵抗不均匀荷载作用的结构形状稳定性有较大幅度的提高。由于刚性拱的存在,不论是平面索拱体系,还是鞍形索拱体系,均不需施加很大的预应力,从而使支承结构的负担得以减轻。与单一工作的拱相比,索拱体系内的拱与张紧的索相连,不易发生整体失稳,因而所需拱的截面较小。在预应力阶段,拱受到索向上的作用而受拉;荷载阶段,索拱共同抵抗荷载作用,拱在所分担的部分荷载作用下受压,其中部分压力与预应力阶段的拉力相抵消,所以预应力拱受力很合理。以上说明索拱体系中,柔索与刚性拱相互结合且相互补充,它比任何一种单独的结构更合理、更经济。

预应力索拱体系在国内外均有工程实例。如 1989 年我国为亚运会建造的北京朝阳体育馆组合索网屋盖中,其中央的重要支承结构便采用了立体形式的索拱体系。苏联列宁格勒的泽尼特体育馆,建筑平面尺寸为 72m×126m,其屋盖采用了平面的索拱体系。

（6）组合悬索结构

将两个或两个以上的悬索体系（索网、单层索系、双层索系等）和强大的中间支承结构组合在一起,可形成形式各异的组合悬索结构。采用组合悬索结构,往往出于满足建筑功能和建筑造型的需要。例如,在体育建筑中通过设置中央支承结构,适当提高体育比赛场地上方的净空高度,两侧下垂的悬索屋面正好与看台升起坡度一致,这样所形成的内部空间体积最小,且利用中央支承结构还可以设置天窗,以满足室内采光的要求。这种体系中央支承结构和两侧的悬索体系的形式可有多种变化,因而组合悬索结构的建筑造型更加灵活多变。

中央的支承结构负担很重,因此多采用刚度大、受力合理的拱、刚架、索拱体系等结构形式,个别的也采用由粗大的钢缆绳组成的钢索。例如,日本东京的代代木体育馆。

组合悬索结构在国内外均有许多工程实例。国内如丹东体育馆（图 5-14）、四川省体育馆、青岛体育馆和北京朝阳体育馆均采用了组合悬索结构形式。

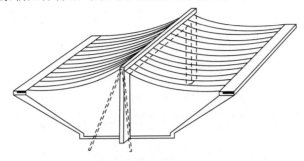

图 5-14 丹东体育馆结构简图

（7）悬挂薄壳与悬挂钢膜

①预应力悬挂薄壳

为了解决单层悬索体系的刚度和形状稳定性问题，措施之一便是利用在单层索系上铺设预制混凝土屋面板。同理，在双层索系和鞍形索网中，当采用预制钢筋混凝土屋面时，也可做成预应力混凝土悬挂面壳，以改善柔索体系的结构工作性能。

对具有负高斯曲率鞍形曲面的悬挂薄壳，一般采用以下施工程序（图 5-15）：a. 先将索网绷紧形成初始几何形状，按设计要求施加第一次预应力；b. 在索网上铺设预制混凝土屋面板并加临时荷载，使沿稳定索方向板缝增大，并以细石混凝土填满这些板缝 I ；c. 待板缝混凝土达设计强度后，卸去临时荷载，此时在承重索方向混凝土板间便建立起预压应力；d. 用细石混凝土灌满沿承重索方向的板缝 II ，在混凝土达到设计强度后，形成了整体的预应力悬挂薄壳。对鞍形悬挂薄壳施加预应力也可不用加临时荷载方法，而直接通过张拉沿承重索方向板缝 II 中敷设的预应力钢筋或钢索，建立沿承重索方向混凝土板间的预应力。

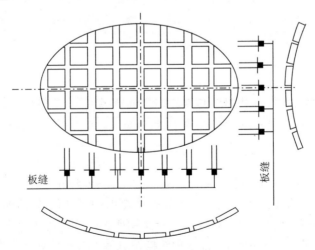

板缝

板缝

图 5-15 悬挂混凝土薄壳

悬挂混凝土薄壳的厚度（包括板、肋等在内的折算厚度）一般为 30～60mm。

预应力悬挂薄壳受力合理，在施工阶段由悬索体系承受钢索、屋面板和额外的临时荷载；壳体一旦形成后，屋盖将主要作为薄壳受力，以壳面力抵抗后加的部分荷载，如防水、保温、吊顶等恒载以及风、雪荷载等。在荷载作用下，壳体在稳定索方向受压，在承重索方向受拉。只要在承重索方向建立的预应力足够大,混凝土薄壳在受拉方向就不致开裂。

与柔性悬索体系相比,预应力悬挂薄壳的结构刚度和形状稳定性均有较大幅度的提高。相应地,悬挂薄壳抵抗局部荷载作用下产生机构变形的能力也比索网结构好得多。悬挂薄壳将高强钢索与混凝土板有机地结合为整体,钢索受到混凝土的保护,使防腐问题方便地得以解决。与一般的钢筋混凝土薄壳相比,悬挂薄壳施工要简单得多,可省去大量的起重机具和脚手架、模板,并大大缩短施工周期。

由上可见,预应力悬挂薄壳集承重与围护的功能于一体,充分利用高强钢索抗拉强度高及混凝土抗压性能好的材料性能,结构受力性能良好,施工方便,是一种很好的悬挂结构形式。

应用预应力悬挂薄壳的工程也很多,如淄博市体育馆、淄博市长途汽车站、德国多特蒙德展览大厅、美国华盛顿肯尼迪候机楼、乌拉圭蒙地维多体育馆等均为单层索系形成的混凝土悬挂薄壳;日本西条市体育馆、日本香川体育馆及加拿大的卡尔加里滑冰馆等都是在鞍形索网上做成的鞍形曲面悬挂薄壳。

②悬挂钢膜结构

悬挂钢膜结构或称钢悬膜结构是以 2～6mm 厚的薄钢板带代替悬索,施工时铺设成卷的钢板带,在屋面上焊成整体形成的结构体系。对于较大跨度的屋盖,施工安装时须以柔性或劲性的悬挂体系作为钢膜的支承骨架,悬膜结构形成后,膜与这些悬挂体系共同受力,且主要以薄膜抗拉承受荷载作用。钢悬膜结构可充分利用钢材的抗拉强度,钢膜兼有承重与围护的双重功能,屋盖结构较一般传统结构的自重轻,适用于 100m 以上的大跨度屋盖。与柔索体系相比,钢悬膜具有较好的刚度和形状稳定性。钢膜的制作工作大部分在工厂完成,因而施工速度较快。

苏联在悬挂钢膜结构方面有较多的工程实践,如乌斯契一伊利姆斯克汽车库(伞形,直径206m),即以柔性的单索体系作为支承,在索上铺设钢板形成的钢悬膜结构。以及 1980 年第22 届奥运会的体育比赛场馆中,有中心运动场、风雨赛车场、举重游泳综合体育馆,及列宁格勒体育比赛馆四项工程采用了这种钢悬膜结构。

(8)混合结构

混合结构充分利用了刚性构件和柔性构件的优势,扬长避短、相互补充,从而改进了整个结构体系的受力性能。悬挂式和斜拉式混合结构在建筑造型上均以凸出屋面的高耸立柱或刚架为标志特征,并结合一系列柔索吊挂屋盖横向构件,从而形成一种挺拔、刚劲又不失韵律美的建筑风格。

①悬挂式混合结构

悬挂式混合结构是应用悬索桥的结构原理,采用一系列竖向吊杆把刚性的屋盖构件与悬索相连;悬索通过吊杆为屋盖构件提供一系列弹性支承,使作用于屋盖的部分荷载由悬索承担,从而减小了屋盖构件的尺寸和用料,节省了结构所占空间。由于悬索和吊杆都是以轴心抗拉抵抗荷载作用,因而当跨度较大时,这种结构在总体上看比单纯抗弯的刚性屋盖合理、经济。被吊挂的刚性构件可以是梁、桁架、网壳、网架等。

②斜拉式混合结构

斜拉式混合结构应用斜拉桥的结构原理,由塔柱顶部挂下斜拉索为刚性屋盖提供一系列中间弹性支承,可使刚性构件以较少材料做到较大跨度。斜拉索分担的部分荷载直接经塔柱传至基础,比悬索混合体系传力路线简洁。斜拉体系中索的制作安装也较简便,是房屋结构中应用较多的一种混合结构形式,国内外广泛应用于飞机库、展览建筑、体育场挑篷、仓库等工业与民用建筑。

值得注意的是,斜拉结构在降低屋盖造价的同时,由于建造塔柱本身以及可能需要的边缘锚固和受拉基础等又要增加造价,所以设计时要设法减小各拉索施于塔顶的总水平力。

5.2.2　悬索结构的特点

(1)受力合理,经济性好。悬索结构依靠索的受拉抵抗外荷载,因此能够充分发挥高强钢索的力学性能,用料省,结构自重轻,可以较经济地跨越很大的跨度。索的用钢量仅为普通钢结构的 1/7～1/5,当跨度不超过 150m 时,每 1m³ 屋盖的用钢量一般在 10kg 以下。

(2)施工方便。钢索自重小,屋面构件一般也较轻,施工、安装时不需要大型起重设备,也不需要脚手架,因而施工周期短,施工费用相对较低。

(3)建筑造型美观。悬索结构不仅可以适应各种平面形状和外形轮廓的要求,而且可以充分发挥建筑师的想象力,较自由地满足各种建筑功能和表达形式的要求,实现建筑和结构较完美的结合。

(4)悬索结构的边缘构件或支承结构受力较大,往往需要强大的截面、耗费较多的材料,而且其刚度对悬索结构的受力影响较大,因此边缘构件或支承结构的设计极为重要。

(5)悬索结构的受力属大变位、小应变,非线性强,常规结构分析中的迭加原理不能利用,计算复杂。

5.3　结构用拉索的组成与分类

拉索是结构中的受拉构件,是悬索结构、张拉整体结构、索穹顶结构、张弦结构等预应力结构的重要组成部分。狭义的拉索是指由高强钢丝捻制而成的受拉构件,本书中也称为钢丝类拉索。根据不同的捻制方式,钢丝类拉索可分为钢绞线、钢丝束和钢丝绳。广义的拉索是指任何只能受拉的构件,包括由高强钢丝组成的拉索(钢丝类拉索)、钢拉杆、仅用于受拉的型钢等。

随着人们对拉索性能如抗拉强度、防腐蚀性能等的要求不断提高,拉索的种类也日益丰富,能基本满足不同条件下的要求。由于拉索种类繁多,目前国内已有多部规范和标准对其进行分类,但各规范和标准对拉索的定义和分类并没有达成统一的意见,使目前拉索的分类并不十分明确和清晰。为了能够合理地对拉索进行分类,并能适应将来可能不断涌现的新式拉索,本书结合国外相关标准(ASTM 标准和欧洲标准)和国内目前普遍的分类,提出一个可供参考的分类方法。

5.3.1　索体的基本材料

(1)高强钢丝

钢丝类拉索的索体可分为钢丝束索体、钢绞线索体、钢丝绳索体。高强钢丝是组成这些索体的基本材料,它是由经过退火处理的优质碳钢盘条经过多次连续冷拔而成的。退火处理能够释放热轧钢材中的残余应力,提高钢材的抗拉强度,并能细化钢材内部晶体结构,提高机械性能。经过多次冷拔,钢材的内部结构更加紧密,从而进一步提高钢材的抗拉强度。我国目前拉索钢丝的公称抗拉强度包括 1470 MPa、1570MPa、1670 MPa、1770MPa、1870 MPa、1960 MPa 和 2160 MPa 等。

①钢丝截面形状

索体中的高强钢丝一般采用圆形截面,但随着密封钢丝绳的应用,高强钢丝也出现了异形截面,如 Z 形、梯形和 H 形等,如图 5-16 所示。

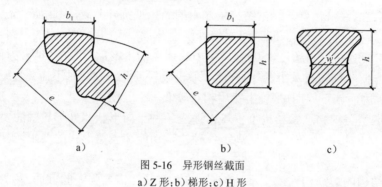

图 5-16　异形钢丝截面
a)Z 形;b)梯形;c)H 形

②钢丝镀层

高强钢丝必须进行腐蚀防护处理,最常用的防腐蚀处理措施是热镀锌法,即把高强钢丝浸入熔化的锌水中,浸泡时间由机器自动控制以避免过度加热。钢丝一般在拉拔成型之后就立即进行上述热镀锌操作,有些情况也会在镀锌前后各进行一次拉拔才能最后成型。此外,平行钢丝束和半平行钢丝束的聚乙烯套管也能起到一定的保护作用。

近年来,随着新兴的高钒合金镀层拉索的应用,高钒合金镀层有逐步替代锌镀层的趋势。高钒镀层的化学成分为 95% 锌、5% 铝和少量混合稀土,学名为锌—5% 铝—混合稀土合金。相比于普通的锌镀层,高钒合金镀层具有更优越的防腐蚀性能,是普通镀锌层的 2～3 倍,不论是在室内、户外、潮湿环境还是海洋环境等,均表现出比热镀锌、电镀锌更优越的防腐蚀性能。因此,高钒镀层索体不需要如聚乙烯外套、涂料保护等的防腐蚀保护。这点相对 PE 拉索(通常是指平行或半平行钢丝束拉索)来说优越性非常明显。PE 拉索端部与锚头连接处,拉索由于聚乙烯外套破损而很容易发生腐蚀。此外,高钒合金镀层的延展性和可变形能力更强,能够经受强力变形工艺条件下缠绕、弯曲而不会龟裂或脱落。然而,我国由于制造工艺的限制,近两年才开始有高钒镀层拉索的应用。

③不锈钢丝

不锈钢丝可分为奥氏体、铁素体和马氏体三种。虽然不锈钢丝的防腐蚀性能优于镀锌钢丝,但不锈钢丝的抗拉强度略低于普通镀锌钢丝抗拉强度,且由于不锈钢丝索造价较昂贵,因此在普通建筑结构中作为受力主构件并不常见,通常用于玻璃幕墙结构的拉索中。

(2)高强钢筋

高强钢筋作为拉索的材料仅用于平行钢筋索中,但这种拉索在 20 世纪 80 年代以后就很少被采用。平行钢筋索中的高强钢筋相互平行地排列在金属管内,通过聚乙烯孔板定位并彼此分隔。单独张拉其中某根钢筋时,该钢筋可以沿纵向滑动。安装完成后向管内注入水泥浆将空隙填满,对钢筋进行防护,并保证钢套管能与其中的高强钢筋共同工作。1989 年建成的美国达姆岬桥的斜拉索采用的就是平行钢筋索,如图 5-17 所示。

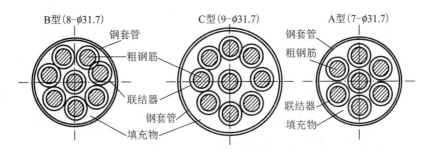

图 5-17 达姆岬桥高强钢筋拉索截面

平行钢筋拉索必须在现场架设,操作过程繁杂。盘条式运输只适用于直径较小的这类拉索,对于大直径拉索一般用长度为 15～20m 的直杆形式运输。此外,两根拉索连接时钢筋必定存在接头,这样会显著降低拉索的疲劳强度。因此,以高强钢筋为基本材料的平行钢筋拉索如今已基本不再采用。

5.3.2 拉索的基本索体

拉索的索体是拉索分类的重要依据。在广义的拉索中,相比于钢丝类拉索,其他拉索的索体都很明确,如钢拉杆的索体是钢质杆体,用于只受拉的型钢类拉索的索体是型钢。因此,本部分主要对钢丝类拉索的索体进行阐述,如无特别指明,本部分中的拉索均是指钢丝类的拉索。

钢丝类拉索的索体由一个或多个索股组成,即索股既可以单独作为拉索索体,也可以作为索体的组成单元。索股由多根高强钢丝按照一定排列方式组成。根据索股组成方式和排列方式的不同,索体可分为三个基本类型:钢绞线索体、钢丝束索体和钢丝绳索体。由这三种基本索体可以衍生出其他新的索体,如平行钢绞线拉索的索体等。

(1)由一个索股组成的基本索体

这类索体包括钢绞线索体和钢丝束索体。钢绞线索体(下文简称为钢绞线)是由一层或多层钢丝绕一根中心钢丝螺旋捻制而成。根据钢丝层数的不同,通常有 1×3、1×7、1×19、1×37 钢绞线等。大直径的钢绞线的规格有 1×61、1×91、1×127、1×169、1×217、1×271 等。

钢丝束索体中高强钢丝平行放置(平行钢丝束)或有轻度的扭绞(半平行钢丝束)。每股钢丝束的高强钢丝的数量通常为 19、37、61 等。

具体来讲,根据高强钢丝的种类、扭绞方式的不同,通常可以分为以下四类:螺旋钢绞线、密封钢绞线、平行钢丝束和半平行钢丝束。

①第一个螺旋钢绞线后换行是由圆形钢丝螺旋捻制而成的,每层的捻制方向相反,以抵消钢丝张拉时的扭矩,如图 5-18 所示。预应力钢结构和预应力混凝土结构中通常采用七丝钢绞线(1×7),即由 6 根钢丝紧密螺旋在 1 根中心钢丝上组成,这类钢绞线在目前建筑钢结构中应用最广。

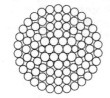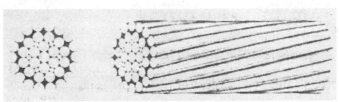

图 5-18 螺旋钢绞线

②密封钢绞线

密封钢绞线也是由多层高强钢丝螺旋捻制而成的，相邻层的捻制方向相反，但与螺旋钢绞线不同的是，密封钢绞线只在内部几圈为圆形钢丝，靠近外部为异形截面钢丝以达到"密封"的效果，如图 5-19 所示。通常，密封钢丝绳最外几层的异形钢丝通常为 Z 形，往内可以有梯形钢丝，核心部分则由多层圆形钢丝组成。外层的 Z 形钢丝彼此紧扣形成密封状态，相互间基本是面接触，可以有效地阻止外部水分进入到内层钢丝中。这类密封钢丝绳也称为全密封钢绞线，具有很好的防腐蚀性能。

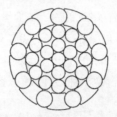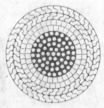

图 5-19　密封钢绞线截面

当索体的最外层为 H 形钢丝和圆形钢丝组成时，相互间基本为线接触，则形成了半密封钢绞线。

由于我国制造水平的限制，目前密封钢丝索在国内尚未普及，但这种拉索在国外已经比较成熟。如 1955 年建成的瑞典斯特罗姆逊桥（第一座现代斜拉桥）即采用了密封钢绞线作为斜拉索，1967 年建成的原联邦德国波恩北桥采用了直径为 124mm 的密封钢绞线，泰国曼谷的湄南河桥也采用了直径为 167mm 的密封钢绞线。

③平行钢丝束

平行钢丝束中的高强钢丝为圆形截面，但与螺旋钢绞线不同的是，平行钢丝束中每根高强钢丝平行排列，顺直而无扭转，如图 5-20 和图 5-21 所示。由于钢丝未经扭转捻制，平行钢丝束的抗拉强度和弹性模量与单根钢丝十分接近，抗疲劳性能也较好。平行钢丝束索股为正六角形截面，每股的钢丝根数为 19、37、61 等。相关经验表明，正六角形截面是钢丝束最紧密的一种形式，并能保证索股中每根钢丝所受的力相同。

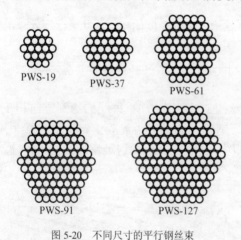

图 5-20　不同尺寸的平行钢丝束

图 5-21　PWS-127 平行钢丝束截面

④半平行钢丝束

如果将平行的钢丝束作轻度扭绞（3°±0.5°），扎紧后最外层热挤聚乙烯（PE）套管作防护,就成为半平行钢丝束,如图 5-22 所示。相关试验表明,当扭角小于 4° 时拉索的弹性模量和疲劳性能不会削减。同时,半平行钢丝束由于有轻度扭绞,使得弯曲性能增强,因而可以盘绕在卷筒上,具备长途运输的条件,能够在工厂实现机械化生产。由于以上优势,目前工程中半平行钢丝束的应用相比平行钢丝束更加普遍。三种不同索股对比图如图 5-23 所示。

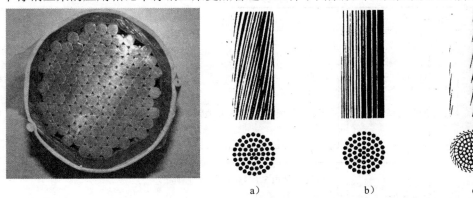

图 5-22　半平行钢丝束截面　　　　　图 5-23　三种不同索股对比图

a)螺旋钢绞线;b)平行钢丝束;c)密封钢绞线

（2）由多个索股组成的基本索体

这类索体是指钢丝绳索体,下文简称为钢丝绳。钢丝绳是由多个索股（此处也可称之为绳股)围绕一个绳芯螺旋捻制而成的,如图 5-24 和图 5-25 所示。钢丝绳索体中的索股中各层钢丝为同向捻制,区别于上文提到的单个索股组成的索体。绳芯可以是纤维芯、钢芯或固态聚合物芯。钢芯可以是一个绳股,也可以是另一个独立的钢丝绳。

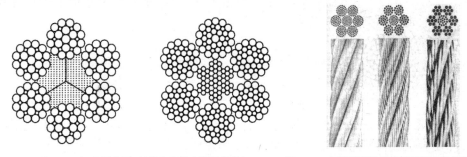

图 5-24　钢丝绳截面(纤维芯和独立钢丝绳芯)　　图 5-25　由不同绳股组成的相同直径的钢丝绳

与由单个索股组成的钢绞线和钢丝束相比,钢丝绳具有更强的弯曲能力。钢绞线和钢丝束的弹性模量比钢丝绳高,且相同尺寸的钢绞线和钢丝束的抗拉强度比钢丝绳高。此外,相同尺寸的钢绞线和钢丝束中的高强钢丝比钢丝绳中的钢丝粗,因此考虑到粗钢丝上的镀层往往更厚,同种锌镀层在钢绞线或钢丝束表面通常具有更好的防腐蚀性能。

值得注意的是,在《钢丝绳术语、标记和分类》（GB/T 8706—2006)中将钢丝绳分为单股钢丝绳和多股钢丝绳。其中,单股钢丝绳的定义为由至少两层钢丝围绕一中心钢丝或索股螺旋捻制而成的,且至少有一层钢丝沿相反方向捻制。本书通过整理总结国内外相关资料,认为:从结构组成上看,单股钢丝绳实质上属于钢绞线索体。因此,为了使拉索分类更加清晰、符合工程使用情况,在本书的分类中钢丝绳仅是由多个索股构成[即《钢丝绳术语、标记和分类》（GB/T 8706—2006）中的多股钢丝绳],单股钢丝绳不再单独列出,将其归为钢绞线索体。

表 5-1 列出了美国 ASTM 相关标准和欧洲标准对拉索术语的定义以及各组成部分的关系。同时本书根据国内外相关标准,并结合国内普遍说法,提出了适合国内使用情况的拉索术语和组成关系。

三种构成方法的对比

表 5-1

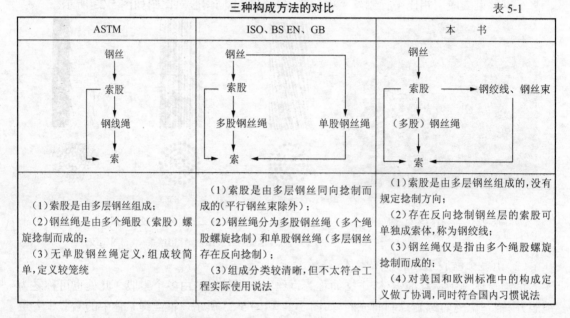

ASTM	ISO、BS EN、GB	本　书
(1)索股是由多层钢丝组成; (2)钢线绳是由多个绳股(索股)螺旋捻制而成的; (3)无单股钢丝绳定义,组成较简单,定义较笼统	(1)索股是由多层钢丝同向捻制而成的(平行钢丝束除外); (2)钢丝绳分为多股钢丝绳(多个绳股螺旋捻制)和单股钢丝绳(多层钢丝存在反向捻制); (3)组成分类较清晰,但不太符合工程实际使用说法	(1)索股是由多层钢丝组成的,没有规定捻制方向; (2)存在反向捻制钢丝层的索股可单独成索体,称为钢绞线; (3)钢丝绳仅是指由多个绳股螺旋捻制而成的; (4)对美国和欧洲标准中的构成定义做了协调,同时符合国内习惯说法

5.3.3　拉索的种类与应用

根据上文提出的基本索体类型,可以对拉索进行分类。在桥梁和建筑结构中,根据拉索的组成方式不同,可以分为以下几类。

(1)钢丝类拉索

钢丝类拉索可以由一个或多个钢丝绳索体、钢绞线索体或钢丝束索体等构成。

①索体为单个索股的拉索

当拉索的索体由单个索股组成时,其性质与单个索股相同,可以直接用索体的名称来代表拉索,如(螺旋)钢绞线、密封钢绞线、平行钢丝束和半平行钢丝束。其性质和应用在 5.3.2 节已有说明,此处不再赘述。

②索体为多个索股的拉索

a. 钢丝绳

同索体为单个索股的拉索,此类拉索可直接用钢丝绳索体的名称来代表,简称为钢丝绳。其基本性质也在 5.3.2 节说明,不再赘述。

b. 平行钢绞线索

平行钢绞线索一般用于桥梁结构中,它是由多个钢绞线组成的,索内的钢绞线采用与平行钢丝束中高强钢丝相同的排列方法,即钢绞线平行排列,通常布置成正六角形截面,如图 5-26 所示。

平行钢绞线索可在工地组装,可单根穿束、单根张拉,因此相比于平行钢丝束,施工更加方便灵活。此外,平行钢绞线索可以在不影响桥梁正常使用的前提下,在桥梁使用期限内的任何时

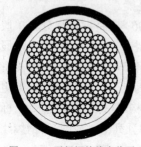

图 5-26　平行钢绞线索截面

间,对拉索的无黏结钢绞线进行应力检测,必要时可进行单根钢绞线换索。当钢绞线集束后轻度扭绞,则形成了半平行钢绞线索。

平行钢绞线索在斜拉桥中有广泛应用,如我国的润扬长江公路大桥斜拉桥部分的拉索就采用了平行钢绞线索。

③高钒镀层拉索

高强钢丝通常采用镀锌钢丝,但近年来高钒镀层在国外得到了广泛应用,国内也逐渐开始采用高钒镀层拉索,通常简称为高钒索。国内的鄂尔多斯伊金霍洛旗体育馆索穹顶、绍兴体育中心、盘锦体育中心、徐州体育场等工程均采用了高钒镀层拉索。

关于高钒索的分类,本书认为由于高钒索只是将锌镀层改为高钒镀层,拉索的基本组成和构成并未发生改变,如图 5-27 所示,故以本书的拉索分类方法,如将其视为一种新型拉索则有所不妥。本书建议可根据其具体的索体对其进行归类,如高钒镀层钢绞线、高钒镀层钢丝束等。

图 5-27　高钒镀层钢绞线

（2）钢拉杆

钢拉杆是由钢质杆体和连接件等组件组装的受拉构件。钢拉杆在预应力结构广泛使用,比如弦支穹顶结构和索穹顶。钢拉杆根据接头类型（U 形和 O 形）和转动能力（单向铰、双向铰等）可进一步分类。钢拉杆的分类在工程上比较统一,具体分类可参照《钢拉杆》（GB/T 20934—2007）,此处不再赘述。

（3）型钢

型钢作为建筑结构中传统的构件,可用来承受拉力、压力和弯矩作用。但当结构中型钢的长度远远大于其截面尺寸时,可将其视为拉索应用到结构中,作为只受拉构件。1964 年,东京奥运会代代木国立综合体育馆就创造性地将型钢作为拉索应用到大跨结构中,对建筑结构设计产生了广泛影响。该体育馆屋面结构采用柔性的悬索结构,在两个塔柱中间的主悬索采用了型钢,并在承受拉力最大的两个斜坡的交界处将两根拉索分开,减少拉索所承受的拉力,如图 5-28 所示。

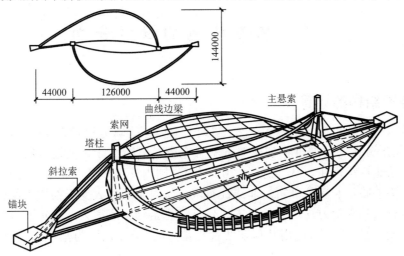

图 5-28　日本代代木国立综合体育馆结构（尺寸单位:mm）

（4）拉索分类方法

基于上文的论述,图 5-29 给出了钢丝类拉索的三种基本索体的具体分类。图 5-30 给出了本书提出的拉索分类方法。基于拉索索体的拉索分类方法具有较好的包容性和开放性,既能清晰明确地对目前工程中应用的拉索进行分类,满足现有拉索的分类,又能很方便地根据今后出现的新型拉索进行调整和扩充,满足将来涌现的各种新式拉索的分类需求。

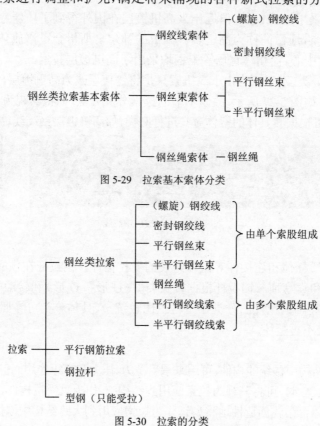

图 5-29 拉索基本索体分类

图 5-30 拉索的分类

5.4 悬索结构的设计分析

5.4.1 悬索结构的计算

悬索结构的计算主要包括两大部分:初始平衡形态的确定和荷载分析。在悬索结构的发展初期,找形分析主要通过物理模型试验来完成。但随着计算机技术的迅速发展,各种数值分析方法也应运而生。从 20 世纪 70 年代起,国内外很多学者将非线性有限单元法应用于悬索结构的找形和荷载分析。非线性有限元法对于几何大变形的柔性结构体系来说,是一种非常有效的求解方法。它的基本思想是将悬索结构离散为若干单元,然后针对悬索结构的小应变大位移状态,应用几何非线性理论,建立节点位移为基本未知量的非线性有限元方程组。

5.4.2 悬索结构的设计

（1）设计基本规定

①对单层悬索体系,当平面为矩形时,悬索两端支点可设计为等高或不等高,索的垂度可取跨度的 1/20～1/10;当平面为圆形时,中心受拉环与结构外环直径之比可取 1/17～1/8,索的垂度可取跨度的 1/20～1/10。对双层悬索体系,当平面为矩形时,承重索的垂度可取跨度的 1/20～1/15,稳定索的拱度可取跨度的 1/25～1/15;当平面为圆形时,中心受拉环与结构外环直径之比可取 1/12～1/5,承重索的垂度可取跨度的 1/22～1/17,稳定索的拱度可取跨度的 1/26～1/16。对索网结构,承重索的垂度可取跨度的 1/20～1/10,稳定索的拱度可取跨度的 1/30～1/15。

②悬索结构的承重索挠度与其跨度之比及承重索跨中竖向位移与其跨度之比不应大于下列数值:单层悬索体系—1/200（自初始几何态算起）,双层悬索体系、索网结构—1/250（自预应力态算起）。

③钢索宜采用钢丝、钢绞线、热处理钢筋,质量要求应分别符合国家现行有关标准,即《预应力混凝土用钢丝》（GB 5223—2014）、《预应力混凝土用钢绞线》（GB 5224—2014）、《预应力混凝土用钢棒》（GB/T 5223.3—2005）。钢丝、钢绞线、热处理钢筋的强度标准值、强度设计值、弹性模量应按表 5-2 采用。

钢索的抗拉强度标准值、设计值和弹性模量   表 5-2

项次	种类	公称直径(mm)	抗拉强度标准值 (N/mm²)	抗拉强度设计值 (N/mm²)	弹性模量 (×10⁵N/mm²)
1	钢丝	4	1470	640	2.0
		5	1670	696	
		6	1570	654	
		7、8、9	1470	610	
2	钢绞线	9.5、11.1、12.7、（1×7）	1860	775	1.95
		15.2（1×7）	1720	717	
		10.0、12.0（1×2）	1720	717	
		10.8、12.9（1×3）	1720	717	
3	热处理钢筋	6、8.2、10	1470	610	2.0

④悬索结构的计算应按初始几何状态、预应力状态和荷载状态进行,并充分考虑几何非线性的影响。

⑤在确定预应力状态后,应对悬索结构在各种情况下的永久荷载与可变荷载下进行内力、位移计算;并根据具体情况,分别对施工安装荷载、地震和温度变化等作用下的内力、位移进行验算。在计算各个阶段各种荷载情况的效应时应考虑加载次序的影响。悬索结构内力和位移可按弹性阶段进行计算。

⑥作为悬索结构主要受力构件的柔性索只能承受拉力,设计时应防止各种情况下引起的索松弛而导致不能保持受拉情况的发生。

⑦设计悬索结构应采取措施防止支承结构产生过大的变形,计算时应考虑支承结构变形

的影响。

⑧当悬索结构的跨度超过 100m 且基本风压超过 $0.7kN/m^2$ 时,应进行风的动力响应分析,分析方法宜采用时程分析法或随机振动法。

⑨对位于抗震设防烈度为 8 度或 8 度以上地区的悬索结构应进行地震反应验算。

（2）荷载

悬索结构设计时除索中预应力外,所考虑的荷载与一般结构相同,包括以下几方面内容。

①恒载。其包括覆盖层、保温层、吊顶、索等自重。按照现行国家标准《建筑结构荷载规范》（GB 50009—2012)进行计算。

②活载。其包括保养、维修时的施工荷载。按《建筑结构荷载规范》（GB 50009—2012)取用。对于悬索结构,一般取 $0.3kN/mm^2$,不与雪荷载同时考虑。

③雪载。基本雪压值按《建筑结构荷载规范》（GB 50009—2012)取用,在悬索结构中应根据屋盖的外形轮廓考虑雪荷载不均匀分布所产生的不利影响,并应按多种荷载情况进行静力分析。当平面为矩形、圆形或椭圆形时,不同形状屋面上需考虑的雪荷载情况及积雪分布系数可参考相关资料采用。复杂形状的悬索结构屋面上的雪荷载分布情况应按当地实际情况确定。

④风载。基本风压值按《建筑结构荷载规范》（GB 50009—2012)取用,风荷载的体型系数宜进行风洞试验确定,对矩形、菱形、圆形及椭圆形等规则曲面的风荷载的体型系数可参考相关资料采用。对轻型屋面应考虑风压脉动影响。

⑤动荷载。考虑风力、地震作用等对屋盖的动力影响。

⑥预应力。为了在荷载作用下不使钢索发生松弛和产生过大的变形,需将钢索的变形控制在一定的范围之内；为了避免发生共振现象,需将体系的固有频率控制在一定的范围之内。这要求屋盖具有一定的刚度,因此必须在索中施加预应力,预应力的取值一般应根据结构形式、活载与恒载比值以及结构最大位移的控制值等因素通过多次试算确定。

⑦安装荷载。应分别考虑每一安装过程中安装荷载对结构的影响,在边缘构件和支承结构中常常会出现较大的安装应力。

结构的蠕变和温度变化将导致钢索和结构刚度减小,在结构设计中还应考虑它们的影响。

对非抗震设计,荷载效应组合应按《建筑结构荷载规范》（GB 50009—2012)计算。在截面及节点设计中,应按荷载的基本组合确定内力设计值,在位移计算中应按荷载短期效应组合确定其挠度。

对抗震设计,应按《建筑抗震设计规范》（GB 50009—2012)确定屋盖重力荷载代表值。

（3）钢索设计

悬索结构中的钢索可根据结构跨度、荷载、施工方法和使用条件等因素,分别采用由高强钢丝组成的钢绞线、钢丝绳或平行钢丝束,其中钢绞线和平行钢丝束最为常用。但也可采用圆钢筋或带状薄钢板。

单索截面根据承载力按下式验算：

$$\gamma_0 N_d \leqslant f_{td} A \tag{5-1}$$

式中：γ_0——结构重要性系数, γ_0 取 1.1 或 1.2；

N_d——单索最大轴向拉力设计值；

f_{td}——单索材料抗拉强度设计值；

A——单索截面面积。

5.5　悬索结构的节点构造

节点的构造应符合结构分析中的计算假定。其所选用的钢材及节点中连接的材料应按国家标准《钢结构设计规范》（GB 50017—2003）、《混凝土结构设计规范》（GB 50010—2010）及《碳素结构钢》（GB/T 700—2006）的规定选取。节点采用铸造、锻压或其他加工方法进行制作时尚应符合国家相应的有关规定。

节点及连接应进行承载力、刚度验算以确保节点的传力可靠。节点和钢索的连接件的承载力应大于钢索的承载力设计值。节点构造尚需考虑与钢索的连接相吻合，以消除可能出现的构造间隙和钢索的应力损失。

5.5.1　钢索与钢索连接

钢索与钢索之间应采用夹具连接，夹具的构造及连接方式可选用：①U形夹连接（图5-31）；②夹板连接（图5-32）。

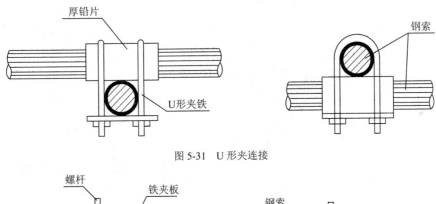

图 5-31　U 形夹连接

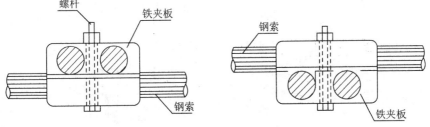

图 5-32　夹板连接

5.5.2　钢索连接件

钢索的连接件可选用下列几种形式：①挤压螺杆（图5-33）；②挤压式连接环（图5-34）；③冷铸式连接环（图5-35）；④冷铸螺杆（图5-36）。

5.5.3　钢索与屋面板连接

钢索与钢筋混凝土屋面板的连接构造可用连接板连接（图5-37）或板内伸出钢筋连接（图5-38）。

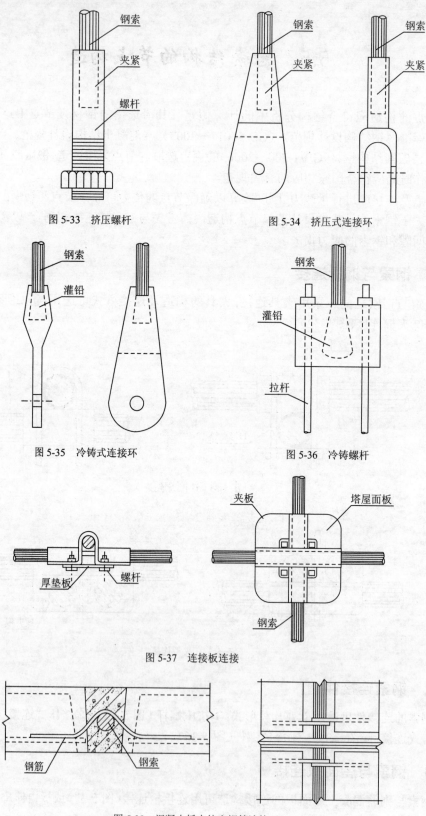

图 5-33 挤压螺杆

图 5-34 挤压式连接环

图 5-35 冷铸式连接环

图 5-36 冷铸螺杆

图 5-37 连接板连接

图 5-38 混凝土板内伸出钢筋连接

5.5.4　钢索支承节点

（1）锚具

钢索的锚具必须满足国家标准《预应力筋用锚具、夹具和连接器》（GB/T 14370—2007）中的 I 类锚具标准，并按国家建设行业标准《预应力筋锚具、夹具和连接器应力技术规程》（JGJ 85—2002）的设计要求进行制作、张拉和验收。

锚具选用的主要原则是与钢索的品种规格及张拉设备相配套。钢丝束最常用的锚具是钢丝束墩头锚具，又称为 BBRV 体系。这种锚具具有张拉方便、锚固可靠、抗疲劳性能优异、成本较低等特点，还可节约两端伸出的预应力钢丝，但对钢丝等下料要求较严，人工费也较高。另一种比较常用的是锥形螺杆锚具，用于锚固 Φ_5^6 高强钢丝束。钢绞线通常均为夹片式锚具，夹片有两片式、三片式和多片式，其数量一般为 1～12 个，依据夹持的钢绞线的数量而定。目前国内有 JM 型系列锚具、OVM 型系列锚具等。

（2）钢索与钢筋混凝土支承结构及构件连接

在构件上预留索孔和灌浆孔，索孔截面积一般为索截面积的 2～3 倍，以便于穿索，并保证张拉后灌浆密实（图 5-39）。

（3）钢索与钢支承结构及构件连接

钢索与钢支承结构及构件连接如图 5-40 所示。

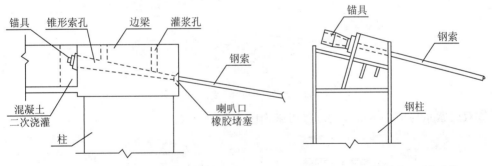

图 5-39　钢索与钢筋混凝土支承结构连接　　　　图 5-40　钢索与钢支承结构连接

（4）钢索与柔性边索连接

钢索与柔性边索连接如图 5-41 所示。

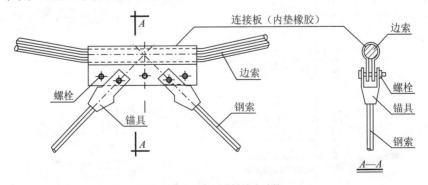

图 5-41　钢索与柔性边索连接

（5）钢索与中心环的连接

①单层索系与中心受拉环的连接可采用图 5-42 的构造。

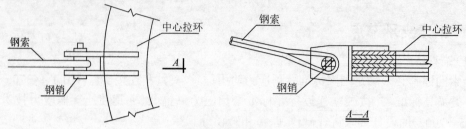

图 5-42 单层索系与中心受拉环的连接

②双层索系与中心受拉环的连接可采用图 5-43 的构造。

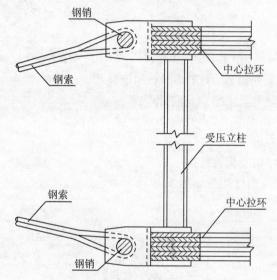

图 5-43 双层索系与中心受拉环的连接

③双层索系与中心构造环的连接可采用图 5-44 的构造。

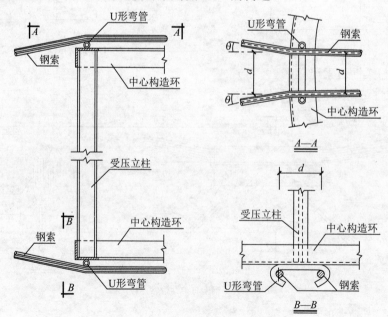

图 5-44 双层索系与中心构造环的连接

（6）钢索与檩条的连接

钢索与檩条的连接构造可按图 5-45 选用。

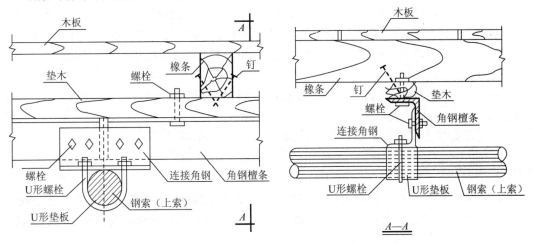

图 5-45 钢索与檩条的连接

（7）拉索的锚固

拉索的锚固可根据拉力的大小、倾角和地基土等条件用下列方法：①重力式；②板式；③挡土墙式；④桩式。

5.6 悬索结构的施工

由于悬索结构自重轻，很多构件可以在工厂预制完成，因而施工比较简单，不需要大型起重设备，也不必设置大量脚手架，施工费用较省，而且工期也较短。在支承结构完成后，整个屋盖的安装一般仅需几个星期。

需要特别注意的是，悬索结构的施工与设计联系十分紧密。如前所述，设计时必须预先考虑施工的步骤，尤其必须预先规定好施加预应力和铺设屋面的步骤。实际施工时必须严格按照规定的步骤进行，如稍有改变，就有可能引起内力的很大变化，甚至会使支承结构严重超载。因此，施工人员必须清楚了解设计人员的意图，设计人员必须做好透彻的技术交底，并在关键的施工阶段亲临现场监督。

悬索屋盖的安装程序并无统一规定可循，但一般来讲，必须首先建立支承结构（柱、圈梁或框架和地锚等），把已经预拉并按准确长度准备好的钢索架设就位，调整到规定的初始位置并安上锚具临时固定，然后按规定的步骤进行预应力张拉和铺设屋面。如前所述，预应力张拉和屋面铺设常需交替、对称进行，以减小支承结构的内力。张拉预应力一般利用各种专门的千斤顶进行，操作比较方便，而且易于控制张拉力的大小。张拉预应力和铺设屋面的过程中要随时监测索系的位置变化，必要时作适当调整，使整个屋盖完成时达到预定的位置。

5.6.1 钢索制作

钢索的制作一般需经下料、编束、预张拉及防护等几个顺序：

（1）钢绞线下料前必须进行预张拉，张拉值可取索抗拉强度标准值的 50%～65%，持荷 1～2h。

（2）为使钢索受荷后各根钢丝或各股钢绞线均匀受力，下料时应尺寸精确、等长，一般在一定张拉应力状态下下料，其张拉应力可取 200～300N/mm²，每根钢丝或钢绞线的张拉应力应一致，钢丝、钢绞线下料后长度允许偏差为 5mm。钢索的切断应采用砂轮切割机，不能采用电弧切割或气切割。

（3）编束时，每根钢丝或钢绞线应相互保持平行，不得互相搭压、扭曲，成束后，每隔 1m 左右要用铁丝缠绕扎紧。

（4）已制好的索要进行防腐处理，并经编号后平直堆放，防止雨淋、油污。

5.6.2　钢索安装

（1）钢索两端支承构件预应力孔的间距允许偏差为 L/3000（L 为跨距），并不大于 20mm。

（2）穿索时应先穿承重索，后穿稳定索，并根据设计的初始几何状态曲面和预应力值进行调整，其偏差宜控制在 10% 以内。

（3）各种屋面构件必须对称地进行安装。

5.6.3　钢索张拉

（1）千斤顶在张拉前应进行率定，率定时应由千斤顶主动顶试验机，绘出曲线供现场使用。千斤顶在张拉过程中宜每周率定一次。

（2）对索施加预应力时，应按设计提供的分阶段张拉预应力值进行，每个阶段尚应根据结构情况分成若干级，并对称张拉。每个张拉级差不得使边缘构件和屋面构件的变形过大。各阶段张拉后，张拉力允许偏差不得大于 5%，垂度及拱度的允许偏差不得大于 10%。

（3）悬索结构中较为常用的预张力施加方法有千斤顶张拉法、螺纹扣旋张法、横向张拉法和电热张拉法等。

5.6.4　钢索防腐

钢索的防腐应根据使用环境和具体施工条件选用以下几种方法：

（1）黄油裹布。即在编好的钢索表面涂满黄油一道，用布条或麻布条缠绕包裹进行密封，涂油和裹布均重复 2～3 道。

（2）多层塑料涂层，该涂层材料浸以玻璃加筋的丙烯树脂。

（3）多层液体氯丁橡胶，并在表层覆以油漆。

（4）塑料套管内灌液体的氯丁橡胶。

（5）采用镀锌钢丝线、钢绞线。

本章参考文献

［1］中华人民共和国行业标准．JGJ 257—2012　索结构技术规程［S］．北京：中国建筑工业出版社，2012.

［2］沈世钊，徐崇宝，赵臣．悬索结构设计．北京：中国建筑工业出版社，2006.

［3］陈志华．张弦结构体系．北京：科学出版社，2013.

第 6 章 膜结构

6.1 膜结构的发展与特点

膜结构自诞生至今只有短短 50 年左右的时间,但以其丰富多变的建筑造型、通透的结构特性迅速发展成大跨度空间结构领域重要的组成部分。膜结构是用多种高强薄膜材料(常见的有 PVC、PTFE、ETFE 等)及辅助结构(常见的有钢索、钢桁架或钢柱等)通过一定的方式使其内部产生一定的预张应力,并形成应力控制下的某种空间形态,作为围护结构或主体结构,并具有足够的刚度以抵抗外部荷载作用的一种空间结构形式。

膜结构起源于古代,人类采用天然材料搭建帐篷,作为居住场所。后来,随着现代精细化科技的进步与发展,膜结构摆脱了古老的帐篷形象,以全新丰富的建筑形态重新走进了人们的视野,并迅速发展。

膜结构的形式千变万化,分类方法与标准也各不相同,通常根据膜结构的支承方式进行分类。在中国工程建设标准化协会标准《膜结构技术规程》(CECS 158—2015)中,根据膜材及相关构件的受力方式把膜结构分成四种形式:整体张拉式膜结构、骨架支承式膜结构、索系支承式膜结构和空气支承膜结构。常用的一种分类方法是将膜结构分为充气式膜结构、张拉式膜结构、骨架式膜结构。

6.1.1 充气式膜结构的概念与发展

人类利用了膜材的轻盈以及空气气压提供的膜材刚度,逐渐发展成充气式膜结构。充气式膜结构分为气承式膜结构和气胀式膜结构。

气承式膜结构是指通过气压控制系统向建筑物室内充气,保持室内外一定的气压差,从而使膜材产生预张力,以保证结构刚度。气承式膜结构一般只需室内气压比大气压提高约 0.3% 就能使膜面膨胀,对室内环境不会产生什么影响,内外空气压差为 $0.1 \sim 1.0$ kN/m²,属低压体系。室内需设置气压自动调节系统,根据实际情况调整室内气压以适应外部荷载的变化。这种结构形式受力均匀合理,跨度较大,但室内外气压不同,对舒适度有一定影响,并对室内气密性有一定的要求。在膜结构的发展过程中应用较广泛。

气胀式膜结构是指如同气球一般,将膜材包裹成封闭构件,向膜构件内部充气,使膜材产生张力,从而具有一定刚度,将多个膜构件组合形成整体受力体系。气胀式膜结构的囊中气体压力为 $300 \sim 700$ kPa($3 \sim 7$ 个大气压),属高压体系。通过向单个特定形状的封闭式气囊(通常为管状构件)内充气,形成具有一定刚度和形状的膜构件,再由多个膜构件进行组合连接,从而形成一定形状的整体结构。这种结构形式不需要保持不同的室内外气压,舒适度较好,但结构受力不如气承式膜结构合理,跨度相对较小。在膜结构的发展初期应用较少,但随着 ETFE 透明热塑膜材的兴起,将 ETFE 膜材组装为充气气枕,结合骨架式膜结构的结构形式,将气枕周边的铝合金夹具固定于骨架上,越来越得到广泛应用。尽管充气气枕类似于气胀式膜结构的受力原理,但由于气枕需固定在周边的骨架上,自身仅起到围护结构的作用,所以这里将气枕式膜结构归为骨架式膜结构。

充气式膜结构的发展已历经了近百年。早在 1917 年,英国人 W·兰彻斯特(Willian Lanchester)首次提出了气承式帐篷,作为野战医院的屋面,并申请了专利,不过由于当时的技术条件原因并未建成。第二次世界大战后,美国实现了以膜结构作为军用设施的建造形式,1946 年,美国人 W·勃德(Walter Bird)建成了第一个现代充气膜结构,多普勒雷达穹顶(如图 6-1),其直径 15m,矢高 18.3m,膜材料为尼龙纤维布。

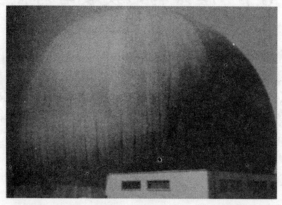

图 6-1　雷达防护罩

此后,大量类似的充气膜穹顶在美国、德国等地建造。1967 年,第一届国际充气结构会议在德国斯图加特召开,无疑促进了充气结构的发展。1970 年,日本大阪世博会上,由 D·盖格(David Geiger)设计的美国馆(图 6-2)夺人眼球,它是第一座大跨度小矢高的气承式膜结构,平面为 140m×83.5m 椭圆,膜材料为玻璃纤维敷聚氯乙烯涂层。川口卫(Mamoru Kawaguchi)设计的香肠气胀式膜结构日本富士馆(图 6-3)同样引人注目,其平面为直径 50m 的圆形,16 根直径 4m 高 72m 的充气管拱固定在圆形的钢筋混凝土环梁上,各管拱间由 0.5m 宽的环形水平带把它们箍在一起。

图 6-2　日本大阪博览会美国馆

图 6-3　日本大阪博览会富士馆

20 世纪 70 年代初,美国盖格 - 勃格公司与多方进行合作,开发出了具有适合美国永久建筑规范的玻璃纤维敷聚四氟乙烯膜材料(简称 PTFE),商品名为特氟隆(Teflon)膜材。因其具有高强、耐久、耐火、自洁等优点,PTFE 材料被广泛应用于膜结构永久建筑中。例如,1975 年建成的密歇根州庞蒂亚克"银色穹顶"(图 6-4),平面为 220m×168m 椭圆形。1976 年建成的美国加利福尼亚州圣克拉勒大学活动中心(图 6-5),平面为 90.5m×59.4m 椭圆形。

图 6-4 密歇根州庞蒂亚克银色穹顶　　　　图 6-5 加利福尼亚州圣克拉勒大学活动中心

　　我国内地自 20 世纪 70 年代以来,有部分科研、设计单位和高等院校便开始对膜结构进行研究,并取得了一定进展,为我国的膜结构开发应用奠定了基础。1995 年建成的北京房山游泳馆(跨度 33m,覆盖面积 1100m²)和鞍山农委游泳馆(跨度 30m,覆盖面积 1000m²)是我国第一次正式应用于工程的气承式膜结构,标志着我国内地膜结构工程发展的兴起。

　　由于充气式膜结构独特的优点,近年来在国内外又被广泛应用于运动场、仓库等大空间、大跨度的体育和公共设施。现如今,这些充气式膜结构的形状克服了过去采用的扁平膜屋盖容易造成积雨雪的缺点,而改用大矢高的筒形或球形,使雨雪迅速滑落,无需采用额外的加热融雪系统。通过膜形状的变化及加劲索的使用,配合室内气压的增加,使膜结构有足够抵抗外荷载的能力。如北京朝阳公园的博德维网球馆 (图 6-6)、北京通州星湖园法利室内高尔夫练习场(图 6-7)等均采用了气承式膜结构。

图 6-6　北京朝阳公园博德维网球馆

图 6-7　北京法利室内高尔夫练习场

6.1.2　张拉式膜结构的概念与发展

　　张拉式膜结构的原始雏形便是原始时代人类用树枝及兽皮搭建的帐篷。张拉式膜结构是由索网结构发展而来的,是指依靠薄膜自身的预张力与拉索、支柱共同作用构成的结构体系。张拉式膜结构的基本组成单元包括支柱(桅杆或其他刚性支架)、拉索及覆盖的膜材,通常利用拉索、支柱在膜材中引入预张力以形成稳定的曲面外形。

张拉式膜结构中薄膜为主要受力构件,基本单元的曲面形式一般为简单的双曲抛物面(即鞍形单元)或类锥形悬链面(即帐篷单元、伞形单元)。通常悬挂于桅杆或其他刚性支架(如拱)之下,因此也称为悬挂式膜结构。受膜材强度及支承结构形式的限制,这类结构形式多用于中小跨度建筑,用于大型建筑时通常需通过多个单元的组合。

另一类张拉式膜结构是由预应力索系与张拉薄膜共同工作组合而成的,也称为复合张拉膜结构。一般通过索系对整体结构施加预应力,这里预应力索系是主要受力结构,主要承受整体荷载,而膜材主要承受局部荷载。这类结构综合了索系结构与薄膜结构的特点,受力合理,适用于较大的跨度。

1955 年,德国学者 F·奥托在卡塞尔(Kassel)园艺展设计建成的帐篷成为最早的现代张拉膜结构,采用棉纱纤维膜,由直径 10mm 的平行钢丝嵌套膜加劲,边索直径 16mm,桅杆5m。1957 年他在科隆(Cologne)建成一个展览场舞厅,高低点相间隔,对称各 6 个点,高点桅杆 10.4m,低点拉索锚固,跨度约 33m,1mm 厚棉纱纤维膜。按现在的技术来看,这是两个非常简单的膜结构,但它标志着张拉式膜结构的开始。

1967 年,德国学者 F·奥托在加拿大蒙特利尔国际博览会上设计的德国馆(图 6-8),被认为是第一座真正意义上的张拉式膜结构建筑。从此,张拉式膜结构真正登上建筑舞台,并主要大量应用于建筑小品以及体育场、活动中心等公共设施中。

20 世纪 70 年代初,PTFE 的开发成功极大地推动了张拉式膜结构的应用,例如,1973年建成的美国加利福尼亚拉维恩学院学生活动中心(图 6-10),是用 PTFE 膜材建造的第一个膜结构,由 4 根向外倾斜 15º 角的钢柱支撑 4 个伞状单体组成。1981 年,建成的沙特阿拉伯吉达国际航空港(图 6-9),由 10 组共 210 个锥体组成,每个锥体平面投影尺寸为45.75m×45.75m,总面积约 44 万 m^2,是目前规模较大的张拉膜结构之一。

图 6-8　加拿大蒙特利尔国际博览会德国馆　　　图 6-9　沙特阿拉伯吉达国际航空港

图 6-10　美国加利福尼亚拉维恩学院学生活动中心

6.1.3　骨架式膜结构的概念与发展

骨架式膜结构是在一般的钢桁架体系或网架结构等骨架上覆盖膜材,与常规结构相似,膜材仅仅起到围护结构的作用,骨架可独立形成受力体系,易于被工程界理解和接受,并广泛使用于大型体育场馆、展览中心、交通枢纽等。

骨架式膜结构的骨架分为刚性骨架和柔性骨架。我国《膜结构技术规程》(CECS 158—2015)中提到的骨架支承式膜结构是指采用刚性骨架的骨架式膜结构,是以刚性结构(通常为钢结构)为承重骨架,并在骨架上敷设按设计要求张紧膜材的结构形式。常见的刚性骨架结构包括桁架、网架、网壳、拱等。骨架支承膜结构中刚性骨架是主要受力体系,膜材仅作为围护材料,计算分析中一般不考虑膜材对支承结构的影响。因此,骨架支承膜结构与常规结构比较接近,设计、制作都比较简单,易于被工程界理解和接受,工程造价也相对较低。但这类结构中,薄膜材料本身的结构承载作用没有得到发挥,跨度也受到其支承骨架的限制。值得一提的是,随着 ETFE 薄膜的兴起,由多层 ETFE 膜组成的气枕式膜结构越来越多地应用于工程中,例如国家游泳中心"水立方"、天津于家堡站交通枢纽、大连体育中心体育场等。这种气枕结合了充气式膜结构中的气胀式膜结构的形式,但仍需骨架的支承,属于骨架式膜结构之一。

我国《膜结构技术规程》(CECS 158—2015) 中提到的索系支承式膜结构是由空间索系作为主要承重结构,在索系上布置按设计要求张紧的膜材形成的结构。

由于骨架式膜结构的主体结构为支承骨架,研究较为成熟,安全性能易于保障,我国常见的大型膜结构建筑多为骨架式膜结构,并迅速发展。

1997 年为第八届全运会兴建的上海八万人体育场 (图 6-11),是我国首次将膜结构应用于大型永久性建筑,看台挑蓬为由径向悬挑桁架和环形桁架支承的 59 个连续伞形薄膜单体组成的空间屋盖结构,屋盖平面轮廓尺寸 274m×288m,最大悬挑长度达 73.5m,覆盖面积 36000m²,开创了我国大型膜结构建筑之先河。此后于 1999 年建成的上海虹口足球场 (图 6-12),采用了鞍形大悬挑空间索桁架支承的膜结构,屋盖平面轮廓尺寸 204m×214m,最大悬挑 60m,覆盖面积 26000m²,可容纳观众 36000 人,虽然这两个体育场膜结构的设计、安装都主要借助于外国的力量,但对于中国膜结构的发展影响深远,拉开了膜结构在我国广泛应用的序幕。此后,我国依靠自己的技术力量相继设计建造了一批较大规模的膜结构。

图 6-11　上海八万人体育场　　　　　　　　图 6-12　上海虹口足球场

随着人类对建筑功能要求的增加,透明轻盈的 ETFE 薄膜研发成功。这种薄膜为乙烯—四氟乙烯共聚物,属于非织物膜材,直接热塑而成,所以具有高透光度,最高可达 96%,厚度仅为 0.05～0.25mm,强度仍满足建筑要求,且由于其高透光、耐久、耐火、自洁等特点,逐渐被广泛应用于膜结构永久建筑中。

此外,结合气胀式膜结构的形式,根据 ETFE 的轻质和高透光性,ETFE 气枕式膜结构逐渐走进人类的视线。气枕式膜结构中气枕采用多层 ETFE 薄膜,周边热合并用夹具封闭,固定于骨架上。用充气系统和气压控制系统对气枕充气并控制气压,使气枕具有一定刚度以抵抗外荷载。ETFE 气枕作为外围护结构材料,具有轻质、透光、隔热、抗腐、耐候、自洁等良好性能,并且力学性能极佳,适合作为大型公共建筑的外围护结构使用。

2008 年北京奥运会,国家体育场"鸟巢"(图 6-13)和国家游泳中心"水立方"(图 6-14)均采用了 ETFE 这种新材料,分别是国内首次应用 ETFE 单层膜材和 ETFE 气枕的工程。其中,"水立方"采用两层气枕膜结构,表面覆盖面积达到 10 万 m²,是目前国内规模最大的 ETFE 气枕式膜结构工程之一。

图 6-13　国家体育场"鸟巢"

图 6-14　国家游泳中心"水立方"

此后,ETFE 气枕式膜结构在国内逐渐开始广泛使用,下面选取几个工程实例。广州南站中央通廊(图 6-15)位于站房的中部,采光屋面系统由 1182 个菱形的气枕组成,气枕上层采用 0.25mm 厚蓝色透明的 ETFE 膜材,内表面镀银点(镀点率 70%),下层采用 0.25mm 蓝色透明 ETFE 膜。大连体育中心体育场(图 6-16)是第十二届全国运动会的主要比赛场馆之一,整体平面为椭圆形,长轴方向长 320m,短轴方向长 293m,其罩棚外围护顶棚和下部看台外立面幕墙均采用了 ETFE 气枕膜结构。天津于家堡站房穹顶(图 6-17)为京津城际铁路的延伸线,主体结构为由 36 根正螺旋和 36 根反螺旋组成的单层网壳结构,主要部分采用了三层 ETFE 气枕覆盖。

图 6-15　广州南站中央通廊

图 6-16　大连体育中心体育场

图 6-17　天津于家堡站房穹顶

6.1.4　膜结构的特点

与传统大跨度建筑结构相比,膜结构有以下主要特点:

(1)自重轻,跨度大。以建筑织物制成的薄膜结构的突出特点是自重轻,与传统结构相比有数量级的差别,可以轻易地跨越较大的跨度,且单位面积的自重与造价不会随着跨度的增大而明显增加。

(2)建筑造型自由丰富。膜结构建筑造型丰富多彩、新颖独特,富有时代气息,打破了传统建筑形态的模式,给人耳目一新的感觉。膜结构建筑可提供多种用途,不仅可用于大型公共建筑,也可用于充满魅力及个性的景观小品,为建筑师提供了更大的想象和创作空间。

(3)施工方便。膜材的裁剪、黏合等工作主要在工厂完成,并包装成膜成品运至现场,相比其他由工厂制作的构件,运输、搬运都更方便。在施工现场主要是将膜成品张拉就位,与传统建筑相比,施工周期可大大缩短。

(4)经济性。膜结构中的膜材既是承载构件,又是屋面围护材料,本身还是良好的装饰材料,因而膜材作为屋面材料可降低屋面造价;由于屋面重量减轻,可相应降低基础及主体工程的造价;膜结构的日常维护费用也极小。因此,膜结构具有良好的经济性。

(5)安全性。由于膜材的自重轻,膜结构建筑具有良好的抗震性能;膜结构属于柔性结构,可承受较大的位移,不易整体倒塌;膜材料一般均为阻燃材料或不可燃材料,不易造成火灾。因此,膜结构具有较高的安全度。

(6)透光性。膜材具有良好的透光性,其中 ETFE 膜材透光率可达到 95%。同时膜材对光具有较好的折射性（折射率达 70% 以上）。阳光透过膜面可在室内形成自然漫射光,白天大部分时间无需人工采光,可大大节约人工照明能耗,而晚上的室内灯光透过膜面给夜空增添梦幻般的景色。

(7)自洁性。膜材的表面涂层,特别是其中的聚四氟乙烯(PTFE,商品名 Teflon)涂层,具有良好的非黏着性,大气中的灰尘及脏物不易附着与渗透,而且其表面的灰尘会被雨水冲刷干净,常年使用后仍能保持外观的洁净及室内的美观。

当然膜结构也存在一定的缺点,主要表现在以下几个方面:

(1)膜材的使用寿命一般为 15～35 年,虽然有些采用玻璃纤维膜材的实际工程使用超过 25 年仍保持良好性能,但与传统的混凝土或钢材相比仍有相当差距,与通常"百年大计"的设计理念不符。当然针对这一点,我们在观念上应有所改变,膜材在建筑物的整个使用寿命期内是可以更换的,况且十几、二十年后肯定会有性能更优越、价格更便宜的膜材料出现。

(2)膜结构抵抗局部荷载作用的能力较弱,屋面在局部荷载作用下会形成局部凹陷,造成雨水和雪的淤积,即产生所谓的"袋状效应",严重时可导致膜材的撕裂破坏。

(3)充气膜结构使用过程中的维护费用较高,需要充气系统和控制系统时刻运转维持。

(4)由于膜结构属于新型结构形式,设计与施工一般需要专门的膜结构公司完成,施工人员需要专业培训并持证上岗,技术难度较大。

6.2 膜　材

6.2.1 建筑膜材的发展

一切建筑结构的发展都离不开建筑材料的发展,而建筑材料的更新又促进建筑结构的进步。膜材料作为膜结构的灵魂,它的发展也与膜结构技术密切相关,互相促进。

早期的膜材为织物纤维膜材,一般由中间的纤维纺织布基层和外涂的树脂涂层组成。表面涂层采用聚氯乙烯(PVC),基布采用聚酯纤维,现称为 C 类膜,其建筑与结构受力性能都不理想,是最早的常用建筑膜材之一。

随着 C 类膜材制造技术不断进步,一种价格比较低,涂覆 PVC 的聚酯织物在性能上也有很大的改进。制造商在原来的图层外面再加一面层,比较成熟的有聚氟乙烯(PVF,商品名Tedlar)和聚偏氟乙烯(PVDF),这种面层不但能保护织物抵抗紫外线,而且大大地改进了自洁性,这样就把聚酯织物的使用年限提高到 15 年,得以在永久性建筑中使用。采用玻璃纤维作为基布,表面涂层仍为聚乙烯基类,现称为 B 类膜。

大阪博览会上的美国馆,由于是临时性的展览建筑,采用的膜材是涂覆聚氯乙烯(PVC)的玻璃纤维织物,算不上先进,但在强度上也经受了两次速度高达 39m/s 以上台风的考验。通过这个工程使设计者认识到,需要一种强度更高、耐久性更好、不燃、透光和能自洁的建筑织物。

20 世纪 70 年代,美国杜邦公司开发的玻璃纤维织物即满足了上述的要求。主要的改进是涂覆的面层采用了聚四氟乙烯(PTFE,商品名称特氟隆),现称为 A 类膜。这种膜材从一开始就以强度高、耐火不燃、自洁性好等优异性得到了用户的青睐,使膜结构开始从临时性建筑开始迈向永久性建筑的行列,为膜结构的大量应用起了积极推动作用。这种膜材于 1973 年首次应用于美国加利福尼亚拉维恩学院一个学生活动中心的屋顶上,经过二十多年的考验,材料还保持着 70%～80% 的强度,仍然透光并且没有褪色。拉维恩学院膜结构的使用经验表明,涂覆 PTFE 面层的玻璃纤维织物,不但有足够的强度承受张力,在使用功能上也具有很好的耐久性,使用年限可达 30 年以上。

此外,随着非织物类膜材的发展,ETFE 膜材渐渐进入了人们的视线。ETFE 是乙烯—四氟乙烯共聚物,具有高透光率,最高可达 96%,有良好的抗老化性、耐火性、自洁性等优良性能,易加工,于 20 世纪 70 年代初在美国、日本投产,已在国内外一些体育场馆、温室中得到应用。2008 年,北京奥运会主体育场"鸟巢"和国家游泳中心"水立方"均采用了这种膜材,之后广泛应用于大型公共场馆中,如广州南站、天津于家堡站、大连体育中心体育场、天津华侨城欢乐谷水公园等。目前,仅德国、美国、日本等国少数几个公司可生产 ETFE 膜材,尽管越来越多的国内公司可以对 ETFE 进行加工、安装,但是我国 ETFE 膜材仍依赖进口。

6.2.2　建筑膜材的类型

(1)织物类膜材

织物类膜材(图 6-18)目前应用较广,是一种具有高强度、柔韧性好的复合材料。该材料主要采用玻璃纤维、聚酯纤维等基材与涂层材料复合而成,主要包括基层材料、涂层、表面涂层以及胶黏剂等。

图 6-18　某种织物类膜材

①基层材料

基层材料由各种织物纤维编织而成,决定材料的结构力学特性。基层材料的品种较多,碳纤维、Kevlar(芳纶)纤维、聚酯纤维、玻璃纤维等。根据建筑结构使用强度的要求,建筑膜材一般选用聚酯纤维和玻璃纤维。

碳纤维是由有机母体纤维(例如黏胶丝、聚丙烯腈或沥青)采用高温分解法,在 1000～3000℃ 高温的惰性气体下制成的,呈黑色,坚硬,具有强度高、重量轻等特点,主要应用于航空航天结构、电子等高科技领域。

Kevlar 纤维是 20 世纪 60 年代发展起来的一种增强纤维,其分子结构具有很高的伸直平行度和取向度,这决定着它具有较高的强度和模量,并具有良好的热稳定性,同时还具有较好的耐腐蚀性和防潮性。由于这些特性,高功能 Kevlar 纤维及其增强复合材料已广泛应用于航天、航海、通信、体育、防护服、软管等各个领域。

聚酯纤维的抗拉强度高,弹性好,在拉伸屈服前有较大的伸长变形能力。但在拉力和紫外线的长期作用下会有较大的徐变,容易造成膜面褶皱,进而使灰尘、异物在褶皱处聚集,影响感观效果与透光率。

玻璃纤维弹性模量和强度都较高,徐变小,不易老化,弹性变形小,属脆性破坏材料;其力学性能受湿、热环境影响较大,但是这种影响由于涂层的覆盖而减弱。

②涂层

目前多种树脂涂层材料可供选用,如聚氯乙烯（PVC）、聚四氟乙烯（PTFE,商品名Teflon）、硅酮、聚氨酯等。其中,前三者为建筑常用涂层材料。

聚氯乙烯（PVC）应用较早,柔韧性能较好,可卷折,但抗紫外线能力较弱,在长期太阳光照下易发生化学变化,造成灰尘、油渍的附着且不易清理,导致透光率降低。为克服此缺点在PVC涂层外涂敷化学稳定性更好的附加面层如聚二氟乙烯（PVDF）、聚偏氟乙烯（PVF）等,以提高膜材的自洁性。

聚四氟乙烯（PTFE）为惰性材料,抗紫外线能力强,透光性和自洁性好,不易老化,寿命长,具有可焊性,是永久建筑的良好选材。但其刚度较大,运输施工中的卷折使其强度降低,变形中易产生微细裂缝,使水分侵蚀基层纤维,降低基层纤维的使用寿命和强度。因此,在基层和 PTFE 面层间加涂硅酮防水层。

硅酮柔韧性、透光性、防水性均好,施工方便,但自洁性比 PTFE 差,可焊性不良,拼接较困难。如自洁性、可焊性得到改进,硅酮将成为另外一种优良的永久性涂层材料。

③常用的织物类膜材

PVC 膜材:由聚氯乙烯（PVC）涂层和聚酯纤维基层复合而成,应用广泛,价格低廉,但耐老化性、自洁性等方面不够理想。

加面层的 PVC 膜材:在 PVC 膜材表面涂覆聚偏氟乙烯（PVDF）或聚氟乙烯（PVF）,性能优于 PVC 膜材,提高了耐老化性和自洁性。

PTFE 膜材:由聚四氟乙烯（PTFE）涂层和玻璃纤维基层复合而成,PTFE 膜材品质卓越,抗拉强度高,具有良好的耐老化性和自洁性,但价格也较高。

（2）非织物类膜材

新型膜材及其应用技术研究是膜结构发展的基石。氟化物热塑性薄膜（ETFE、THV、FEP 等）及其相应织物膜材问世和应用技术的解决,促进了新的膜结构技术的发展。与织物类膜材相比,非织物类膜材由热塑成形,没有基布,薄膜张拉各向同性,抗拉强度相对较低。

其中 ETFE 是继 PVC 膜材、PTFE 膜材后用于建筑结构的第三大类产品（图 6-19）,因其良好的透光率、抗拉强度、抗老化性、自洁性等逐渐被广泛使用,并常采用多层膜材组成气枕的形

式作为建筑物的围护结构,但其价格较高。ETFE 为乙烯—四氟乙烯共聚物,厚度通常为 50～300μm,抗拉强度在 35MPa 以上,断裂延伸率大于 350%,透光率在 50%～96%,可以通过调节表面印点覆盖率和材料厚度来调节光强度和紫外线的透过率,张拉后的膜面极为光滑且有自洁能力,平均使用寿命 30 年左右。ETFE 膜材不易燃,且在燃烧融化后会自行熄灭,达到 B1、DIN4102 防火等级标准。这种膜结构材料在国外建筑上的应用史已有 20 多年,在德国、荷兰、英国和西班牙等国的体育场馆和动、植物园中的应用效果良好。

图 6-19 ETFE 膜材

2008 年北京奥运会主场馆"鸟巢"和国家游泳中心"水立方"是国内首次采用 ETFE 膜作为围护材料的工程,向人们展示了 ETFE 膜材的无穷魅力。此后,ETFE 膜在国内开始迅速发展,得到广泛应用。

6.2.3　膜材的基本性能

（1）织物类膜材的基本性能

膜材成品的基本技术参数主要包括:①基材重量:以纤维纤度表示,同时以单位面积重量表征,一般大于 $100g/m^2$;②膜材厚度:基材纤维与涂层表面的距离,常在 0.3～1.2mm;③涂层厚度:纤维顶面与涂层表面的距离,常为 0.1～0.3mm;④纤维织法:纤维的纺织方式,如平织、篮式编织等,不同的织造方法影响着膜材的力学性能;⑤幅宽:膜材卷材的宽度,常为 500～4500mm。

膜结构建筑要在室外严酷的环境下长期使用,且要经受各种荷载工况下的长期作用,为此要求膜材具有一定的力学性能、耐久性、自洁性等。

织物类膜材的力学性能主要取决于纤维基布,基布主要采用高强聚酯纤维或玻璃纤维丝编织而成,不同的基布材料和编织方法影响着膜材料的经纬向力学性能指标,决定着膜材的抗拉强度和抗撕裂强度等;涂层材料主要有聚氯乙烯（PVC）和聚四氟乙烯（PTFE）,在一定程度上提高了膜材各项性能指标,提高膜材的耐久、自洁等特性,聚氯乙烯类膜材为了增强其自洁和抗老化能力,常常在表面附加涂层。膜材具有较高的抗拉强度,但抗压刚度和抗弯刚度几乎为零。由于纤维基布的存在,织物类膜材的抗拉强度相对较高。中等强度的 PVC 膜,厚度仅 0.6mm,但它的拉伸强度相当于钢材的一半。中等强度的 PTFE 膜,厚度仅 0.8mm,但它的拉伸强度已达到钢材的水平。织物类膜材的一般构造如图 6-20 所示。

图 6-20　织物类膜材的一般构造图

膜材的耐久性不仅与基布材料有关,而且还与涂层种类有关。在紫外线的照射下,聚合物自身的化学性能不稳定,易导致膜材老化。PTFE 的耐久性和自洁性较好,雨水可自然冲刷掉表面的灰尘,使膜材表面得到自然清洗。而 PVC 的耐久性不太理想,一般常在其表面附加涂层 PVF 或 PVDF,有效地改善其自洁性。一般来说,PTFE 膜材的使用年限在 25 年以上,PVC 膜材的使用年限在 10～15 年以上。

膜材的弹性模量较低,有利于膜材形成复杂的曲面造型。但膜材在张拉成形后的一段时间内,会产生徐变和松弛。聚酯纤维有很强的抗拉能力,但是在拉力作用下有较大的变形,容易产生褶皱,抗老化能力较弱。玻璃纤维抗拉强度和弹性模量都较好,徐变小,表面配合 PTFE 涂层,有着很好的抗老化能力和自洁性,有效地保证了膜材的使用寿命,现如今被广泛使用。

膜材料用于建筑结构,需考虑其防火性能。如今广泛使用的膜材料能很好地满足防火要求,具有卓越的阻燃和耐高温性能,达到法国、德国、美国、日本等多国标准。一般情况下,认为 PTFE 膜材是不可燃材料,PVC 材料是阻燃材料。

膜材同样拥有良好的声学性能,一般膜结构对低于 60Hz 的低频几乎是通透的,对于有特殊吸声要求的结构可以采用具有 FABRASORB 装置的膜结构。这种组合具有比玻璃更强的吸声效果。

织物类膜材是复合材料,并且由于基材为合成纤维或玻璃纤维纺织而成的织物,所以膜材并非为弹性体,由大量的试验得到膜材 σ-ε 曲线表明,膜材具有很强的非线性和黏弹性。但是,目前在做膜结构的结构分析时,在膜材的实际应力范围内,仍假定膜材为线弹性体。

膜结构在外力荷载作用下产生一定的挠度,相应也改变了膜结构的形状和曲率的半径。膜材中两个主曲率方向也各负其责共同承受外荷载。一个主方向上的应力抵抗外荷载,而与其垂直正交方向上的应力则维持整个结构系统的稳定。由于两个主方向上的应力都参与了抵抗外荷载的作用,这样膜材的双向材料特性对结构的分析显得尤其重要,即膜材的弹性模量和泊松比。

膜结构设计中膜内允许应力的确定因素有结构安全系数和折减系数(根据膜材单位长度上的应力强度)。两种系数由于荷载类型、天气情况、双向外荷载、约束条件等产生结构强度上的折减。

(2)非织物类膜材的基本性能

非织物类膜材在永久性建筑中最常用的为 ETFE 薄膜,通过热塑成形,薄膜张拉各向同性,具有轻质、柔韧、厚度小、重量轻、透光性好等特点,是用于建筑结构的第三大类膜材产品,被广泛用于大型公共建筑中。

ETFE 为乙烯—四氟乙烯共聚物,厚度通常为 $50\sim300\mu m$,非常坚固、耐用。ETFE 单层膜抗拉强度在 35MPa 以上,断裂延伸率大于 350%。ETFE 具有高透光率,透光率在 50%~96%,可以通过调节表面印点覆盖率和材料厚度来调节光强度和紫外线的透过率,张拉后的膜面极为光滑且有自洁能力,平均使用寿命 30 年左右。ETFE 膜材不易燃,且在燃烧融化后会自行熄灭,达到 B1、DIN4102 防火等级标准。

对 ETFE 薄膜常温下进行单向拉伸试验,通过拉伸应力应变曲线可以发现,材料出现两个屈服点,可用三折线简化模型,第一屈服应力平均值为 13.9~15.8MPa,第一屈服应变平均值为 2.1%~2.3%,第二屈服应力平均值为 21.0~22.2MPa,第二屈服应变平均值为 14.4%~15.4%,弹性模量建议按割线弹性模量取 650MPa。

对 ETFE 薄膜进行低温下单向拉伸试验,随着温度的降低,ETFE 薄膜应力应变曲线(图6-21)在强化前由明显的两折线几乎变成连续的曲线,此时若采用三折线简化模型将产生一定的误差。随着温度的降低 ETFE 薄膜第一屈服点应力、第一屈服点应变、第二屈服点应力和拉伸强度均呈近似线性升高趋势,破断延伸率则呈近似线性降低趋势。在温度从 20℃降低至 -100℃过程中,ETFE 薄膜第二屈服点应变变化幅度在 13.3% 以内。与常温相比,低温下 ETFE 薄膜的抗拉强度有较大提高,而延性则明显降低。在温度从 20℃降低至 -100℃过程中,ETFE 薄膜割线模量变化幅度在 10% 以内,因此工程设计中可以忽略低温温度变化对 ETFE 薄膜割线模量的影响。

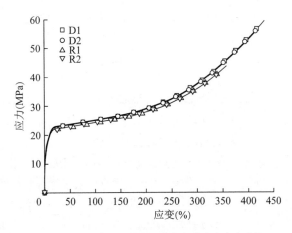

图 6-21 ETFE 薄膜常温单向拉伸应力应变曲线

对 ETFE 薄膜常温下进行循环拉伸试验,在弹性阶段下循环拉伸,无明显的残余应变,ETFE 薄膜在该阶段呈较好的弹性,ETFE 薄膜结构设计时可按材料弹性假定进行。在屈服阶段下循环拉伸,薄膜出现应力松弛现象,卸载后将产生很大的残余变形,弹性极限提高,出现了应力硬化现象,设计时应充分考虑。

ETFE 薄膜受到长时间拉伸时会产生较为显著的徐变,其大小与拉伸应力、温度密切相关。常温下,应力小于 6MPa 时,材料的徐变不大且随时间的增加而变缓;当应力为 9MPa 时,材料在 24h 内产生的徐变应变量大于其初始应变量,且徐变仍然在持续发生。温度对 ETFE 薄膜的徐变影响很大,常温下小应力时材料发生有限的徐变,但在 40℃时,徐变迅速增大且呈持续发展趋势;当达到 60℃时,材料变软,弹性模量减小,并产生显著徐变。

6.3 膜结构的选型

膜结构的选型主要包括膜面形状的确定和膜结构支承体系的选择。

目前,充气式膜结构除了在某些特殊领域外,应用越来越少。主要原因是充气膜结构的维护,特别是在多雪等恶劣气候条件下的维护存在很大的困难,造型也受到一定的限制,平面一般都为圆形或椭圆形。但事实上充气式膜结构是否有前途仍是个有争议的问题,当用于超大跨度结构时其造价在经济上的优越性是十分显著的。

骨架式膜结构,目前应用最广,结构的形式、跨度均取决于网架、网壳、拱、索穹顶等骨架结构。骨架式膜结构中膜材只是围护材料,形式的选取主要取决于建筑功能的需要,随着建筑对透光性的要求,越来越多的建筑选用 ETFE 透明材料作为围护结构,而 ETFE 常常以气枕的形式应用于建筑中,通过充气系统和气压控制系统使气枕保持一定的刚度以抵抗荷载,气枕也具有良好的隔声、隔热功能,造型美观,通过改变膜材表面的印点率来调整透光,是近些年来新兴的围护结构形式,已被应用于国家游泳中心"水立方"、大连体育中心体育场、天津于家堡站房穹顶等多个大型公共建筑中,具有良好的前景。

张拉式膜结构通过膜面内力直接将荷载传递给边缘构件。常见的张拉式膜单元包括双曲抛物面鞍形单元、类锥形伞状单元或双伞状单元,由于受膜材强度的限制,这些单元的跨度不可能太大,用于大跨度、大覆盖面积的建筑时需要通过多个单元的组合。当然在很多情况下,多个单元的组合并不是出于结构上的考虑,而是建筑功能及造型方面的要求。在张拉式膜结构中,薄膜材料既起到了结构承载的作用,又具有围护功能,充分发挥了膜材的结构功能。可根据平面形状、边界条件、建筑造型、建筑功能等多种因素确定合理的结构形式,结构造型丰富,富于表现力,可以说是最具创意的膜结构形式。

膜结构属于柔性结构,与传统刚性结构的不同首先表现为材料本身不具有刚度和形状,必须通过施加预应力才能获得结构的刚度和形状,而不同的初始预应力分布又将导致不同的结构初始形状。因此,膜结构的体型不仅由建筑设计所决定,还受到结构受力状态的制约。

张拉式膜结构应避免做成大面积的平坦曲面,即膜结构的初始形状应保证具有一定的曲率。因为膜材只能承受面内拉力,膜结构在面外荷载作用下产生的弯矩、剪力需通过膜面的变形转换成面内拉力,曲面平坦时,会造成很大的面内拉力。同时扁平曲面的找形也非常困难,会造成初始预应力分布的极端不平均。

此外,在膜结构选型时还应根据建筑物的使用特点,合理确定排水坡度,确保膜面排水顺畅;在雪荷载较大的地区,应尽量采用较大的膜面坡度以避免或减少积雪,并应采取必要的防积雪和融雪措施。

6.4 膜结构的设计

6.4.1 膜结构设计的主要内容

膜结构的设计计算与传统结构有明显区别。膜结构属于柔性张拉结构,必须通过施加初始预张力才能获得结构刚度,不同的初始预张力分布将导致不同的结构初始形状,通常意义上的结构受力分析正是基于一定的初始形状而进行的。另一方面,膜结构的表面形状为空间曲面,且通常形状比较复杂,属不可展曲面,因此存在将平面膜材通过裁剪构成空间曲面的问题。

因此,膜结构的设计计算应包括初始形态分析、荷载效应分析与裁剪分析三大部分。初始形态分析是指确定结构的初始曲面形状及与该曲面相应的初始预应力分布;荷载效应分析是指对结构在荷载作用下的内力、位移进行计算;裁剪分析是指将薄膜曲面划分为裁剪膜片并展开为平面裁剪下料图的过程。这三部分的计算分析过程是相互联系、相互制约的,需要从全过程的角度进行分析,通过反复调整,才能最终得到满足建筑、结构要求的膜结构。例如,当膜结构在荷载作用下产生过大的内力或变形或膜单元受压出现褶皱时,应返回初始形态分析阶段,通过调整初始预张力分布、结构外形及边界条件等使其满足要求。此外,必要时应进行膜结构施工过程的验算,设计中还应考虑施工过程的实现,如施工工艺、初始预张力引入等问题。

初始形态分析、荷载效应分析和裁剪分析构成了膜结构分析理论的基本框架,且三者之间相互联系、相互制约。近年来,通过将计算机数值分析技术和 CAD 技术相结合,已涌现出一批集分析与设计一体的膜结构专用软件,应用这些软件已可解决一般常规膜结构的分析、设计问题。

6.4.2 初始形态分析

初始形态分析也称找形分析,其目的是确定膜结构在给定边界和预张力条件下的初始平衡曲面,为后续的荷载效应分析和裁剪分析提供准确计算模型。初始形态分析是一般工程分析的反问题,是一个由给定"态"来求对应"形"的过程。

膜的形态与体系是建筑与结构的统一。任何复杂建筑形体都由基本形式进行组合,并通过调整具体参数实现设计。

在膜结构初始平衡曲面内预张力是自相平衡的。膜结构的平衡曲面可分为两类:等应力曲面和非等应力曲面。等应力曲面是指膜面内预张力均匀分布,此时膜面面积最小(即最小曲面)。非等应力曲面是指膜面内预张力不均匀分布但自相平衡。膜结构初始形态分析宜首先寻找应力均匀的最小曲面,在最小曲面不存在的情况下再寻找应力不均匀的平衡曲面。

膜结构的形态分析实际上是确定结构中预张力大小和分布的过程。预张力值的设定应保证膜材在正常使用状态下不会因温度、徐变和荷载作用等发生松弛,并应保证膜材在极端气候条件下最大应力小于设计应力,同时应考虑结构张拉的实现和安装方便。

膜结构的找形方法主要有物理模型法和数值分析法。

物理模型法是利用肥皂膜、橡胶膜等可形成纯张力作用的柔性材料模拟实际膜结构的工作状态,通过调整边缘构件(如铁丝、木棍等)的支承位置和支承方式,获得理想的建筑形状;再通过对模型观测,确定真实结构的形状和内力。物理模型法的优点是形象、直观,且便于对边界条件进行调整,一些利用数学方法很难求解的问题,利用模型方法却很容易实现。当然,这种方法的缺点也是明显的,不仅模型制作要花费大量的人力、物力,而且很难将试验结果精确推广到实际结构中,这里面既有测量手段方面的问题,也与某些相似比很难同时满足有关。虽然物理模型方法现在已很少直接用于实际工程设计,但是在膜结构科研和教学方面,仍不失为是一种探索膜结构形态规律的有效手段。

随着计算机和结构分析技术的发展,数值方法已成为膜结构找形的主要方法。其中,以力密度法、动力松弛法和非线性有限元法应用最为广泛。

力密度法只需要给出几何拓扑、力密度值和边界节点坐标,即可建立关于节点坐标的线性方程组,求得各节点的真实坐标,因此计算速度较快,且避免了初始坐标问题和非线性收敛问题。该方法的缺点是没有考虑大变形的影响,得到的初始位形可能误差较大,此外力密度值的设定对计算结果准确性影响较大,往往需要多次试算。针对上述问题,国内外学者提出了一系列改进方法,如面密度法、改进力密度法、混合力密度法等。

动力松弛法的基本原理是:将结构离散为单元和结点,在假定的初始形状下给定应力分布,形成结构内不平衡力,在不平衡力的驱动下结构会产生运动(假定系统阻尼为零);当体系的动能达到最大值时,表明结构接近平衡位置,此时将所有结点速度设为零(相当于施加了人工阻尼);结构在新的位置重新开始运动,重复上述过程,直到不平衡力极小,达到静力平衡状态。动力松弛法的特点是可以从任意假定的不平衡状态开始迭代,不需要形成结构总刚度矩阵,节约内存,便于处理索单元松弛、膜单元皱褶及各种边界约束情况。其缺点是计算稳定性和收敛速度受多种因素影响,参数确定带有较大的经验性;当初始假设曲面和最终曲面差别较大时,会导致收敛速度很慢,并且可能出现较为严重的网格畸变。

非线性有限元法是目前国内应用最多的一类方法,其优点是计算精度高,便于通过对各种有限元软件的二次开发来实现;但存在易出现网格畸变、收敛速度较慢等问题。针对上述问题,国内外学者也提出了一系列改进方法。如张琴等提出了二次节点平衡法,即在节点平衡法找形结果的基础上,对不平衡力较大的区域(如曲率变化急剧的部位和边界部位)进行网格细化,再进行节点平衡法找形,以提高计算精度和收敛性;李辉等针对找形过程中的网格变形不均匀问题,提出了控制网格变形的非线性有限元找形方法,即在第一次找形时,对曲率大的区域赋予较小的虚拟弹性模量,而对曲率较小的部位赋予较大的虚拟弹性模量,从而使网格整体变形趋于均匀化,然后再在第一次找形基础上进行真实弹性模量下的二次找形;卫东等提出以非线性有限元法为基础的综合平衡法,即先将膜面离散为索网结构并设定各杆的力密度值,计算得到各点的坐标,以此作为初始形状重新采用平面三角形膜单元划分膜面,再次求解膜曲面。

总体来看,初始形态分析是膜结构分析理论中最为活跃也是最具特色的部分,吸引了众多学者不断探索。这种探索不仅是为了解决工程实际问题,还更多地体现了人们对膜结构形态本质的更深层次的认识。

6.4.3　荷载效应分析

荷载效应分析的目的是检验由初始形态分析确定的膜结构,在各种可能的荷载组合作用下是否满足强度和使用功能等方面的要求。具体来讲,就是要保证膜材不会因应力过小而出现大面积褶皱或因应力过大而导致撕裂;保证结构在风、雪等荷载的作用下不会因变形或振动过大而影响使用功能;保证不会因局部构件失效而导致结构整体倒塌等。膜结构的荷载效应分析原则上与其他结构分析并无明显差别,但由于在材料和工作机理上的特殊性,使得膜结构的分析技术中包含了一些特有的问题,如对褶皱的模拟和结构风振响应分析等。这里着重介绍利用高阶有限单元来提高分析精度的问题。

目前,在膜结构荷载效应分析中普遍采用非线性有限元法,有限单元的形式多为平面常应变三角形单元。这种单元的优点是数学表达式比较简单,且一般可以满足工程精度要求。但存在两方面不足:①实际膜材是通过曲率变化和刚体转动的共同作用来抵抗法向荷载的,而平面三角形单元只有面内应力,因此只能通过刚体转动来抵抗法向荷载,不能反映膜单元的曲率变化,这势必会导致计算迭代次数增多,精度降低;②由于每个平面三角形单元内的应力为常数,意味着结构的应力分布是不连续的,甚至会有畸变,显然这也是不符合实际情况的。

(1)荷载与作用

膜结构设计应考虑恒荷载、活荷载、风荷载、雪荷载、预张力、气压力等荷载以及温度变化、支座不均匀沉降等作用。

①恒荷载。包括膜的自重、增强材料及连接系统的自重,若有固定设备(如照明设备、吊顶材料等)由膜材或增强材料支承,则应考虑这些设备的自重。

②活荷载。屋面活荷载常被考虑为施工荷载,但建筑荷载规范并没有对膜结构活荷载作出规定,膜面活荷载标准值可取 $0.3kN/m^2$。应考虑活荷载的不均匀分布对膜结构的不利影响。

③风荷载。风荷载是膜结构设计中的主要荷载,膜材应具有一定的曲率及预张力以抵抗风荷载。风荷载的取值可按荷载规范进行,但膜结构的外形变化十分丰富,风荷载体型系数等参数往往没有现成的数据,因此对体型复杂或重要的膜结构建筑,其风载体型系数应通过风洞试验或专门研究确定,有条件时也可通过分析研究(如采用数值风洞方法)确定。在确定

风荷载体型系数时,还应根据建筑物的敞开或封闭而有不同的考虑。

同时,膜结构自重轻,属于风敏感结构,在风荷载作用下容易产生较大的变形和振动,应考虑风荷载的动力效应。《膜结构技术规程》(CECS 158—2015)指出,对于形状较为简单的膜结构,可采用风振系数考虑结构的风动力效应:对骨架支承式膜结构,风振系数可取 1.2～1.5,对整体张拉式膜结构,风振系数可取 1.5～1.8。而对于风荷载较大、跨度较大或重要的膜结构建筑,风荷载动力效应可通过气弹性模型风洞试验进行评估,或由专业人员通过随机动力分析方法计算确定。在膜结构的抗风设计中,一种更为积极的方法是通过设计一些泄风或导风装置而减少风的影响。

④雪荷载。雪荷载分布系数可按荷载规范的规定采用,但由于膜结构的外形比较复杂,雪荷载分布往往不太均匀,如低凹处雪的分布会比其他地方多,设计中应考虑雪荷载的不均匀分布对膜结构的不利影响。在满足建筑功能要求的前提下,可采用较大的屋面坡度以防止膜面积雪。而对于雪荷载较大的地区,最好采取一定的融雪措施,以防止积雪现象。

⑤预张力。对膜结构的设计,应考虑膜材中引入的初始预应力值。初始预张力值的设定应保证膜材在正常使用状态下不会因温度变化、徐变、荷载作用等原因发生松弛而出现褶皱,同时保证膜材在短期荷载(如强风)作用下的最大应力小于容许应力。初始预张力值的选取与膜材种类、曲面形状等因素有关,设计中通常由工程师凭经验确定,对常用建筑膜材,初始预张力不低于 1kN/m。预张力选取是否合适需要由荷载分析结果来衡量,往往需要几次调整才能得到合理的取值。

⑥气压力。对于充气式膜结构,应考虑结构内部的气压。内压在空气支承膜结构中起到维持结构形状并抵抗外荷载的作用,同时它也是作用在结构上的荷载。充气式膜结构内压的确定应保证结构在各种工况下满足强度和稳定性的要求。通常情况下内压不低于 $0.20kN/m^2$,并应根据外荷载的情况进行调整。表 6-1 列出了日本膜结构技术标准中风荷载作用下充气式膜结构的内压取值,表中 q 为风压。对雪荷载作用的情况,日本标准给出的内压值为大于 $(s+0.2)$ kN/m^2 且小于 1.2kN/m^2,其中 s 为雪压。

风荷载下空气支承膜结构的内压取值(日本膜结构技术标准) 表 6-1

	矢跨比	内压(kN/m²)		矢跨比	内压(kN/m²)
球面	0.75	$\geq q$	圆柱面	0.75	$\geq 0.8q$
	0.50	$\geq 0.7q$		0.50	$\geq 0.6q$
	0.375 以下	$\geq 0.6q$		0.375 以下	$\geq 0.5q$

⑦温度作用。温度作用是指由于温度变化使膜结构产生附加温度应力,应在计算及构造措施中加以考虑。在膜结构温度应力的计算中,年温度变化值 ΔT 应按实际情况采用,若无可靠资料,可参照玻璃幕墙的有关规程,取 80℃。而温度的变化会导致气枕内部气压的改变,也会影响膜材的力学性能,影响膜材的徐变特性,应予以重视。

⑧地震作用。由于膜结构自重较小,地震对结构的影响也较小,因此设计时可不考虑地震作用的影响。但对骨架式膜结构,应根据相关规范进行抗震计算。

(2)荷载效应组合

膜结构的计算应考虑荷载的长期效应组合和短期效应组合(日本规范分别称为持久及临时荷载组合),并分别规定不同的安全系数。由于膜结构具有较强的几何非线性效应,各项荷载效应不能进行线性组合,可按表 6-2 给出的两种组合类别进行荷载效应组合。我国规程把长期荷载组合称为第一类组合,短期荷载组合称为第二类组合。表 6-2 中,G 表示恒荷载,Q 为活荷载与雪荷载中的较大者,W 表示风荷载,P 表示初始预张力,p 表示空气支承膜结构中的气压力。荷载分项系数和荷载组合值系数应根据荷载规范取值,预张力 P 及气压力 p 的荷载分项系数和荷载组合值系数可取 1.0。此外,表 6-2 中的"其他作用"是指根据工程具体情况,温度作用、支座不均匀沉降或施工荷载等也参与组合。

荷载效应组合 表 6-2

组合类别	参与组合的荷载
长期荷载组合	$G,\ Q,\ P\ (p)$
短期荷载组合	$G,\ W,\ P\ (p)$
	$G,\ W,\ Q,\ P\ (p)$
	其他作用(与 $G,\ W$ 等组合)

6.4.4 裁剪分析

裁剪分析是将由找形得到并经荷载分析复核后的空间膜面转换成无应力的平面膜片,实质是研究一定约束条件下的空间曲面平面展开问题。裁剪分析通常包含裁剪线确定、曲面展平、预应力释放及徐变和残余变形处理三个步骤。

裁剪膜片是待求平面,而膜曲面上的膜片是空间的,并且在裁剪线确定后是已知的,所以确定平面裁剪膜片的关键是如何将已知的空间膜片展开成平面裁剪膜片。实际生成的曲面和形态分析所得到的曲面之间的误差,取决于空间膜片展开成平面的精度。由于膜曲面上的空间裁剪片具有预张力,所以确定平面裁剪时还必须考虑预应力释放后的几何尺寸改变。

裁剪分析应在初始平衡曲面的基础上,在空间曲面上确定膜片间的裁剪线,然后获得与空间膜片最接近的平面展开膜面。

在空间膜面上确定裁剪线是裁剪分析中的一项主要工作,需要考虑的因素包括:①经济性,即充分利用膜材幅宽,以减少废料,减小膜材的拼接长度;②美观性,即裁剪线布置要规整,且避免膜材在张拉后出现褶皱;③受力合理性,即尽量使膜材的经向与其在结构中的主受力方向一致。

裁剪线确定方法主要有平面相交法、直接利用有限元网格法、测地线法等,其中以测地线法最为常用。所谓测地线是指曲面上连接两点最短的线,又称为短程线。对于可展曲面,展开后的测地线即为直线;对于不可展曲面,可使膜片展开后生成的裁剪片边界不致产生过大的弓形。平面相交法是指在膜结构初始预应力平衡曲面上,用一组平面按一定规律与曲面相交,并将各交线作为裁剪线。测地线法得到的膜片宽度较为接近,节省膜材,但在曲面上形成的热合线美观性和视觉效果稍差。平面相交法可根据需要得到具有美观性和一定视觉效果的裁剪线。裁剪分析时应综合考虑经济性和美观性两个因素后确定裁剪线。

膜结构的裁剪分析中必须考虑初始预张力和膜材徐变特性的影响。应根据所用膜材的材性,合理确定各膜片的收缩量,并对膜片的裁剪尺寸进行调整。当采用搭接方式时,设计的裁剪片应预留搭接宽度。

由于膜材在裁剪线处断开,故此处易产生应力集中。如果裁剪线处剪应力较大会影响膜材的受力性能,所以应尽量做到裁剪线与膜材纤维正交,使主应力方向与纤维方向一致,避免裁剪线受剪。

6.4.5　膜结构设计的要点与问题

（1）褶皱分析

膜结构作为以薄膜张力形式工作的软壳体，在外荷载作用下可能会出现局部拉力降低甚至受压的可能。由于膜材的抗弯刚度几乎为零，在压应力作用下必然会产生局部屈曲，形成所谓的褶皱。褶皱不仅影响膜结构的外观，还会影响其受力性能，使局部刚度弱化。因此在进行荷载效应分析时需要准确预测褶皱发生的位置及范围。褶皱分析方法主要有两大类：基于张力场理论的方法和基于壳体屈曲理论的方法。

基于张力场理论的方法尽管是一类近似方法，但是完全可以满足常规工程精度的需求，由于其操作简便，因而在工程分析中应用较多，发展相对成熟。而基于壳体屈曲理论的分析方法尽管计算精度很高，且可获得较为完整的褶皱信息，但由于计算量大且收敛困难，因此发展较为缓慢。但是近年来，随着膜结构应用领域的拓展以及精细化分析的需要，基于壳体屈曲理论的分析方法已渐成热点。

（2）形态优化

膜结构的形状通常是根据建筑师的造型建议由结构工程师通过找形分析确定的，虽然在此过程中结构工程师也会进行一定的方案比选，但该过程大多依赖于设计者的经验，很难保证找形结果在给定约束条件下最优。换而言之，很多膜结构只是给定条件下的"可行解"，而非"最优解"。这种差异对于中小型膜结构的影响可能并不显著，但是对于大型复杂膜结构的影响却不容忽视。

形态优化的一般思路为：①提出优化目标并对目标加以量化，这是形态优化的核心内容，反映了对最优形态的评价标准；②确定优化变量及各种约束条件，即给出问题的解空间；③针对前两步形成的优化模型，选择适当的优化算法进行求解，算法的好坏将直接决定求解效率以及能否获得全局最优解。

近年来，一些学者已经根据上述思路开展了膜结构的形态优化研究。按照优化目标的不同，这些方法可分为以下几种：

①以刚度最大为优化目标。由于膜结构在荷载作用下的变形较明显，刚度往往在设计中起控制作用，因而实现刚度最大化是最自然的想法。辛德尔（Sindel）等以节点位移总和最小为优化目标，索拉力和支座位移为优化变量，膜面应力不超越最大和最小限值为约束条件，对膜结构进行优化；他们在优化分析中还嵌入了设计参数敏感性分析模块，以反映各设计参数对目标函数的影响，明确参数调整方向。

②以应变能最小为优化目标。钱基宏和宋涛提出了膜结构"最优形态"分析的最小应变能理论，即在一组给定的荷载和约束条件下，寻找一个满足最小势能原理的初应力分布及与之对应的初始几何形状，使得该膜结构系统具有最小变形能。伞冰冰等分别以结构最大位移最小、平均位移最小和应变能最小作为优化目标进行了对比分析，结果表明，尽管这三个指标都与结构刚度相关，但所得优化结果并不相同，应变能的力学概念更为清晰，所得结果也更为合理。

③以造价最低为优化目标。冯星以索截面积、控制点坐标、膜和索的预张力作为优化变量，以造价最低为目标函数，采用复形法对张拉膜结构进行了形态优化。翁雁麟等以膜预张力、索预张力、索截面及结构内压为优化变量，以造价最低为目标函数，采用复形法对充气膜结构进行了优化分析。唐喜以索预张力为优化变量，膜面积最小为优化目标，膜 Mises 应力

的最大值和最小值为约束条件,采用梯度寻优法进行了形态优化分析。

上述研究主要是针对膜结构的单目标优化。在实际工程中,结构往往受到多种因素影响,需要满足的性能指标也是多方面的,因此其实质上是一个多目标优化问题。为了使优化结果更符合工程实际需求,近年来多目标形态优化问题渐成热点。由于直接求解多目标优化问题较为复杂,有些学者为回避该问题,通过对多目标进行拆分或整合,将多目标优化简化为单目标优化求解问题。

(3)裁剪—找形一体化分析

膜结构的初始形态分析、荷载态分析和裁剪分析通常是依次进行的,即先根据初始形态分析确定结构在预张力作用下的平衡构形,再以此为基础进行荷载态分析,检验结构是否满足强度、刚度等方面的要求,最后根据初始态构形进行裁剪分析,即认为整个分析过程结束。这其中隐含了一个假定,即认为由裁剪分析结果经制作安装后所得的实际膜结构与初始形态分析所得的理想膜结构之间误差足够小。

总体来看,对于曲率变化不大的建筑膜结构,由裁剪因素引起的误差是可以忽略的;但是当膜面曲率变化较大或对膜结构的成形精度要求很高时(如某些航天领域的膜结构),就需要充分考虑裁剪因素的影响,此时建议采用裁剪—找形一体化分析方法,即设计过程应为找形分析—荷载分析—裁剪分析,再把裁剪后得到的单元材料主轴方向代入原结构模型中,重新进行找形和荷载态分析。

(4)考虑流固耦合效应的膜结构风振分析

风灾害是膜结构一直没有很好解决的问题,甚至有学者将其称为"台风过境时的伴生灾害"。尽管导致膜结构风毁的原因是多方面的,但不可否认的是,由于膜结构刚度偏低,在强风作用下易发生较大的变形和振动,从而引起膜面内应力急剧增长直至在薄弱部位发生撕裂,是造成膜结构风毁的最直接因素之一。从结构风工程的角度来看,膜结构在强风作用下的大幅变形和振动会形成所谓的"流固耦合"效应,在特定条件下,这种相互作用会加剧流场的分离和漩涡脱落,导致结构从风中吸收的能量大于其自身振动所消耗的能量,出现所谓的"气弹失稳"。但遗憾的是,目前无论是在理论研究方面还是工程实践方面,均未对膜结构的流固耦合问题形成足够的认识。这就导致现行的结构抗风设计方法很可能低估了实际的膜面风荷载作用,造成结构安全隐患。因此,对膜结构的流固耦合振动机理进行深入探讨,明确膜与风场间的能量传递机制,再现膜结构耦合振动乃至破坏全过程,进而对其灾变行为进行控制是膜结构抗风研究的关键问题。目前常用的研究方法有气弹模型风洞试验方法、CFD数值模拟方法和结构抗风设计方法等。

目前,国内外学者对膜结构流固耦合问题的研究主要是从气弹模型风洞试验方法等几方面展开。

(5)容许应力法和极限状态设计法

膜结构是一种新型的建筑结构形式,它在荷载作用下的内力变形情况比较复杂,设计计算中应避免膜材出现较大的应力而导致过大的变形。参照国外标准,膜结构的设计一般采用容许应力法对膜材的应力进行控制,即荷载作用下的膜材应力不大于材料的容许应力,容许应力则由膜材的抗拉强度除以安全系数求得。基本验算条件为:

$$\sigma \leqslant \frac{f_u}{k}$$

式中:σ——膜材中的应力;

f_u——膜材的抗拉强度;

k——安全系数。

由于膜材强度受材料类型、生产过程、气候条件、安装技术等因素的影响,同时,膜材对缺陷比较敏感,因此通常对膜构件采用较高的安全系数。各国规程对安全系数的取值不尽相同,大多数国家分别按短期荷载和长期荷载取值,其值分别在 3～4 和 6～8 的范围内。我国近年来在工程设计中对短期荷载和长期荷载通常分别采用 4 和 8。

根据现行国家标准《建筑结构可靠度设计统一标准》,《膜规程技术规程》(CECS 158—2015)采用了极限状态设计方法。基本验算条件为:

$$\sigma_{max} \leqslant f$$
$$f = \zeta \frac{f_k}{\gamma_R}$$

式中:σ_{max}——各种荷载组合作用下膜面各点的最大主应力值;

$\quad\quad f$——对应于最大主应力方向的膜材抗拉强度设计值;

$\quad\quad f_k$——膜材抗拉强度标准值;

$\quad\quad \zeta$——强度折减系数,对一般部位的膜材 $\zeta=1.0$,对节点连接处和边缘部位的膜材取 $\zeta=0.75$;

$\quad\quad \gamma_R$——膜材抗力分项系数,对第一类荷载效应组合(即长期荷载组合)$\gamma_R=5.0$,对第二类组合(即短期组合)$\gamma_R=2.5$。

应该指出的是,膜材是一种新型材料,目前尚没有足够的实验数据来直接统计抗力分项系数 γ_R,规程给出的 γ_R 是根据容许应力法中的安全系数换算而来的。

(6)几何非线性与材料非线性

膜结构中的膜材和索均属于柔性材料,只能承受拉力而不能承受压力、弯矩等的作用,因此膜结构主要通过变形(曲率变化)来平衡外荷载,在外荷载作用下往往产生较大的变形。结构计算分析时必须考虑变形对平衡的影响,即考虑结构的几何非线性效应。

薄膜材料的应力—应变关系表现出明显的非线性,特别在应力较大时应力—应变曲线变化较大。但由于实际工程中的膜材往往处于较低的应力水平,设计应力远低于材料的破坏强度,因此在膜结构计算中可以不考虑材料的非线性效应,近似按线弹性材料考虑,这在很大程度上简化了膜结构的分析设计。

(7)边界条件及协同分析

膜结构计算模型的边界支承条件,可根据膜材与边缘构件(柔性索或刚性构件)的实际连接构造情况,假定为固定支承或弹性支承。对于骨架支承膜结构,若支承结构的刚度很大,可将膜材与刚性骨架的连接处考虑为固定支承边界。而一般情况下,可将膜材与支承骨架的连接处考虑为弹性支承,在膜的计算分析中考虑支承骨架刚度的影响,再根据连接处的支座反力进行支承骨架的计算。膜结构设计中应防止支承结构产生过大的变形,对可能出现较大位移的情形,计算时应充分考虑支承结构变形的影响,最好将膜结构与支承结构一起进行整体分析。

对于骨架支承式膜结构,膜材仅作为围护材料,荷载效应分析中可不考虑膜材与支承结构的协同工作;对于整体张拉式膜结构,膜材是重要的结构构件,应该考虑膜材与支承结构(通常由脊索、谷索、边索、桅杆等组成)的协同工作;而对于索系支承膜结构,即索穹顶结构,目前设计中通常不考虑膜材与索杆体系的协同工作,但已有研究表明,不考虑膜材的共同工作对设计是偏于不安全的。此外,目前有的研究工作已开始在初始形态分析(即找形分析)中考虑膜材与支承结构的协同分析。

(8)膜材的松弛与徐变

膜结构中若膜材出现松弛,会导致结构刚度的降低,在风荷载作用下容易出现剧烈振动,导致整体结构受力的无谓增加,甚至可能导致膜材撕裂。膜材的松弛还会引起褶皱,从而影响膜结构的美观及排水性能。因此,在正常使用状态下,膜材不应出现松弛与徐变现象。如果荷载效应分析中发现膜结构出现褶皱,说明形态分析得到的初始预张力分布不能满足膜结构的正常使用要求,需重新进行初始形态分析。

膜材的徐变也会导致松弛,称应力松弛。因此,在设计时应对膜材的徐变性能有充分的把握,并在裁剪时予以充分考虑。此外,膜结构设计时应考虑张力的两次甚至多次导入的可能性。

(9)支承结构的设计

膜结构设计时必须考虑与下部支承结构的相互影响。目前,国内的现状往往是膜结构专业公司自行设计膜结构,与下部的土建设计分离,从而可能导致结构设计的不合理。如某工程的膜结构支承于下部多层混凝土框架上,由于两者设计分离,下部支承结构设计单位只提出了柱顶水平力的限值,从而导致膜结构支承体系的用钢量大增,如果设计时能综合考虑,应可避免出现这样的问题。

(10)施工设计

膜结构的设计应重视施工设计,特别是预张力的张拉设计。预张力的施加方法、次序、量值控制应严格按照设计提出的要求进行,任意改变张拉过程、张拉次序或张拉量都可能导致实际情况与设计产生偏离。

(11)张力导入系统构造

张力导入系统的设计在膜结构的设计中尤为重要。张拉式膜结构在正常使用1～2年后往往需要进行二次张拉,这就要求膜结构设计时应考虑预张力导入的方式及二次导入的可能性,设计与张力导入方式密切相关的节点与构造。由于要考虑张力的二次导入,预张力设计时应考虑如何在有限的位置处施加预张力而使膜的所有部位都能产生预张力,因此预张力的分布显得尤为重要。设计时,还应考虑二次张拉对结构整体的影响。图6-22给出了膜结构几种常见的张力导入方法。其中,图6-22a)所示为沿膜周边直接张拉膜面的方法,这是最简单、最直观的张力导入方法之一,通常适用于膜面曲率较小的情况;图6-22b)是对膜结构周边的钢索进行张拉的方法,这是周边使用边索的张拉式膜结构导入膜面张力的常用方法;图6-22c)为张拉稳定索的方法,通常适用于骨架支承膜结构中面积较大的膜面,此时为避免膜材损伤,与索接触处的膜材应适当加强;图6-22d)则为顶升膜结构中间支柱的方法,适用于中间设有支柱或顶部悬挂于其他结构上的整体张拉式膜结构。

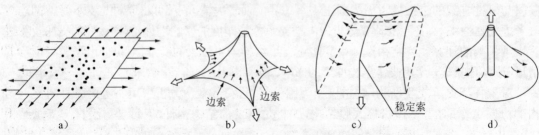

图6-22 膜结构张力导入的常用方法

a)直接张拉膜面;b)张拉边索;c)张拉稳定索;d)顶升支柱

6.4.6　膜结构节点连接构造

膜结构的节点连接构造主要分为膜材的连接和膜材与边界的连接。

（1）膜材的连接

①膜材之间的连接

膜材连接的基本方法有缝合、焊接、黏结以及组合方式。

缝合连接采用工业缝纫机缝制而成，缝纫线、行列距（针脚）决定节点类型与受力，缝纫节点由缝纫线法向作用于膜传递作用力，膜受力不连续，应力集中，易撕裂。

焊接连接也称热合连接，工业化程度高，技术质量易保障，是膜结构连接最常用的方式之一。热合节点防水和气密性好，利于膜面泄水。膜材之间的主要受力缝宜采用热合连接。

黏结连接是由特殊胶水、胶黏剂黏合而成，常用于 PVC/PES 膜现场修补、二次膜安装，费时费钱，受力较小。

膜材之间连接缝的布置，应根据建筑体型、支承结构位置、膜材主要受力方向以及美观性等因素综合考虑。膜材之间的连接可采用搭接或对接方式（图 6-23），搭接连接时应使上部膜材覆盖在下部膜材上。

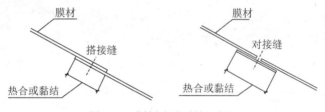

图 6-23　膜材之间的连接示意图

②膜单元之间的连接

膜单元之间的现场连接可采用编绳连接、夹具连接或螺栓连接，如图 6-24 所示。

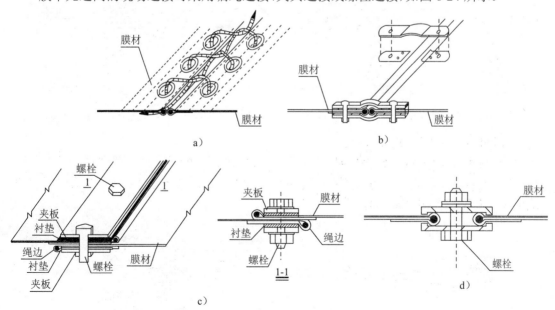

图 6-24　膜单元之间的连接示意图

a）编绳连接；b）夹具连接；c）螺栓连接；d）螺栓连接

③膜面局部加强(图 6-25)

当膜面在 15m 或更大距离内无支承时,宜增设加强索对膜材局部加强。对空气支承膜结构和整体张拉式膜结构,加强索可按下列方式设置:钢索缝进膜面内;钢索设在膜面外。

图 6-25 膜面局部加强示意图
a)加强索缝进膜面内;b)加强索在膜面外

(2)膜材与边界的连接

①膜材与刚性边界的连接

膜材与刚性边界连接常需要夹具,夹具应连续、可靠地夹住膜材边缘,夹具与膜材之间应设置衬垫。当刚性边缘构件有棱角时,应先倒角,使膜材光滑过渡。膜材与混凝土边缘构件连接如图 6-26 所示;膜材与钢结构边缘构件连接如图 6-27 所示;膜材与支承骨架连接如图 6-28 所示。

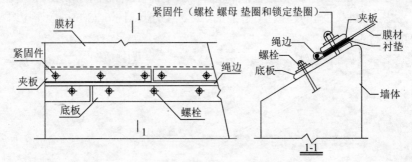

图 6-26 膜材与混凝土边缘构件连接示意图

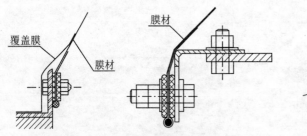

图 6-27 膜材与钢结构边缘构件连接示意图

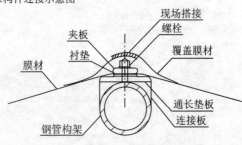

图 6-28 膜材与支承骨架连接示意图

②膜材与柔性边界(索)的连接

膜材与柔性索的连接,常采用膜套、束带、U 形夹板等,根据膜材、边缘曲率、受力大小、预张力导入机制等决定。膜材与边索的连接如图 6-29 所示;膜材与脊索的连接如图 6-30 所示;膜材与谷索的连接如图 6-31 所示。

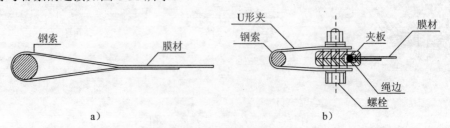

图 6-29 膜材与边索的连接示意图

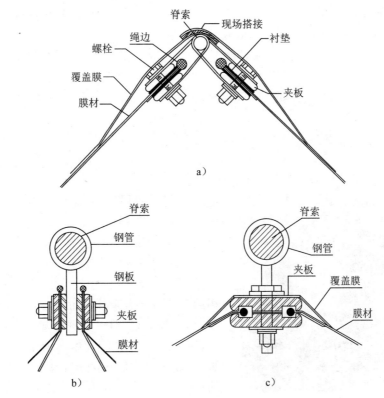

图 6-30　膜材与脊索的连接示意图

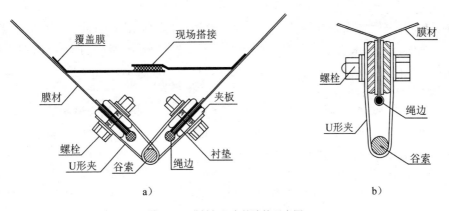

图 6-31　膜材与谷索的连接示意图

6.5　膜结构的制作与安装

6.5.1　膜结构的制作

（1）膜材的检验

目前国内尚未颁布有关建筑膜材料的质量标准，相关膜结构企业对购进的膜材料可根据膜材料生产厂家提供的质量标准进行验收,并要求生产厂家出具出厂合格证、材质化验单、保用年限保证书,以及每卷膜材料的应力应变试验数据。

通常情况下,膜结构企业对购进的膜材需要进行检验。第一次使用的膜材料应采取100%检验,多次使用并且质量合格的膜材料可以采取抽样检验。

检验内容主要包括数量、外观、厚度、幅宽、长度、克重、拉伸强度、防火检验等。

（2）膜单元的制作

膜单元的加工过程主要包括裁剪膜片、膜材连接等。

①裁剪膜片

裁剪膜片分为手工裁剪和裁剪设备自动裁剪。

手工裁剪膜片时将裁剪施工图绘制的裁剪片根据膜材料卷的幅宽、长度合理排放,由裁剪领班负责放样画线,并按照图样标注膜片序号,经反复校核确认无误后方可下料。

图 6-32　裁剪设备自动裁剪

用裁剪设备自动裁剪（图 6-32）时,可用排料软件,根据膜材料卷的幅宽、长度,采用自动、手动相结合的方式合理排料,用驱动软件读取样片大小、形状等信息,对设备进行裁剪设定,之后把膜材料拉到台面上展开,尽量铺平,不要有太多褶皱,经真空吸附后自然展平于台面上。开机裁剪的过程中,应始终有随机人员跟踪机头观察设备工作是否正常。

②膜材连接

膜材连接有多种方式,常用的有热合焊接、缝合连接、黏结连接等。其中,最常用的是热合焊接,可保证强度和水密性。缝合连接采用工业缝纫机缝制,膜受力不连续,应力集中,易撕裂,且无法保证水密性。黏结连接由特殊胶水、胶黏剂黏合而成,常用于膜现场修补、二次膜安装,费时费钱,受力较小。

热合领班领取膜片,按照图样进行接片热合。热合时应控制热合设备的工作温度、工作压力、热合时间等,并根据膜片情况施加拉力,保证膜片平整不得有折皱,保持热合带内、外面清洁,不得有灰尘、杂物。热合面的两片材料必须同时热融、焊透,不得有虚焊、漏焊,应保证足够的强度和良好的水密性。

对于带有不可焊涂层的 PVC 膜材,膜材热合前需进行焊缝打磨,可采用专用打磨设备。打磨工在实际打磨前需调整好打磨间隙,并使用边角膜材料反复试验取得最佳效果。在打磨中需经常自检、互检,保持膜片打磨质量。打磨完毕的膜片应进行复检并记录。

对于带有不可焊涂层的 PVC 膜材,膜材热合前需进行焊缝打磨,可采用专用打磨设备。打磨工在实际打磨前需调整好打磨间隙,并使用边角膜材料反复试验取得最佳效果。在打磨中需经常自检、互检,保持膜片打磨质量。打磨完毕的膜片应进行复检并记录。

膜材热合完成后应对膜单元进行检验,合格后由制作部门进行最后清洁,并包装、储存。膜单元产品在交付前必须做好防护工作,避免所有可能造成损坏的因素。

6.5.2　膜结构的安装

膜结构工程施工应组建项目经理部,由项目经理、项目工程师、质量员、材料员、安全员、资料员等组成。项目经理对工程安装的技术措施、安全操作、进度、质量等全面负责。

安装工作应编制详尽的施工安装方案。安装方案要力求做到技术先进、经济合理、安全适用、质量控制有效。安装方案应细化具体安装步骤,责任落实到人。

膜结构构件经现场交付、验收后,开始膜单元、附件及钢索的安装。膜单元与钢索的编号及连接位置应反复核对,确保与施工图一致。膜单元与钢索采用 U 形卡方式连接时,必须使用正确的附件,U 形卡应尽量垂直于钢索;膜单元与钢索采用膜边套连接方式时,钢索从膜边套穿出后,两边露出的长度应符合施工图的要求;钢索直接压在膜单元上或直接绷在膜单元下时,应将接触面的杂物清理干净,以免施加预张力时破坏膜面。

膜单元与附件及钢索安装完成后,进行膜单元的吊装、提升和展开。首先,应按照施工方案铺设安全网、搭设脚手架,保证高空作业人员安全。高空作业人员携带随身工具各就各位,随时协助膜单元吊装及展开、就位。展开膜单元时应在边界上安装临时夹具,严格检查膜单元受力处有无发生裂口的风险,发现风险应及时纠正,如出现裂口须及时修复。用张紧器把膜单元、钢索张拉到位,并以最快速度完成高空连接。膜单元吊装及展开时风力不宜大于四级。

施加预张力是膜结构工程施工安装的关键环节,也是整个膜结构体系抵抗外荷载做到安全可靠的重要保障。施加预张力方案的确定应考虑以下重要因素:①力应均匀传递;②受力部件的力值不宜过大,应根据施力位置而定;③便于整个结构体系的安装;④有良好的工作平台;⑤应适当留有位移余量,以便进行预张力调整。

本章参考文献

[1] 中国工程建设标准化协会,CECS 158—2015　膜结构技术规程 [S]. 北京:中国计划出版社,2015.

[2] 刘锡良. 现代空间结构[M]. 天津:天津大学出版社,2003.

[3] 张毅刚,等. 大跨空间结构[M]. 北京:机械工业出版社,2005.

[4] 董石麟,罗尧治,赵阳. 新型空间结构分析、设计与施工[M]. 北京:人民交通出版社,2006.

[5] 王双军,陈先明. "水立方" ETFE 充气膜结构技术[M]. 北京:化学工业出版社,2010.

[6] 陈务军. 膜结构工程设计[M]. 北京:中国建筑工业出版社,2005.

[7] 高新京,吴明超. 膜结构工程技术与应用[M]. 北京:机械工业出版社,2010.

[8] 武岳,杨庆山,沈世钊. 膜结构分析理论研究现状与展望[J]. 工程力学,2014,02:1-14.

[9] 陈志华,闫翔宇. 两种常用膜材料 PTFE 和 ETFE [J]. 建筑知识,2007,04:64.

[10] 王小盾,陈志华,刘锡良,等. 充气膜结构[A]. 中国力学学会结构工程专业委员会、西南交通大学、中国力学学会《工程力学》编委会、清华大学土木工程系. 第九届全国结构工程学术会议论文集第Ⅱ卷 [C]. 中国力学学会结构工程专业委员会、西南交通大学、中国力学学会《工程力学》编委会、清华大学土木工程系,2000:4.

[11] 陈志华. 多姿多彩的充气膜结构[J]. 建筑知识,2000,04:30-33+58-60.

[12] 陈志华. 张拉膜结构[J]. 建筑知识,2000,06:33-36+59-61.

[13] 吴明儿. ETFE 薄膜材料[J]. 世界建筑,2009,10:104-105.

[14] 吴明儿,慕仝,刘建明. ETFE 薄膜循环拉伸试验及徐变试验 [J]. 建筑材料学报,2008,06:690-694.

[15] 吴明儿,刘建明,慕仝,等.ETFE 薄膜单向拉伸性能[J].建筑材料学报,2008,02:241-247.

[16] 崔家春,杨联萍,吴明儿.ETFE 薄膜低温单向拉伸性能[J].建筑材料学报,2013,04:725-729.

[17] 徐国宏,袁行飞,傅学怡,等.ETFE 气枕结构设计——国家游泳中心气枕结构设计简介[J].土木工程学报,2005,04:66-72.

[18] 徐国宏.ETFE 气枕的结构性能和关键技术研究[D].浙江大学,2005.

[19] 刘海峰,曹正罡,张建亮,等.大连体育中心体育场罩棚结构设计与分析[J].建筑结构,2014,01:20-25.

[20] 赵大鹏,陈务军,张丽梅.大型充气膜结构及膜材的发展概述[J].建筑施工,2008,02:135-139.

[21] 沈世钊.膜结构—发展迅速的新型空间结构[J].哈尔滨建筑大学学报,1999,32(2):11-15.

[22] 杨庆山,姜忆南.张拉索—膜结构分析与设计[M].北京:科学出版社,2004:16-20.

[23] Otto F. Tensile structures[M]. Cambridge:MIT Press, 1967:52-96.

[24] Linkwitz K, Schek H J. Einigebemerkungenzurberechnung von vorgespanntenseilnetz–konstruktionen[J]. Ingenieur-Archiv, 1971,40:145-158.

[25] Schek H J. The force density method for form findingand computations of general networks[J]. ComputerMethods Applying Mechanics Engineering, 1974,12(3):115-134.

[26] Grundig L. Minimal surface for finding forms ofstructural membrane[J]. Computers & Structures, 1988,30(3):679-683.

[27] 聂世华,钱若军,王人鹏,等.膜结构的找形分析和裁剪分析评述[J].空间结构,1999,5(3):12-18.

[28] 刘英贤,黄呈伟.膜结构分析方法的应用与展望[J].山西建筑,2006,32(1):1-2.

[29] 张其林,张莉.膜结构形状确定的三类问题及其求解[J].建筑结构学报,2000,21(5):33-40.

[30] 伞冰冰,武岳,沈世钊.膜结构的曲面单元有限元分析[J].哈尔滨工业大学学报,2005,37(增刊):108-111.

[31] 赵杰,谭锋,杨庆山.膜结构裁剪膜片展开的二次测地线法[J].空间结构,2003,9(2):56-60.

[32] 杜星文,王长国,万志敏.空间薄膜结构的褶皱研究进展[J].力学进展,2006,36(2):187-199.

[33] 谭锋,杨庆山,李作为.薄膜结构分析中的褶皱判别准则及其分析方法[J].北京交通大学学报,2004,30(1):35-39.

[34] 翁雁麟,关富玲,徐彦,等.充气膜结构的优化设计[J].科技通报,2006,22(4):535-548.

[35] 卫东,沈世钊.张拉薄膜结构的形态优化设计[J].土木工程学报,2004,37(2):12-18.

第7章 张拉整体及索穹顶结构

7.1 张拉整体结构的概念与发展

7.1.1 张拉整体结构的概念

张拉整体最早的狭义定义为：处于自应力状态下的空间网格结构，所有构件是直杆且截面尺寸相等，受拉构件在压力作用下没有刚度并且形成连续整体；受压构件离散布置，每个节点都和一个压杆相连且只能和一根拉杆相连。内勒·莫特罗给出的张拉整体结构的广义定义为：张拉整体结构是一些离散的受压构件包含于一组连续的受拉构件中形成的稳定自平衡结构。

从结构概念上，按照力学分析的观点，本书将张拉整体体系定义为：由一组互相独立的受压单元与一套连续的受拉单元相交构成的自应力、自平衡的空间铰接网格结构体系。

7.1.2 张拉整体结构的发展

作为一种客观存在的结构形式，张拉整体体系在历史上曾出现过多种名称：自应力网格体系、浮动受压体系、临界或超临界格构体系等。这些名称的不同是由于研究者基于的出发点不同：有基于几何学的、有基于构成原理的或基于力学的。这种结构的关键在于，在受拉和受压两种情形下，如何最大限度地利用材料的强度，使建筑物成本降到最低，因为在后一种受力状态中存在着屈曲现象。

张拉整体结构的起源最早可追溯至 20 世纪 20 年代，拉脱维亚艺术家约翰逊（Joganson）在 1921 年莫斯科的一次展览中展出了一件他于 1920 年完成的雕塑作品（图 7-1），在该作品中体现了张拉整体结构的平衡和调节的思想，不过当时他本人并未明确提出张拉整体这一概念。之后，法国建筑师埃梅里希（Emmerich）开展了张拉整体的早期研究工作，在他的研究中，引用了约翰逊（Joganson）创作的其他具有张拉整体特征的雕塑作品，并将此类结构称为"自应力结构"。

真正意义上的"张拉整体"概念是美国著名建筑师富勒最早提出的，这一名词是"张拉"（tensile）和"整体"（integrity）的缩合。1947 年和 1948 年夏天，富勒在黑山学院教学并不断重复张拉整体这个词，他经常自言自语道："自然界依赖连续的张拉来固定互相独立的受压单元。"他认为：在宇宙的力学状态中，受压部分只局限于天体自身的范围之内，而广袤的宇宙却只存在无限的拉力（万有引力），宇宙本身就是张拉整体。富勒的学生，著名的雕塑家斯耐尔森根据富勒的思想作

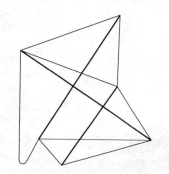

图 7-1 最早的张拉整体（约翰逊的平衡结构）

出了张拉整体结构的模型（图7-2），这个模型代表了现代张拉整体体系发展的开始。在这之后，他又完成了几个雕塑模型，其中最著名的是由两个"x"形单元组合形成的模型（图7-3），富勒和斯耐尔森随后又对这一模型进行了改良。斯耐尔森继续了张拉整体的研究，不过作为一名雕塑家，他更多地带着艺术的眼光来研究张拉整体结构，并未着重于张拉整体的工程应用。1958年，艾默里奇深入了对张拉整体棱柱体单元的研究，并开始将棱柱体单元组合起来形成更复杂的结构。

 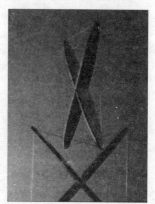

图7-2 斯耐尔森张拉整体雕塑　　　　图7-3 斯耐尔森双X形雕塑

1962年，富勒在专利"张拉整体结构"中详尽地描述了他的结构思想，即在结构中尽可能地减少受压状态而使结构处于连续的张拉状态，从而实现其所谓的"压的孤岛存在于拉的海洋中"。

1965年，斯耐尔森也申请了张拉整体的专利，他更多地从艺术的角度继续研究，制作了大量的张拉整体模型，包括对原子结构的模拟以及张拉整体塔状结构，并于1968年和1969年建立了两座张拉整体塔。

由于早期张拉整体的研究者多来自建筑和艺术领域，在提出张拉整体概念的同时未能发展出有效的分析设计理论和方法，因此在此后的一段时间内，张拉整体结构的发展极其缓慢。直到20世纪80年代初期，这种高效的结构体系引起了工程界学者的关注，其研究才得到了进一步的推进，此时对于张拉整体结构的研究主要集中在：张拉整体单元的几何形；单层、双层平板以及穹顶形张拉整体结构；张拉整体结构的力学性能；可扩展的张拉整体结构等；建立起了一套完善的针对规则张拉整体结构的分析理论和方法。

在国内，从1992年开始，天津大学陈志华等首先开展了张拉整体结构的理论分析和试验研究，对张拉整体结构的概念、形态分析、力学分析等进行了总结和研究，并于1994年完成了张拉整体雕塑（图7-4）。

进入21世纪后，对于张拉整体结构的研究除了对张拉整体单元的找形方法进行修改和完善外，也开始进行了三棱柱、四棱柱单元体模型制作和力学特性试验研究（图7-5）以及对其刚度和稳定性的分析，同时，对于由张拉整体单元组成的张拉整体塔进行了形态分析、静力、动力试验研究，包括结构特性研究、风振响应分析等。除此之外，很多学者基于张拉整体的思想提出了新型的类张拉整体结构，包括单层网壳—张拉整体杂交结构、类张拉整体联方穹

图7-4 天津大学张拉整体雕塑

顶、类张拉整体网壳结构、环形张拉整体结构、张拉整体平板结构、双层网格张拉整体结构、含有空间三维受压杆件的张拉整体结构等。随着各学科的交叉融合,张拉整体结构的研究已经开始延伸到航空航天、机械工程、生物力学、机器人科学等新兴领域,例如利用张拉整体思想分析细胞力学,进行细胞力学、血红细胞复合连接体的变形特性模拟、脊椎骨在各种姿态下的静动力反应模拟等,相关的研究包括张拉整体结构的非线性主动控制、黏弹性动力分析、非线性优化控制等。然而,迄今为止仍然没有严格意义上的功能性的张拉整体结构问世,这也是张拉整体结构的难点和研究方向。

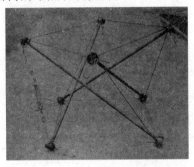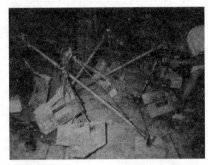

图 7-5　张拉整体四棱柱单元体模型及试验

将富勒神秘的结构原理和观点放在一边,张拉整体体系实际上就是一种预应力的空间结构,而且是自应力自平衡的体系。或者,为更通俗地理解张拉整体体系,可以这样想象,为了达到结构最轻从而造价最低的目的,就要充分发挥材料的潜能,于是把普通网架结构中的拉杆用钢索代替,同时适当变换结构拓扑及位形,使结构不致在荷载作用下松弛失稳,就得到了张拉整体体系。虽然富勒在 20 世纪 50 年代就肯定了宇宙的运转是按照张拉整体的原理进行的,但他却没有明确给出分析。现在我们考虑一下宇宙的情况:在无边无际的宇宙中,众多的行星单体之间相互远离,独立存在,它们各自都是一个压实单元,在这些单元之间,万有引力无处不在。因此,宇宙自身正是一种互相间断独立的压实星体处于一种连续张拉的万有引力场中的存在,这个存在是一种稳定的平衡,这就是大自然"间断压,连续拉"规律的本质。

20 世纪,许多著名的形态学家提出了很多创造性的结构形式,他们都是受大自然的形态所启发,使这些结构达到了力与形的完美结合。似乎任何合理的形体都可以从大自然中找到它的源映体。如穹顶网壳对应于球状蜘蛛网、椭球壳结构对应于蛋壳、球形板壳结构对应于小球状海洋动物、筒壳对应于单向变形的蜘蛛网、充气膜对应于肥皂泡及蜂窝形网架对应于蜂窝等。工程实践表明,越是符合大自然规律的结构,越具有强大的生命力。而张拉整体体系正是在连续拉和间断压之大自然存在规律下发明创造出来的,可以预见,这种结构的开发必将具有广阔的应用前景。

7.2　张拉整体结构的形态和特点

7.2.1　张拉整体结构的形态

对张拉整体体系研究的一个重要方面是对其形态的研究。虽然张拉整体体系有许多与传统结构不同的地方,但是其几何构形有着一定的规律可循,也可以抽象出几种基本的张拉整体单元。

(1)张拉整体单元形态

张拉整体结构大部分由张拉整体单元通过不同的组合形成。从纯几何的角度分析,张拉整体单元是由一些正则多面体或正则多面体的变换组成。正则多面体是指各个面全等的多面体,正则多面体只有五种,包括正四面体、正六面体、正八面体、正十二面体和正二十面体。在这些基本多面体中,四面体中的三角锥、五面体中的四角锥和三棱柱体及六面体中的四棱柱是主要的单元几何形式。

图7-6给出了一些张拉整体棱柱单元。将第一列的平行棱柱上平面逆时针旋转 α 角可以得到第二列的所谓右手系的张拉整体棱柱单元。这些张拉整体单元对角线就是压杆。而左手系的张拉体单元通过顺时针旋转上平面交换压杆拉索即可得到。每一个张拉整体棱柱单元对应唯一的一个 α 角,$\alpha=90-180/n$,其中 n 是上下多边形的边数。知道了角度 α 的值和上、下平面的形状大小及之间的距离就可以计算出压杆和拉索的长度,从而确定了张拉整体单元的形状。张拉整体单元如表7-1所示。

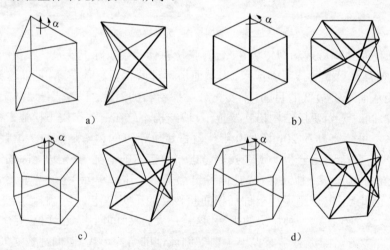

图7-6 张拉整体棱柱

a)张拉整体三棱柱单元;b)张拉整体四棱柱单元;c)张拉整体五棱柱单元;d)张拉整体六棱柱单元

张拉整体单元　　　　　　　　　　　　　　　　表7-1

张拉整体单元	φ	β 值								
		$n=1$	$n=2$	$n=3$	$n=4$	$n=5$	$n=6$	$n=7$	$n=8$	…
三棱柱体	120	30	-30							
四棱柱体	90	45	0	45						
五棱柱体	72	54	18	-18	-54					
六棱柱体	60	60	30	0	-30	-60				
七棱柱体	51.43	64.29	38.57	12.86	-12.86	-38.57	-64.29			
八棱柱体	45	67.5	45	22.5	0	-22.5	-45	-67.5		
九棱柱体	40	70	50	30	10	-10	-30	-50	-70	
…										

注:$\beta>0$ 对应的是左手系,$\beta<0$ 对应的是右手系;φ 为底边多边形相邻节点的圆心角;β 为上下多边形相对旋转角度;S 为多边形数;n 为小于 S 的整数;表中 φ 和 β 的单位均为度。

（2）复合型张拉整体单元

复合型张拉整体单元由正多面体或半规则多面体演变而来,其构成方法为:将多面体的边杆作为压杆,用一个"等价节点"来表示多面体的顶点。这个"等价节点"实际上是一个正多边形,边数取决于原多面体顶点上汇交的面数。图 7-7 给出了与正四面体、正八面体与正六面体相对应的复合型张拉整体单元。

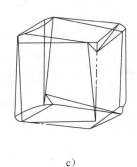

图 7-7　复合型张拉整体单元

a)正四面体;b)正八面体;c)正六面体

（3）张拉整体结构形态

张拉整体单元通过各种组合可以形成张拉整体结构,但张拉整体结构却不能具备张拉整体单元的一些优秀特性,因为个体的组合并非是单体的叠加,而是单体共同作用的结果,是非线性的过程。

富勒提出了张拉整体体系的具体模型,其张拉整体穹顶是多面单层张拉整体多面体（具有一层索）,受限于压杆的拥挤,具体模型如图 7-8 所示。

瓦尔耐创建了单层平面无限填充索网格（图 7-9）,压杆以不同的方式连接非相邻节点。然而其网格中,索—压杆比例似乎并不合理,且压杆过长易引起屈曲。

莫特罗通过把张拉整体棱柱的节点连接在一起生成了双层张拉整体网格结构（DLTG 网格,如图 7-10 所示）,然而其结构不能严格算是张拉整体结构,因为其中的压杆相互接触,并不独立。

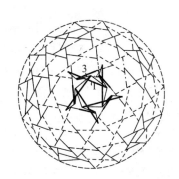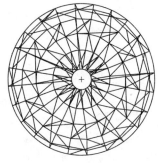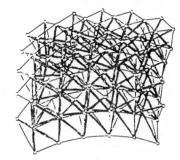

图 7-8　富勒的张拉整体模型　　图 7-9　瓦尔耐的张拉整体穹顶　　图 7-10　莫特罗双层张拉整体网格

相较来讲,汉纳的工作较有深度。他鉴别了连接三角棱柱的三种不同方法,并通过棱锥体的短程线子划分,深入研究了 DLTG 穹顶的几何关系,得到了双层张拉整体穹顶的几何（图 7-11）。

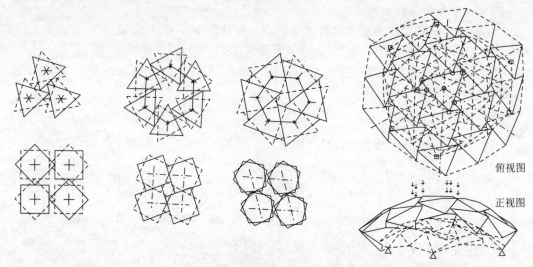

俯视图

正视图

图 7-11　汉纳多面体和双层张拉整体穹顶

7.2.2　张拉整体结构的特点

（1）预应力成形特性

张拉整体结构的一个重要特征就是在未施加预应力的情况下结构的刚度为零,即此时体系处于机构状态。对张拉整体结构中单元施加预应力(杆元对应于压力,索元对应于拉力)后结构自身能够平衡,不需要外力作用就可保持应力不流失,并且结构的刚度与预应力的大小直接相关,基本呈线性关系。

（2）自适应能力

自适应能力是结构自我减少物理效应、反抗变形的能力,在不增加结构材料的前提下,通过自身形状的改变而改变自身的刚度以达到减少外荷载的作用效果。这个特征在宇航空间站以及飞行器中应用较多,如飞行器的机翼在空气作用下通过改变外形以适应不同的外部条件。

（3）恒定应力状态

张拉整体结构中杆元和索元汇集到结点达到力学平衡,称为互锁状态。互锁状态保证了预应力的不流失,同时也保证了张拉整体的恒定应力状态,即在外力的作用下,结构的索元保持拉力状态,而杆元保持压力状态。这种状态保证了材料的充分利用,索元和杆元能发挥各自的作用。当然,要维持这种状态,一则要有一定的拓扑和几何构成,二则需要适当的预应力。张力集成系统结构的这些结构特点与传统的结构体系是不同的。了解这些特点和特征以便于掌握结构的性状,同时以便于掌握集成系统结构的构造准则。

（4）结构的非线性特性

张拉整体结构是一种非线性结构,结构的很小位移也许就会影响整个结构的内力分布。非线性实质上是指结构的几何系中包括了应变的高阶量,也即应变的高阶量不可以随便忽略;其次,描述结构在荷载作用过程中的受力性能的平衡方程,应该在新的平衡位置中建立;第三,结构中的初应力对结构的刚度有不可忽略的影响,初应力对刚度的贡献甚至可能成为索元的主要刚度。初应力对索元刚度的贡献反映在单元的几何刚度矩阵中。在索结构中,以上所述的非线性应该得到描述和考虑。

（5）结构的非保守性

所谓非保守性是指结构系统从初始状态开始加载后结构体系的刚度也随之改变。但即使卸去外荷载，使荷载恢复到原来的水平，结构体系也并非完全恢复到原来的状态和位置。结构体系的刚度变化是不可逆的，这也意味着结构的形态是不可逆的。结构的非保守性使其在复杂荷载作用下有可能因刚度不断削弱而溃坏，但同时也具有自适应能力结构和可控制结构的特点。非保守性的结构易于获得被控制效果。

7.3 索穹顶结构的概念与发展

7.3.1 索穹顶结构的概念

索穹顶结构是一种支承于周边受压环梁上的张力集成体系或全张力体系。由于其外形类似于一个穹顶结构，且主要受力构件为钢索，故被命名为索穹顶。

索穹顶作为工程中实现的唯一张力集成体系，由于整个结构除少数几根压杆外都处于张力状态，充分发挥了钢索的强度，是一种结构效率极高的全张力体系。

7.3.2 索穹顶结构的发展

索穹顶结构是由美国工程师盖格尔根据富勒的张拉整体结构思想开发的。20 世纪 40 年代，富勒就提出了"张拉整体"的概念虽然各国学者对各种形式的张拉整体结构进行了研究，但是很长时间以来，这种结构除了用于艺术雕塑和模型试验研究外，没有功能性建筑出现。

直到 1986 年，美国著名工程师盖格尔首次根据张拉整体结构的思想，发明了支承于周边受压环梁上的一种索杆预应力张拉整体穹顶即索穹顶结构，并成功地应用于首尔奥运会的体操馆和击剑馆。盖格尔设计的索穹顶使用连续的张力索和不连续的受压桅杆构成，荷载从中央的张力环通过一系列辐射状的脊索、斜索和中间的环索传递至周边的压力环。为了降低屋盖表面膜材料的费用，在设计时使结构曲面最小；为了增加整体刚度和固定膜材，在脊索之间增加了谷索。盖格尔研究还发现，这类结构的重量随跨度的增加并不显著增加，且造价增加也很少，这使得索穹顶结构具有很好的经济性。继首尔体操馆和击剑馆之后，盖格尔又相继设计完成了美国伊利诺斯州大学的红鸟体育馆和佛罗里达州的太阳海岸穹顶，使索穹顶结构的直径超过 200m，成为同样跨度建筑中屋盖重量最轻的一种结构体系。

1992 年，美国工程师利维对盖格尔设计的索穹顶结构中索网平面内刚度不足和易失稳的问题进行了改进，将辐射状脊索改为联方型，消除了结构内部存在的机构，并取消起稳定作用的谷索，成功设计了佐治亚穹顶，1996 年它成为亚特兰大奥运会的主体育馆。佐治亚穹顶再次向人们展示了索穹顶结构的魅力，引起了世界各国工程界和学术界的广泛关注。随后，凯威特体系索穹顶、鸟巢形索穹顶等也相继问世。

进入 21 世纪，许多国家都对索穹顶结构进行了深入的研究，并建造出了造型新颖、构思独特的索穹顶结构建筑，这在很大程度上促进了索穹顶结构的发展。事实上，在这个发展过程中，不仅索穹顶结构的设计和施工方法有了巨大的进步，而且张拉成形思想也发生了很大的变化,它已经从最初的"连续拉,间断压"发展为"间断拉,间断压",这些进步和改进显示出索穹顶结构设计的思想越来越先进,施工成形方法也变得越来越成熟和实用。

近十年来,对索穹顶的研究依旧是一个热点课题,研究的内容主要包括索穹顶结构的静、动力性能分析,风振响应分析,找形,预应力优化,施工方法和施工模拟研究,模型试验等,另外,也有部分学者进行了索穹顶结构抗火性能、温度相应分析、节点的开发、设计方法的优化分析、局部构件失效时结构响应及受力性能分析等,同时在已有索穹顶形式的基础上开发出了更加多样的结构形式,如刚性网格索穹顶、葵花形逐层双环索穹顶、倾斜撑杆式索穹顶、刚性屋面板索穹顶、预应力网壳—索穹顶组合结构、索穹顶与单层网壳组合结构等。

在国内,2012 年建设完成的鄂尔多斯伊金霍洛旗体育中心索穹顶结构是目前我国大陆第一个大型索穹顶结构工程,其屋盖建筑平面呈圆形,设计直径为 71.2m,矢高约 5.5m。目前,部分索穹顶也正在规划或设计中,其中天津理工大学新校区体育馆屋盖索穹顶结构(102m×82m)建成后将成为国内跨度最大的索穹顶,这些工程也充分显示了其广阔的应用前景。

7.4 索穹顶结构的形式与特点

7.4.1 索穹顶结构的形式

索穹顶是一种用连续受拉索和不连续受压杆件组成的预应力结构体系,它通过结构的连续拉、间断压,确保荷载从中央拉力环通过一系列辐射状脊索、斜索和张拉环传至周边压力环(图 7-12)。索穹顶结构能够极大限度地利用材料强度和截面特性,降低材料用量。

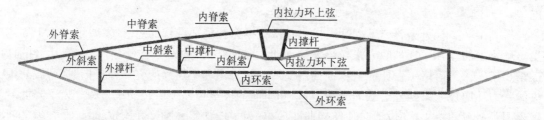

图 7-12 索穹顶结构示意图

根据索穹顶的组成形式、封闭情况和覆盖层材料的不同,可以将索穹顶分为以下几类。

(1)按网格组成分类

根据拓扑结构的不同,索穹顶结构大致分为以下几种体系。

①盖格尔体系索穹顶

盖格尔体系又称肋环型网格索穹顶(图 7-13)。它是美国已故工程师盖格尔于 1986 年提出的,其代表建筑为 1988 年汉城奥运会体操馆和击剑馆。这种结构由连续拉索和不连续的受压立柱构成,并由预应力提供刚度且与外环梁一起组成自平衡结构。荷载均从中央的张力环通过一系列的脊索、张力索和斜索传递至周边的压力环。该体系具有结构简单、施工难度低,且对施工误差不敏感等优点。但由于其几何形状类似平面桁架,体系平面内刚度较小,且该体系内部存在机构,当荷载达到一定程度时,结构会出现分枝点失稳。所以盖格尔体系索穹顶结构一般适用于中等跨度,均布荷载作用下的圆形平面屋盖结构。

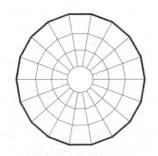
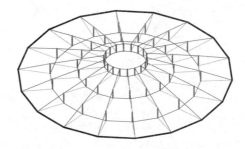

图 7-13 盖格尔体系结构形式

②利维体系索穹顶

利维体系又称三角化型网格索穹顶（图 7-14）。它是由美国威德林格联合公司提出的。其代表建筑为 1996 年亚特兰大奥运会的佐治亚穹顶。该体系对盖格尔体系索穹顶进行了三角划分，消除了结构存在的机构，提高了结构的几何稳定性和空间协同工作能力，较好地解决了穹顶上部薄膜的铺设和屋面自由外排水等问题。同时，也使索穹顶结构能够适用于更多的平面形状。利维体系可用于大跨度屋盖结构。

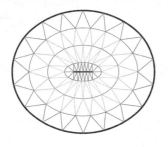
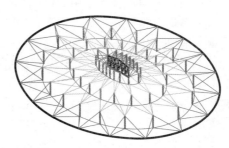

图 7-14 利维体系结构形式

③凯威特体系索穹顶

凯威特体系又称扁形三向型网格索穹顶结构（图 7-15）。它改善了施威德勒型和联方型中网格大小不均匀的缺点，综合了旋转式划分法与均分划分法的优点。因此，它不但网格大小匀称，而且刚度分布均匀，可以较低的预应力水平，实现较大的结构刚度，技术上更容易得到保证。

④其他类型索穹顶

混合 I 型为盖格尔型和利维型的重叠式组合（图 7-16），混合 II 型为凯威特型和利维型的内外式组合（图 7-17），鸟巢形穹顶（图 7-18）的脊索沿内环切向布置，连接两边界的脊索贯通，并省去了内上环索。这些新型穹顶脊索布置新颖，网格划分较为均匀，可获得刚度均匀和较低的预应力水平，同时使薄膜的制作和铺设更为简便可行。

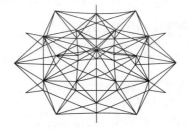

图 7-15 凯威特型　　　　　　　　　图 7-16 混合 I 型

图 7-17　混合Ⅱ型　　　　　　　　　　　　　　图 7-18　鸟巢型

（2）按封闭情况分类

按照封闭情况分类,可将索穹顶结构分为全封闭式索穹顶、开口式索穹顶和开合式索穹顶三种。

①全封闭式索穹顶

全封闭式索穹顶是索穹顶普遍采用的结构形式,佐治亚肋环型索穹顶、利维体系索穹顶、凯威特体系索穹顶等均为典型的全封闭式索穹顶结构。

②开口式索穹顶

众所周知,索穹顶中的张力内环起了极重要的作用。环索不仅是自封闭的,而且也是自平衡的,因而可以作为大开口索穹顶的内边缘构件。当然,内边缘构件也可做成轻型构架。这种结构形式最适合于体育场挑篷结构。

③开合式索穹顶

继亚特兰大索穹顶之后,利维等人在沙特阿拉伯的利雅德大学体育馆工程中设计并建成了可开合式的索穹顶结构。其另一个与众不同之处是采用立体桁架作为外压力环,进一步展示了索穹顶结构的应用前景。

（3）按覆盖层材料分类

按照覆盖层材料分类,可将索穹顶划分为薄膜索穹顶和其他材料索穹顶两种。

①薄膜索穹顶

索穹顶结构的覆盖层通常采用高强薄膜材料。它铺设在索穹顶的上部钢索之上,并通过一定方式将膜材绷紧产生一定的预张力,以形成某种空间形状和刚度来承受外部荷载。这种薄膜材料一般由柔性织物和涂层复合而成,目前应用最广泛的是 PTFE 膜材。

②其他材料索穹顶

索穹顶的屋面覆盖层,除了采用膜材之外,也可以采用刚性材料,如压型钢板、铝合金板、玻璃等。刚性屋面索穹顶虽用钢量略高,但其造价仍相对较低。

7.4.2　索穹顶结构的特点

基于张拉整体思想,又在工程实践中切实可行的索穹顶结构兼有穹顶和索结构的工作机理和特点。其结构特点如下。

（1）处于全张力状态

索穹顶结构由连续的拉索和不连续的压杆组成,连续的拉索构成了张力的"海洋",使整个结构处于连续的张力状态,即全张力态。

（2）与形状关系密切

与任何柔性的索结构一样,索穹顶的工作机理和能力依赖于自身的形状。因此,索穹顶的分析和设计主要基于形态分析理论。所谓形态分析应是形状、拓扑和状态的分析,只有找到结构的合理形态才能有良好的工作性能。

（3）预应力为其提供刚度

索穹顶结构的刚度主要靠预应力（初始力）提供,结构几乎不存在自然刚度。因此,结构的形状、刚度与预应力分布、预应力大小密切相关。

（4）自支承体系

索穹顶结构可分解为功能迥异的三部分:索系、立柱及环梁。索穹顶结构只有依赖环梁这个边界才能成为一个完整结构。索系支承于受压立柱之上,索系和立柱互锁。

（5）自平衡体系

结构在成形过程中不断自平衡。在荷载态,立柱下端的环索和支承结构中钢筋混凝土环梁或环形立体钢构架均是自平衡构件。

（6）索穹顶的成形过程就是施工过程

结构在安装过程中同时完成了施加预应力及结构成形的过程。如果施工方法和过程与理论分析时的假定和算法不符,则形成的结构可能与设计完全不同。因此,选择合理、有效的施工成形方法是实现结构良好力学性能的保证。

（7）非保守结构体系

索穹顶结构加载后,特别在非对称荷载作用下,结构产生变形,同时其刚度也发生变化。当卸载后,结构的形状、位置、刚度均不能完全恢复原状。

7.5　索穹顶结构的设计分析方法

从结构分析的观点看,索穹顶就是索—杆组合的预应力铰接体系,是最接近张拉整体概念的张力结构。从几何构造分析的角度着眼,结构分为两大类:一类是几何刚性的,即体系内部没有机构位移,结构必稳定;另一类是几何柔性的,即体系内部含有机构位移,须进行稳定性判定。索穹顶一般都具有很强的几何非线性,它和索网结构一样,其分析包括两个重要阶段:一是找形分析阶段,目的是得到自平衡的预应力几何形状;二是受力分析阶段,目的是求出在外部静、动荷载作用下结构的反应。

7.5.1　索穹顶结构的找形分析

形态分析是受力平衡分析的逆过程,近年来发展起来的各种外形判定方法均可作为形态分析理论的一部分。索穹顶的形态分析包括形态判定和内力判定,它的任务是在给定的结构拓扑条件和边界条件下,既要计算出自平衡预应力的分布,又能满足自应力平衡。

索穹顶结构在施加预应力之前,其结构形态是不稳定的,只有在适当的预应力作用下,结构才具有刚度。同时,结构的自身形态也将影响结构的工作性能,如果不能找到良好的结构形态,结构工作性能就会下降。所以,索穹顶的设计分析是从找形分析开始的。但是找形过程中,由于体系所形成的刚度矩阵是奇异的,其平衡矩阵不再是方阵,因此通常不能采用传统的弹塑性力学方法求解。

目前,对索穹顶结构的找形分析主要是以有限元理论为基础。主要方法包括力密度法、动力松弛法、非线性有限元法等。

力密度法是最简单的方法之一,该方法创立于 20 世纪 70 年代,经常用于膜或索网结构的找形。在力密度法找形过程中,首先要确定结构的拓扑以及所有支座的约束条件,然后确定满足平衡的结构几何与应力分布。力密度法不需要迭代计算从而避免了非线性收敛性问题,但这种方法没有考虑节点坐标变化对节点平衡的影响,只能用于小型结构的找形分析。

动力松弛法最早出现于 20 世纪 60 年代中期,应用于潮汐的流动计算。此方法是在动力行为的阻尼状态基础上建立起来的,需要进行迭代求解,其实质是用动力的方法解决静力问题。动力松弛法不需要组成结构总刚度矩阵,在计算过程中可以修改结构拓扑和边界条件,故而这种方法对于边界条件复杂的大型结构找形问题特别适用。

非线性有限元法应用于索膜结构的分析出现于 20 世纪 70 年代初期,非线性有限元法弥补了力密度法的不足,考虑了节点坐标变化对节点平衡的影响,具有较高的计算精度,且随着计算机运行速度的大幅度提高,该方法的计算速度也得到了提高,是目前应用较为广泛的一种方法。

7.5.2 索穹顶结构的力学分析

完成预应力分布的自平衡状态的找形过程后,剩下的主要计算问题就是荷载态的受力分析。索穹顶结构大多含有内部机构并呈几何柔性,其受力分析的力学模型必须考虑非线性特性和平衡自应力的存在,且自重等分布荷载在索元垂度方向产生的非线性影响不容忽略,应当选择正确的有限元模型对索穹顶结构进行荷载态分析。通常可采用二节点直线杆单元模拟受压杆,采用二节点曲线索单元(也可简化为直线仅受拉杆单元)模拟受拉索,建立结构的有限元模型并进行计算。

7.5.3 索穹顶结构的节点设计

索穹顶结构的节点主要分为脊索、斜索与压杆连接节点,斜索、环索与压杆连接节点,索与受压环梁连接节点,中心压杆节点或内拉环节点等。对于不同的工程,索穹顶结构的节点构造各不相同,目前尚未形成统一的节点体系。但节点是索穹顶结构的重要组成部分,因此节点的设计必须同时符合力学准则和结构构造准则。节点设计的一般原则如下:①节点必须受力明确,传力简捷;②节点的设计必须符合结构分析时的基本假定;③节点设计时应考虑构造可靠性;④节点设计时必须考虑制作方便、安装简便。

(1)天津理工大学体育馆索穹顶节点构造

天津理工大学体育馆索穹顶结构设计中,采用外圈利维(Levy)式,内圈盖格(Geiger)式复合结构。其中利维式部分的节点如图 7-19a)所示,盖格式部分的节点如图 7-19b)所示。最外圈索与混凝土环梁中的预埋件(图 7-20)相连接。环索、撑杆与斜索通过节点相连。其中,部分环索如图 7-21a)所示直接穿过节点,另一部分环索在节点两侧与节点连接,如图 7-21b)所示。所有节点均可通过焊接或者直接浇筑成型,本工程中采用后者。

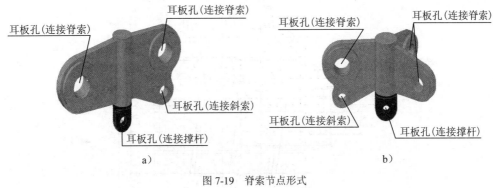

图 7-19　脊索节点形式

a)利维式;b)盖格式

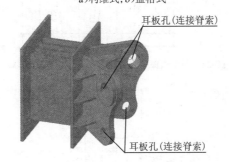

图 7-20　预埋件示意图

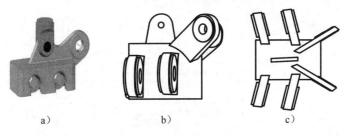

图 7-21　环索连接示意图

a)实物图;b)环索穿过节点;c)环索与节点相连

（2）内蒙古鄂尔多斯伊金霍洛旗全民健身体育中心索穹顶节点构造

内蒙古鄂尔多斯伊金霍洛旗全民健身体育中心索穹顶结构中,研发使用了引入滑动轴承的新型索撑节点,从本质上改变节点的受力特性,减小了摩擦带来的预应力损失。新型索撑节点的平面示意图、三维示意图和详细尺寸设计图如图 7-22 ～ 图 7-25 所示。结构撑杆上节点、拉索与外环桁架连接节点和内拉力环节点的三维示意图分别如图 7-26 ～ 图 7-28 所示。

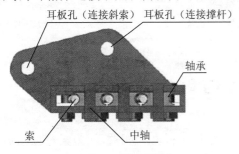

图 7-22　新型索撑节点平面示意图

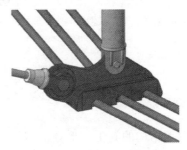

图 7-23　新型索撑节点三维示意图

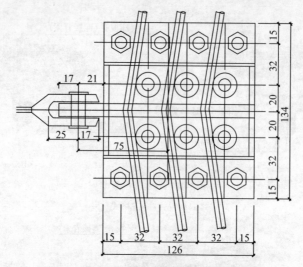

图 7-24　新型索撑节点平面详图(尺寸单位:mm)

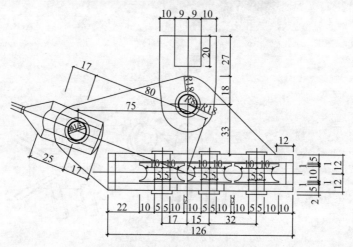

图 7-25　新型索撑节点立面详图(尺寸单位:mm)

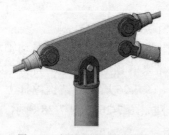

图 7-26　撑杆上节点示意图

图 7-27　拉索与外环桁架连接节点示意图

图 7-28　内拉力环节点示意图

7.6　索穹顶结构的施工方法

索穹顶结构的施工成形分析与结构的实际张拉过程密切相关,因为索穹顶结构中的拉索几乎没有自然刚度,结构整体刚度和稳定性依赖于结构施加的预应力。在施工过程中,索穹顶是随预应力的施加逐渐成形的,且伴随着预应力分布及结构外形不断更新的自平衡来调整。由于施工过程中索杆体系发生了大位移和大转角,施工过程模拟和精度控制都较困难。如何确定预应力大小及施加顺序,是保证实现索穹顶结构设计外形所必须解决的问题。

下面以佐治亚穹顶、鄂尔多斯伊金霍洛旗体育中心索穹顶和天津理工大学体育馆索穹顶的施工过程为例,介绍索穹顶的施工过程。

7.6.1 佐治亚穹顶施工过程

佐治亚穹顶是目前世界上最大的索穹顶结构之一,工程于1992年建成并投入使用,其施工过程(图 7-29)如下。

(1)敷设脊索:将整个脊索和中心张力桁架在地面上进行预装配。所有索均制成特定的长度,并预拉过,每个索段作一记号,在记号处将索与节点连接。

(2)提升脊索:脊索和中心桁架的提升由钢筋混凝土环梁上的千斤顶和中间的千斤顶同时完成。

(3)安装环索:提升脊索之后,在地面上铺设环索,并像铺设脊索一样将其与焊接节点连接在一起。然后张拉斜索,使其提升到位。

(4)立柱的安装:外环索到位之后,用吊车把立柱吊升到脊索与环索之间,先在其底部与环索上的节点相连,然后将立柱顶端与脊索上的节点相连。这时,最外一环安装完毕。

(5)里面各环及相应立柱的提升:首先,将立柱吊起并与上部节点相连;同时在地面上装配好环索和其相应的节点,并将其提升至立柱底端且与立柱相连。然后用临时千斤顶把外一环的立柱顶节点和该环的立柱底节点连接起来,用千斤顶同时顶升立柱底节点将该环顶升到其最后位置,安装并固定斜索。重复该方法,从外环直到最里面的中心张力桁架提升到位。最后调整斜索张力、整形。

(6)膜的铺设:在脊索上安装膜连接构件,铺设裁剪好的膜材,最后密封两块膜之间的缝隙。

a)

b)

c)

d)

图 7-29 佐治亚索穹顶施工过程

a)地面组装中心张力索桁架和脊索网;b)撑杆安装;c)张拉成形;d)膜材安装

7.6.2 鄂尔多斯伊金霍洛旗体育中心索穹顶施工过程

内蒙古鄂尔多斯伊金霍洛旗全民健身体育中心索穹顶是我国大陆第一个大跨度索穹顶结构工程,在其施工中,借鉴了之前索穹顶工程成功施工的经验和索穹顶模型结构成形的施工方法,采用了地面整体拼装、整体同步提升和张拉外斜索的施工方法,避免了高空作业,同时减小了提升力,在整个提升过程中,构件位形及受力明确并能准确受控。下面对其施工过程进行详细介绍。

索穹顶结构的安装采用了地面整体拼装,20 个轴线整体同步提升的方法,分为 9 个施工步骤进行安装,如图 7-30 所示。

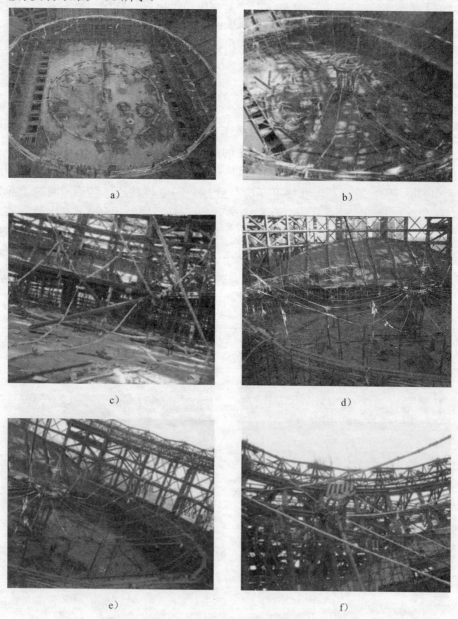

a)

b)

c)

d)

e)

f)

图 7-30

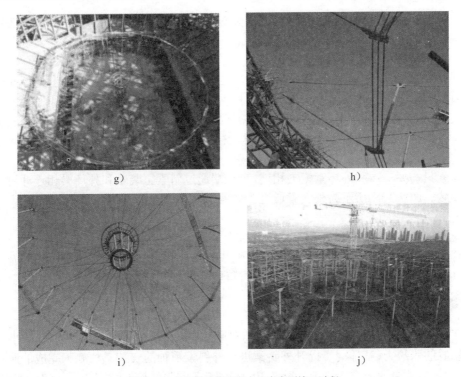

图 7-30　伊金霍洛旗体育中心索穹顶施工过程

a)地面组装环索;b)连接脊索和内斜索;c)安装中撑杆上端;d)安装中撑杆下端;e)中斜索安装完毕;f)安装外撑杆上端;
g)安装外撑杆下端;h)连接外斜索与环梁;i)组装完毕仰视图;j)组装完毕俯视图

（1）安装内拉环，地面搭设拼装平台并安装环索和索夹

内拉力环质量约 12t，在预先确定好的场地中心进行拼装焊接。在拼装时，准确放置内拉力环的位置，并使内拉力环上的耳板和外环梁上的耳板相对应。

地面操作平台分为内环索操作平台和外环索操作平台，为了使外环索在展开以后在同一水平高度，因此在地面搭设一直径 48m，高度 7.9m 的操作平台。内环索平台直径 25m，离地高度 0.5m 以便安装节点板，图 7-30a）为现场环索组装图。

（2）安装脊索体系

地面拼装脊索体系，并通过脊索工装索将外脊索和外环梁相连，利用牵引设备对脊索工装索进行牵引，实测 20 个轴线的牵引力为 8～10kN，如图 7-30b）所示。

（3）拼装内斜索

内斜索拼装在脊索体系拼装完成后进行，此时只需放松脊索工装索，使中撑杆上节点和内拉环下节点的距离小于内斜索长度，即可完成内斜索安装。

（4）安装中撑杆

提前将中撑杆在地面沿着 20 个轴线摆开，其中撑杆上端放在内环索内侧 0.5m 处，撑杆下端朝外或朝内放置。整体同步提升脊索工装索，使中撑杆上节点板离地约 1m，此时抬高撑杆上端完成撑杆上端的安装。然后整体同步提升脊索工装索，撑杆下端逐步滑向内环索索夹，当两者位置一致时，即可完成撑杆下端的安装，图 7-30c）和图 7-30d）为拼装撑杆的现场图片。

（5）安装中斜索

中撑杆安装完毕以后，外撑杆上节点板距离中撑杆下节点距离超过了中斜索的长度，因此需要放松脊索工装索，以减小二者之间的距离，但是在放松脊索工装索的过程中，随着脊索体系拉力的减小,中撑杆将发生侧倾,因此需要对中撑杆进行侧向支撑。图 7-30e)为中斜索安装完毕状态。

(6)安装外撑杆

中斜索安装完毕以后,整体同步提升脊索工装索,当外撑杆上节点板高出外环操作平台 1m 时停止提升,借助外环操作平台安装外撑杆上端,如图 7-30f)所示。然后再整体同步提升脊索工装索,直到外撑杆下端高度低于外环索索夹约 10cm,此时外撑杆下端在外环索夹内侧 0.5m 处,将撑杆下端拉向索夹即可完成外撑杆安装,如图 7-30g)所示。

(7)安装外斜索

外斜索只需要一端和外环索索夹相连,另一端通过斜索工装索和外环梁相连即可完成外斜索的安装。图 7-30h)所示为外斜索通过工装索与外环梁连接。

(8)安装外脊索销轴

在整个结构组装完毕以后,剩下的工作就是将外脊索和外斜索通过销轴连接至外环梁,通过整体同步提升装置,整体同步提升 20 个轴线的外脊索,外斜索同步跟进。当外脊索剩余长度为 0.8m 时,将牵引工装转换为张拉工装,再整体同步张拉 20 个轴线的张拉工装,完成外脊索销轴的安装。

(9)安装外斜索销轴

为了便于结构安装,在安装外斜索时,将外斜索的 16cm 可调量全部调出以减小安装外斜索销轴时的张拉力,整体同步提升外斜索进行外斜索销轴的安装。从施工完成的照片可以看出,其他拉索绷直而内脊索松弛。图 7-30i)和图 7-30j)为结构安装完毕后的现场实景图。

到此结构组装完毕,从施工过程描述中可以看出,整个安装过程中,施工人员均在地面和周围环梁处的操作平台上进行工作,避免了高空作业,保证了施工人员的安全。

结构安装完毕以后,拉索的索力由结构自重产生,此时的结构严格意义上讲还处于机构的状态。通过对外斜索的张拉完成对结构施加预应力,使结构产生刚度。为了保证结构张拉完毕以后的状态和设计一致,施工中采用分批分级张拉的方法,张拉完成后结构成形。

7.6.3 天津理工大学体育馆索穹顶施工过程

天津理工大学索穹顶是目前我国跨度最大的索穹顶,且该项目索穹顶结构是盖格(Geiger)型和列维(Levy)的结合体,内侧为盖格(Geiger)型,最外圈为和列维(Levy)型。环梁为高低不平的马鞍形,国内外都比较罕见,可借鉴施工经验很少。本项目拉索组装采用高空散拼的施工工艺。拉索组装的顺序依次为安装内拉环、脊索体系、环索、斜索。

该项目拉索最大规格为 $D133m$ 的高钒拉索,由于拉索单位重量大,索体本身的刚度也不能忽略,且整个索网和内拉环、撑杆的总重量达到 353t,对展索和拉索提升都提出了很高的要求。下面对其施工过程进行详细介绍。

(1)搭设中央支撑塔架,安装环索放索马道

为了实现高空散拼的施工方案,需要将内拉环抬高以减小脊索安装时的内力。通过中央塔架将内拉环的顶部高度抬高至和短轴的外环梁等高,使得短轴上的 JS4 的耳板和 JS1 的耳板在同一高度上。

本项目环索一共有 3 圈,其中第 1 圈在场地内,第 2 圈有一半在看台上一半在地面,第 3 圈有一半在看台上,另一半在三层楼面上。根据环索和看台以及三层楼面的位置关系确定每圈环索的铺放位置及马道搭设方式。

(2)安装内拉环并在马道上放置环索

内拉环的质量为 16t,不能采用整体吊装的工艺,因此需要利用中央塔架进行安装,在中

央塔架顶部的操作平台上散拼内拉环。

第 1 圈环索的水平投影全部在场地内,第 1 圈环索全部在地面直接展开铺放。第 2 圈环索马道分两部分,一部分在场地内,一部分在看台上。环索马道根据地面和看台的高度搭设成高低起伏的形状,即马道高度距离地面 0.6m 左右即可。第 3 圈环索马道分两部分:一部分在看台上,一部分在三层楼面上,放置方式与第 2 圈类似。

（3）安装脊索,同时将撑杆、斜索一同吊装

索穹顶一共有 16 个轴线,根据轴线的位置对称安装,一次同时对称安装 2 榀,分 8 批次安装完成。为了减小高空作业量,在安装脊索体系的过程中分别将撑杆、XS1、XS2、XS3 的上端也提前和上节点板相连。

利用电动倒链等工具将 JS1、JS2、JS3 在节点处相连,然后与 JS4 和工装索相连。利用 3t 卷扬机牵引工装索,随着外撑杆上节点板离开地面,安装外撑杆上端和 XS 的上端。JS4 的索头利用工装钢绞线和环梁耳板相连,采用 2 台 60t 的爬升顶进行爬升安装,最后用销轴固定。

（4）提升并安装 HS1、HS2、HS3

HS1 在地面的马道上展开,并将索夹按照索体上的标记点进行安装,待环索闭合以后利用 16 个内撑杆整体提升 HS1,HS1 达到高度以后和内撑杆下端连接,完成 HS1 的安装。

HS2 采用 16 个点同时提升,每个点的提升力为 1.5t。提升时上端的吊点利用中撑杆,下端的吊点设置在环索上。

HS3 提升工艺同 HS2 的提升。但 HS3 在看台上不能闭合,需要提升至 16.2m 标高以后和三层楼面上的 HS3 闭合。

（5）安装内环直索

环索安装完毕以后,开始安装内环直索,内环直索和 HS1 连接的一端可以在环索提升时和环索一起提升。由于此时环索处于松弛状态,因此安装内环直索时,内环直索的内力为 6kN,利用倒链可以安装。

（6）安装 XS1、XS2、XS3

安装 XS1 时的内力为零,因此可以利用倒链进行安装。XS1 一共有 16 根,分 8 批进行安装,一次安装 2 根,具体安装时对称位置的 2 根 XS1 一起安装。

安装 XS2 时的最大内力 11kN,因此可以利用倒链进行安装。XS2 根数与张拉工艺与 XS1 类似。

安装 XS3 时的内力较大,最大达到 12t,因此需要借助工装进行安装。XS3 一共有 16 根,分 5 批进行安装,第 1 批和第 5 批一次安装 2 根,第 2 批至第 4 批一次安装 4 根。

（7）抬高长轴的外撑杆使 HS3 闭合,安装 XS4

为了使结构成为完整的体系,在张拉 XS4 时能使环索受力,必须将外撑杆和 HS3 的索夹相连,因此需要借助提升架将长轴三层楼面上的各 3 个外撑杆提高到具备安装外撑杆的状态。

在长轴方向各 3 根外撑杆安装完毕以后,先安装 XS4 的销轴（安装销轴时将 XS4 的可调量旋出 100mm）,再对短轴方向的各 6 根 JS4 进行张拉。XS4 分 2 批安装就位。

（8）拆除内拉环揽风绳,分批分级张拉脊索和斜索就位

拉索组装完毕以后,对于 JS4 还有位于短轴方向的各 6 根（共 12 根）没有张拉到位,对于 XS4（共 32 根）均没有张拉到位,因此需要对该 44 根拉索进行张拉使结构成型,由于成型后的 JS4 内力较大,因此先张拉 JS4 再张拉 XS4。

JS4 的张拉工艺采用 U 形叉耳配合承力架以及千斤顶进行张拉。XS4 张拉时的索力最大为 948KN,采用 2 台 60t 的千斤顶配合 2 根 Φ28.6 的钢绞线进行张拉,张拉工艺同 JS4。

天津理工大学索穹顶施工流程及现场施工图见图 7-31 和图 7-32。

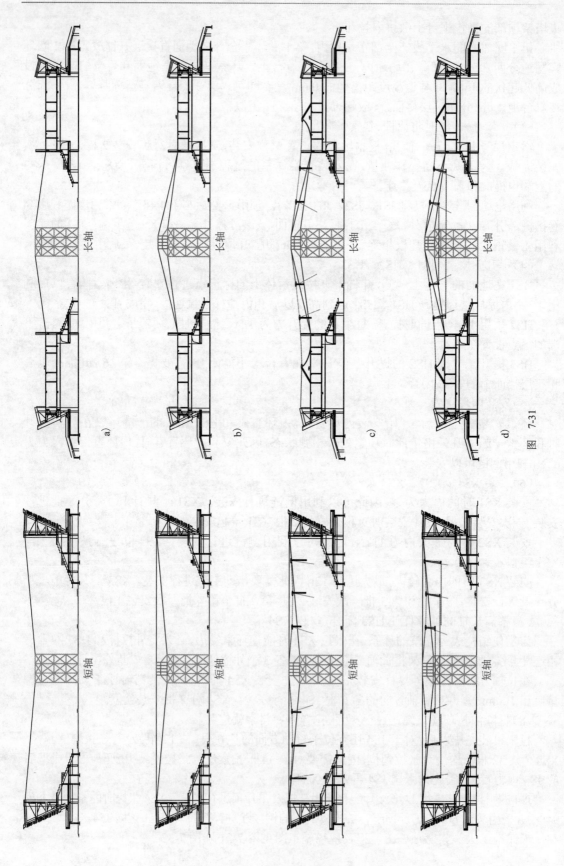

图 7-31

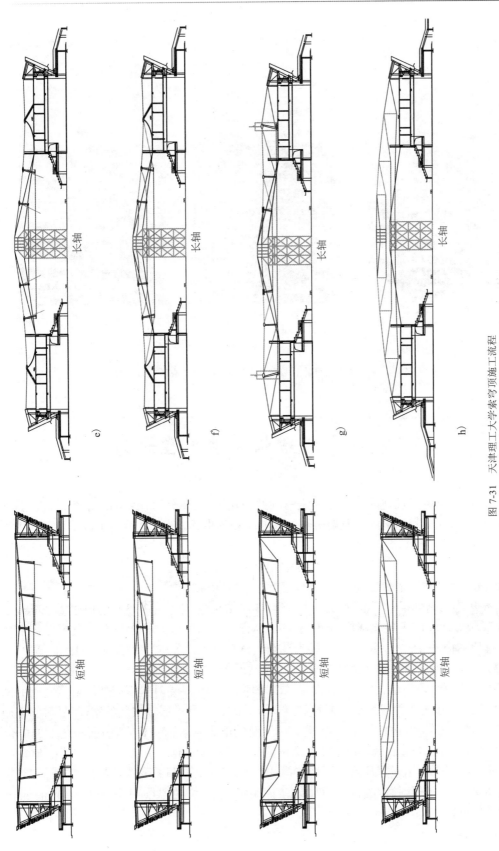

短轴

长轴

e)

f)

g)

h)

图 7-31 天津理工大学索穹顶施工流程

a)搭设中央支撑胎架和索放索马道;b)安装内拉环并在马道上放置环索;c)安装脊索,同时将撑杆、斜索一同吊装;d)提升并安装 HS1、HS2、HS3;e)安装内环直索;f)安装 XS1、XS2、XS3;g)抬高长轴的外撑杆使 HS3 闭合,安装 XS4;h)拆除内拉环揽风绳,分批、分级张拉脊索和斜索就位

a)   b)   c)

图 7-32   天津理工大学索穹顶现场施工图

a)中央支撑胎架;b)安装脊索和撑杆;c)张拉成形

7.7 索穹顶结构典型工程实例

截至目前,世界上已建成近二十座索穹顶结构建筑,主要分布在亚洲的中国、韩国、日本和沙特阿拉伯、北美洲的美国以及南美洲的墨西哥和阿根廷。表 7-2 给出了截至目前国内外索穹顶结构工程的统计情况。

本书对其中的部分代表性工程进行详细的介绍。

(1)首尔奥林匹克体操馆

首尔奥林匹克体操馆是世界上第一个索穹顶结构建筑(图 7-33),建成于 1986 年,是 1988 年汉城奥运会的主要比赛场馆,位于首尔体育中心东南方向的 2km 处。体操馆屋盖采用了索穹顶结构,屋面投影为圆形,直径为 120m,体育馆中设置有一个椭圆形的比赛场地,看台有 7330 个固定座位和 7420 个临时座位,可容纳近 15000 名观众。

屋盖索穹顶采用了盖格尔体系,设置了 3 圈环索和 16 榀辐射状索桁架。环索之间的间隔为 14.48m,在屋盖张拉成形后,铺设四层纤维屋面层,在纤维层上安装谷索,随后对谷索施加预应力,使纤维层处于受拉状态,以提高抗风吸的能力,屋盖膜材的覆盖面积达 11310m²。工程建成后,屋盖的自重仅为 14.6kg/m²,造价约为 215 美元 /m²。

体操馆除了采用了索穹顶这一新型结构体系外,建筑装修材料和构件的精心设计和使用也使该建筑表现了现代技术的特性同时保留了韩国传统美学的特点,工程获得了 Quaternario 首届国际建筑科技奖。

表 7-2

索穹顶结构工程实例总结

编号	工程名称	地点	建成时间	跨度（m）	结构形式	环索圈数	屋面材料	设计单位	备注
1	首尔奥林匹克体操馆	韩国	1986	120	圆形，盖格尔体系	3圈	膜屋面	首尔建筑事务所	世界第一个索穹顶结构工程
2	首尔奥林匹克击剑馆	韩国	1986	93	圆形，盖格尔体系	2圈	膜屋面	首尔建筑事务所	与体操馆同时建造
3	伊利诺伊州立大学红鸟竞技场	美国	1988	91×77	椭圆形，盖格尔体系	1圈	膜屋面	盖格尔事务所	世界第一个椭圆形索穹顶结构工程
4	太阳海岸穹顶	美国	1989	210	圆形，盖格尔体系	4圈	膜屋面	盖格尔事务所	世界跨度最大的圆形索穹顶结构工程
5	佐治亚穹顶（亚特兰大奥运会主体育馆）	美国	1992	240×193	椭圆形，利维体系	3圈	特氟隆玻璃纤维	魏德林格尔事务所	世界最大的索穹顶结构工程
6	台湾桃园体育馆	中国台湾	1993	120	圆形，盖格尔体系	3圈	膜屋面		我国第一个索穹顶结构工程
7	美国皇冠体育馆	美国	1997	101	圆形，盖格尔体系	2圈	金属刚性屋面		世界第一个使用刚性屋面的索穹顶结构工程
8	拉普拉塔（La Plata）体育馆	阿根廷	2000	85	两个圆相交（圆心距48m），利维体系	3圈	膜屋面	魏德林格尔事务所	双峰型索穹顶结构
9	日本天城穹顶	日本		43	圆形，利维体系	2圈			与传统索穹顶有所区别，内环构构类似张拉梁索结构
10	台北棒球馆	中国台湾							
11	墨西哥10万人体育场	墨西哥							
12	利雅德大学体育馆	沙特阿拉伯			椭圆形，利维体系				世界首个可合索穹顶
13	无锡新区科技交流中心索穹顶	中国	2009	24	圆形，盖格尔体系	2圈	金属刚性屋面	中国建筑设计研究院	我国第一个索穹顶结构工程
14	内蒙古伊金霍洛全民健身中心索穹顶	中国	2010	71.2	圆形，盖格尔体系	2圈	膜屋面	中国航空规划建设发展有限公司	我国第一个大跨度索穹顶结构
15	山西太原煤炭交易中心索穹顶	中国	2011	36	圆形，盖格尔体系	2圈	点支式玻璃屋面	北京市建筑设计研究院有限公司，太原市建筑设计研究院	拉索采用了高钒索，屋顶采用了玻璃屋面
16	天津理工大学新校区体育馆	中国		102×82	椭圆形，内圈盖格尔体系，外圈利维体系	3圈	金属刚性屋面和膜屋面	天津大学，天津大学建筑设计研究院	我国最大的索穹顶结构工程

a)

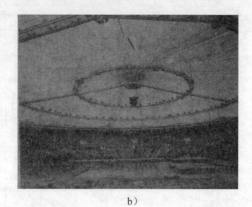
b)

图7-33 首尔奥林匹克体操馆

a)全景图；b)内景图

（2）太阳海岸穹顶

太阳海岸穹顶位于美国佛罗里达州的圣彼得堡市，建成于1989年，是继首尔奥林匹克体操馆和击剑馆之后的又一个圆形顶的索穹顶结构建筑，其直径达210m，由盖格尔事务所设计，是目前世界上跨度最大的圆形索穹顶结构，如图7-34和图7-35所示。

图7-34 太阳海岸穹顶外景图

图7-35 太阳海岸穹顶内景图

太阳海岸穹顶采用了盖格尔体系，共设置了4圈环索，索穹顶结构示意图如图7-35所示。结构中采用了铸钢节点连接脊索、斜索和撑杆上部节点以及张力圈、斜索和撑杆的下部节点，屋顶铺设膜结构屋面。

（3）佐治亚穹顶

佐治亚穹顶是目前世界上最大的索穹顶结构，建成于1992年。这个被称为双曲抛物型全张力穹顶的索穹顶结构屋盖平面为240m×193m的椭圆形，屋面呈钻石形状，铺上特氟隆玻璃纤维材料后像一颗璀璨的水晶，屋面膜面积为34800m^2，建筑总高度为82.5m，能同时容纳70000名观众观看比赛。1992年这个体育馆的屋盖结构被评为全美最佳设计，1996年该体育馆被用于亚特兰大奥运会主体育馆，如图7-36所示。

佐治亚穹顶由魏德林格尔事务所设计，平面投影为椭圆形，采用了利维体系，设置了3圈环索。整个屋顶由宽7.9m，厚1.5m的混凝土受压环梁固定，共有52根支柱支承着周长为700m的环梁。钢焊接件预埋于受压环内，提供了屋顶索穹顶结构的连接点。为了使屋顶的热膨胀不影响下部结构，受压环坐落在"特氟隆"承压垫上，在外力作用下承压垫只能径向移动，并可将风力和地震力均匀传向基础。图7-37所示为膜屋面即将安装完成。

图 7-36　佐治亚穹顶　　　　　　　　　图 7-37　佐治亚穹顶膜材安装

（4）鄂尔多斯伊金霍洛旗体育中心

内蒙古鄂尔多斯伊金霍洛旗全民健身体育中心索穹顶是我国大陆第一个大跨度索穹顶结构工程,建于 2010 年。屋盖平面呈圆形,设计直径为 71.2m,矢高约 5.5m,如图 7-38 所示。索穹顶结构由中国航空规划建设发展有限公司设计,北京市建筑工程研究院配合完成预应力张拉施工。

索穹顶采用了盖格尔体系,由外环梁、内拉力环、环索、斜索、脊索及 2 圈撑杆组成,表面覆盖 ETFE 膜材。结构设计中拉索采用高钒索,抗拉强度为 1670MPa,撑杆及内拉力环材质均为 Q345B。拉索的截面规格包括 $\Phi32$、$\Phi38$、$3\Phi40$、$\Phi42$、$\Phi48$、$\Phi56$、$\Phi65$ 和 $3\Phi65$ 共 8 中类型,撑杆为圆钢管,规格尺寸包括 $\Phi194\times8$ 和 $\Phi219\times12$ 两种类型。施工时,索穹顶采用了张拉外斜索成形的方案,外斜索、中斜索和内斜索的初始预应力分别为 2588kN、1215kN 和 852kN。结构的三维示意图和剖面图如图 7-39 和图 7-40 所示。

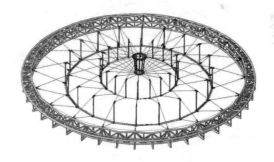

图 7-38　鄂尔多斯伊金霍洛旗体育中心索穹顶　　　图 7-39　索穹顶结构三维示意图

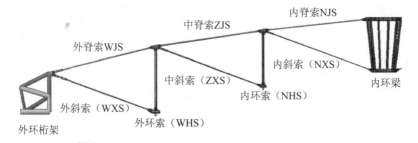

图 7-40　索穹顶结构剖面示意图

（5）天津理工大学新校区体育馆

天津理工大学新校区体育馆位于天津市西青区天津理工大学新校区内,总建筑面积

17100m²，主体高度27.5m，其建筑效果图如图7-41所示。体育馆下部结构采用钢筋混凝土框架结构，屋盖采用了索穹顶结构并支承在混凝土环梁上。屋盖索穹顶平面呈椭圆形，投影面积约7110m²，长轴101.57m，短轴81.83m，由于下部柱顶不等高，索穹顶空间呈现马鞍形。索穹顶结构由天津大学和天津大学建筑设计研究院设计。

图7-41　天津理工大学新校区体育馆建筑效果图

屋盖索穹顶结构内设中心拉力环及三圈环索，最外圈脊索及斜索按照利维式布置，共设32根，与柱顶混凝土环梁相连，内部脊索及斜索呈盖格尔式布置，每圈设置16根。索穹顶拉索抗拉强度不低于1670MPa，拉索截面面积包括1784mm²、2494mm²、3271mm²、6671mm²、8855mm² 五种类型。撑杆均采用Q345B的圆钢管，规格尺寸包括 $\Phi159\times5$、$\Phi219\times6$、$\Phi299\times10$ 三种类型。索穹顶结构平面图如图7-42所示，结构三维示意图如图7-43所示。

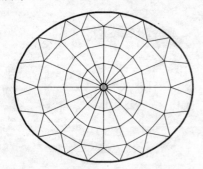

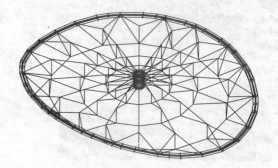

图7-42　天津理工大学新校区体育馆　　　　图7-43　天津理工大学新校区体育馆

　　　　索穹顶结构平面示意图　　　　　　　　　索穹顶结构三维示意图

本章参考文献

[1] 陈志华.张拉整体结构的理论分析与实验研究［D］.天津：天津大学，1995.

[2] 刘锡良，夏定武.索穹顶与张拉整体穹顶［J］.空间结构，1997，02：10-17.

[3] 董石麟，等.新型空间结构分析、设计与施工［M］.北京：人民交通出版社，2006.

[4] 陆赐麟，尹思明，刘锡良.现代预应力钢结构（修订版）［M］.北京：人民交通出版社，2006.

[5] 勒内·莫特罗著，薛素铎，刘迎春译.张拉整体——未来的结构体系［M］.北京：中国建筑

工业出版社，2007.

[6] 张毅刚. 索结构典型工程集（下册）［M］. 北京：中国建筑工业出版社，2013.

[7] 钱若军，沈祖炎，夏绍华. 索穹顶结构［J］. 空间结构，1995，03：1-7+65.

[8] 袁行飞. 索穹顶结构的理论分析和实验研究［D］. 杭州：浙江大学，2000.

[9] 杜文风，张慧. 空间结构［M］. 北京：中国电力出版社，2008.

[10] 严福生，宗钟凌，郭正兴. 刚性网格索穹顶结构施工成型方法研究［J］. 建筑技术，2011，10：927-930.

[11] 王泽强，程书华，尤德清，等. 索穹顶结构施工技术研究［J］. 建筑结构学报，2012，04：67-76.

[12] 陈志华，刘红波，王小盾，等. 张拉整体塔结构动力特性研究［J］. 空间结构，2012，02：55-63.

[13] 詹伟东，董石麟. 索穹顶结构体系的研究进展［J］. 浙江大学学报（工学版），2004，10：61-70.

[14] 齐宗林. 新型索穹顶结构动静力性能研究［D］. 北京：北京工业大学，2012.

[15] 陈志华，史杰，刘锡良. 张拉整体三棱柱单元体试验［J］. 天津大学学报，2004，12：1053-1058.

[16] 陈志华，史杰，刘锡良. 张拉整体四棱柱单元体试验［J］. 天津大学学报，2005，06：533-537.

[17] 陈志华，赵建波，刘锡良. 三棱台张拉整体塔结构研究［J］. 建筑科学，2005，04：68-72.

[18] 陈志华，荣彬，张立平，等. 张拉整体塔结构风荷载时程模拟及风振分析［J］. 天津大学学报，2006，12：1434-1440.

[19] 喻雪淞. 单层网壳—张拉整体杂交结构静动力性能研究［D］. 杭州：浙江大学，2006.

[20] 彭张立，袁行飞，董石麟. 环形张拉整体结构（英文）［J］. 空间结构，2007，01：60-64-25.

[21] 许贤. 张拉整体结构的形态理论与控制方法研究［D］. 浙江大学，2009.

[22] 许贤，罗尧治. 张拉整体结构找形与形态控制问题研究综述［A］. 天津大学. 第九届全国现代结构工程学术研讨会论文集［C］. 天津大学，2009：6.

[23] 张幸锵，袁行飞. 新型三棱柱张拉整体平板结构研究［J］. 建筑结构，2011，03：24-27-77.

[24] RenéMotro，吕佳，杨彬. 张拉整体——从艺术到结构工程［J］. 建筑结构，2011，12：12-19.

[25] 许贤，罗尧治，沈雁彬. 张拉整体结构的非线性主动控制［J］. 浙江大学学报（工学版），2010，10：1979-1984+2035.

[26] 周一一，陈联盟. 浅谈张拉整体结构发展的历史与趋势［J］. 空间结构，2013，04：11-17.

[27] 吕超力. Levy 型索穹顶的敏感性分析及结构改进［D］. 杭州：浙江大学，2008.

[28] 詹伟东. 葵花形索穹顶结构的理论分析和试验研究［D］. 杭州：浙江大学，2004.

[29] 陈联盟. Kiewitt 型索穹顶结构的理论分析和试验研究［D］. 杭州：浙江大学，2005.

[30] 郑君华，袁行飞，董石麟，等. 考虑膜材与索杆协同工作的索穹顶找形分析［J］. 浙江大学学报（工学版），2008，01：25-28+93.

[31] 岑迪钦. 肋环型刚性索穹顶结构的静动力性能分析［J］. 建筑结构，2013，15：76-79.

[32] 魏德敏，徐牧，李頔. 索穹顶结构风振响应时程分析［J］. 振动与冲击，2013，17：68-73.

［33］张国军,葛家琪,王树,等.内蒙古伊旗全民健身体育中心索穹顶结构体系设计研究［J］.建筑结构学报，2012，04：12-22.

［34］刘学春,张爱林,刘阳军,等.大跨度索穹顶新型索撑节点模型试验及性能分析［J］.建筑结构学报，2012，04：46-53.

［35］李煜照,张建华,张毅刚.索穹顶新型节点设计及有限元分析［J］.山西建筑，2006，23：6-7.

第 8 章　开合结构

8.1　开合结构的概念及特点

开合结构应用于建筑中主要是指开合屋盖结构。石井和男（Kazuo Ishii）定义开合屋盖为："开合屋盖结构是一种在很短时间内部分或全部屋盖结构可以移动或开合的结构形式,它使建筑物在屋顶开启和关闭两个状态下都可以使用"。开合屋盖的实现是将一个完整的屋盖结构按照一定的规律划分成几个可动和固定的单元,使可动单元能够按照一定的轨迹移动达到屋盖开合的目的。

开合屋盖结构是开合结构体系在土木工程领域应用的一个范例,开合结构体系的不断发展为更复杂、更大跨度开合建筑的实现提供了可能性。

世界上的一些发达国家在体育场的建造或是对老式体育场的改造中,已采用了或是正在考虑采用开合屋盖结构,如加拿大多伦多的天空穹顶、日本福冈穹顶、荷兰阿姆斯特丹体育场等。由此可见,开合屋盖建筑已成为体育建筑的一个重要发展趋势。

带有开合屋盖的建筑打破了传统室内空间与室外空间的界限,可以根据使用功能与天气情况,在室内环境与室外环境之间进行转换,使用者既能够尽情享受阳光与新鲜空气,又可以避免风雨等恶劣天气的影响,很好地满足了全天候使用的需求,提高了体育场馆的利用率。开合屋盖克服了恶劣天气对体育比赛与大型活动的影响,使观看条件与舒适性得到极大改善。屋盖的开合方式与建筑方案及使用功能紧密结合,屋盖开合的方式也在不断丰富。

开合屋盖的应用对象以游泳馆、网球馆、棒球馆等体育建筑为主,规模逐渐从小型建筑发展到大型工程。与传统的大跨度结构相比,开合屋盖除广泛采用现代建筑结构的设计理念外,对结构设计技术、施工安装精度也提出了很高的要求。此外,由于活动屋盖的行走装置采用了很多机械传动与电子控制技术,因此在开合屋盖的设计中涉及建筑、结构、机械、自动化控制等多个学科领域,是现代建筑科技的集中体现。

8.2　开合结构的发展及现状

8.2.1　开合结构的发展历程

现代的开合结构是在早期简单开合结构基础上逐渐发展起来的。人们很早以前就开始使用开合结构。在游牧或战争年代,家庭或部队移动使用各种各样的帐篷,其结构由布、树干、绳索以及短桩等组成,在夜间,几分钟之内就可以搭起来;为预防突发事件,白天又可以折叠起来。其他应用实例还有照相机的快门、雨伞、敞篷汽车的车顶、活动机库、可开合天文观测站、开合桥梁结构等。尽管它们尺寸小,并且大部分由人工开启,却是开合结构原理的真实运用,对大型开合结构的研究具有很好的启发作用,图8-1~图8-3为典型的开合结构实例。

图8-1 开合活动车库屋盖

图8-2 开合天文观测站屋盖

图8-3 开合桥梁

开合屋盖结构的发展大致经历了这样几个阶段:①1950年以前的开合结构主要以小型结构为主,且主要用在非建筑领域;②1950~1988年以膜褶皱形式的开合屋盖结构为主;③1988至今以刚性移动屋盖单元的开合屋盖结构为主。

20世纪80年代末90年代初以来的开合屋盖结构思想,均来源于1961年美国建成的、用现代牵引技术驱动的刚性开合结构——匹兹堡市民体育场(图8-4),其跨度为127m,由可开合的八瓣不锈钢屋盖组成,至今仍具有开拓性意义。之后,世界上建造了上百个带有刚性开合单元的开合屋盖建筑。

图8-4 匹兹堡市民体育场

　　欧洲各国建造的开合钢屋盖特点有均采用了拱架、拱形网壳、部分球壳或平板网架等刚性钢结构作为移动屋盖单元的受力结构,其屋面材料为膜材料、金属板及其他轻质材料。屋盖系统分成若干个单元片,通过单元片的移动、转动,使各片之间搭结、叠放从而实现屋盖的开合。由刚性钢结构开合单元组成的开合屋盖克服了膜褶皱开合方式的致命缺陷,是大跨度屋盖结构的主要开合形式。

　　1989 年,加拿大多伦多建成了直径 208m 的天空穹顶多功能体育场,在当时产生了很大的轰动,掀起了建造现代大跨度开合屋盖结构的新浪潮。日本于 1991 年建成了跨度 136m 的阿瑞卡体育场 (图 8-5)。1993 年日本建成了海洋穹顶;同年日本又建成了直径 218m 的福冈穹顶(图 8-6),该馆的建成再一次引起了世界的广泛关注。至此,大跨度开合屋盖技术得到了进一步的发展和完善,世界上对建造大型开合屋盖结构的疑虑逐渐消除,并对其前景和建造的必要性逐渐看好。之后,相继建成或正在建设的带有开合屋盖的大型体育场约有 30 座。这些大规模的开合屋盖结构的实现和规划产生了非常好的经济社会效益,引起了国际体育界的广泛关注,许多建筑已成为所在地的标志性建筑。

a)

b)

图 8-5　阿瑞卡体育场

a)

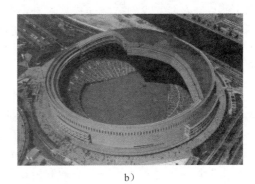
b)

图 8-6　福冈穹顶

8.2.2　国内开合结构发展与工程应用

　　近年来,我国也陆续建造了多个大型开合屋盖结构。钓鱼台国宾馆网球馆是国内第一座开合式的网球馆,由北京市建筑设计研究院在 20 世纪 80 年代设计。网球馆外围尺寸为 40m×40m,内设两个标准双打网球场。整个屋面分为三个落地拱架,采用"弓式预应力钢结构"。随后,我国也建成几座结构形式较简单的、跨度较小的开合屋盖建筑,运行良好,如上海浦东某游泳馆。但这些建筑的结构形式和开合机理较为简单。

　　随着我国体育事业的蓬勃发展和设计技术的提高,越来越多的大型场馆开始采用开合屋盖结构,代表性的工程实例有 2000 年建成的黄龙体育中心网球中心、2005 年建成的上海旗忠网球中心、2006 年建成的南通体育会展中心体育场、2010 年建成的鄂尔多斯东胜体育场等。

（1）黄龙体育中心网球中心

黄龙体育中心网球中心是黄龙体育中心的重要组成部分,包含主比赛场和省老年活动中心两部分,总建筑面积约为 19134m²,设观众席 5000 席,建筑高度为 32.2m,如图 8-7 所示。

 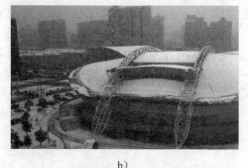

a）　　　　　　　　　　　　　　　　　　　b）

图 8-7　黄龙体育中心网球馆

网球中心屋盖部分采用开合结构,屋面投影面积 5800m²,其中固定面积 5053m²,活动部分面积 969m²。固定部分由两榀主拱、两榀环梁、固定屋盖组成,其中主拱桁架由拱形桁架和水平桁架组合而成,跨度 94m。固定屋盖采用张弦梁结构,支撑于拱架和外环梁之间。活动屋盖由两片 21m×19m 单层网壳组成,活动屋盖的支撑面为拱桁架水平段,屋盖开闭采用自行式机械行走装置。

驱动机械采用索牵引与台车驱动结合的方式。开启时,活动屋盖沿大拱向两边滑动,与下部固定屋面叠合,完全打开的水平投影面积为 24m×35m,开启率为 18%。开启或闭合时间为 15min。大部分时间活动屋盖处于开启状态,少数天气恶劣的情况下关闭屋盖。主拱桁架作为结构主要承力构件,一端搭设于落地的钢筋混凝土独立承台上,另一端支承在钢筋混凝土框架上,拱脚跨度为 93m×7m。

（2）上海旗忠网球中心

上海旗忠网球中心总建筑面积为 85438m²,主赛场建筑面积 30649m²,地上四层,建筑物高度约 40m,屋顶为开合式屋盖,其开启方式仿佛上海市的市花白玉兰的开花过程,如图 8-8 所示。屋盖向内悬挑长度 61.5m,最大平面直径 123m,水平投影 38000m²,檐口高度 34.8m。"花瓣"单片结构自重 200 多吨,外形长 71m,宽 46m,高 7m,坐落在重 1800 多吨的环梁上。环梁与每单片屋面之间设置三条导轨和机械传动装置来完成开合。

（3）南通体育会展中心体育场

南通体育会展中心体育场建筑面积 4.86 万 m²,是国内第一个采用活动开启式屋盖的体育场馆,屋盖的几何形状为球冠,建筑高度 55.2m,观众席 32264 座,如图 8-9 所示。主体建筑看台部分为钢筋混凝土结构,地上四层,局部地下一层,屋盖为大型钢管桁架空间结构,是集体育、商务、公益服务及娱乐于一体的综合体育运动、休闲场所。

固定屋盖采用拱支网壳,网壳为单层网壳。固定屋盖中的主拱、副拱、斜拱和内圈桁架的上弦轴线的节点位于半径为 204m 的球面上,主拱、副拱、斜拱和内圈桁架的下弦轴线节点位于半径为 200m 的球面上。活动屋盖采用由移动台车多点支撑的多跨单层网壳,单层网壳杆件轴线节点位于半径为 206.8m 的球面上,台车的轨道位于固定屋盖的主拱上弦之上。

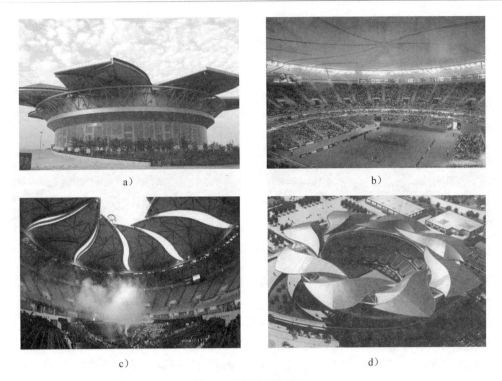

图 8-8　上海旗忠网球中心

a)全景;b)闭合状态;c)半开启状态;d)开启状态

图 8-9　南通体育场

a)全景;b)闭合状态;c)开启状态

（4）鄂尔多斯东胜体育场

鄂尔多斯东胜体育场总建筑面积为 86295m²，共有固定观众席 35000 个，该工程采用钢管拱桥的设计理念，通过钢索将屋盖大部分重力荷载传给大拱，如图 8-10 所示。

a)   b)

图 8-10　鄂尔多斯东胜体育场

活动屋盖由 2 个单元块组成，最大可开启面积（水平投影）长 113.524m，宽 88.758m，驱动系统采用钢缆绳牵引方式，每片活动屋盖两边各有 7 个台车。活动屋盖屋面采用 PTFE 膜结构，可有效适应活动屋盖的变形，防水性能优越。

固定屋盖在沿活动屋盖运行轨道方向布置主桁架，在与主桁架垂直的方向布置次桁架。在屋盖周边布置环向桁架以增加屋盖结构的整体刚度。巨型钢拱采用钢管桁架，跨度 330m，高 129m，拱与地面垂线夹角 6.1°。在对应固定屋盖与钢拱桁架的节点位置布置了 23 组钢索，可以有效减小固定屋盖在活动屋盖运行时的变形量，使大跨度屋盖桁架高度降低，水平荷载则由下部刚度较大的混凝土看台结构承担。固定屋盖、巨型钢拱与钢索形成整体受力体系，共同承担各种荷载效应。

（5）国家网球中心新馆

国家网球中心新馆总建筑面积约为 51199m²，建成后将成为承办中国网球公开赛的专用比赛场馆，赛时看台区总座席 13598 个，建筑最大高度约为 46m，大跨度屋盖中间带有可开启的活动屋盖，如图 8-11 所示。

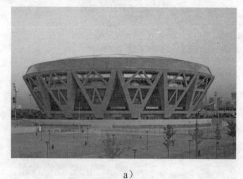

a)   b)

图 8-11　国家网球中心新馆

开合屋盖采用平行移动式，活动屋盖采用双层拱形结构，通过滑移轨道放置于固定屋盖中弦层之上。活动屋盖由 4 个单元构成，上层两个单元宽度为 16m，跨度为 74.6m，下层两个单元宽度为 16m，跨度为 71m。固定屋盖平面呈圆形，最大直径为 140m，最大高度约为 46m，在场地中央上空设置 70m×60m 的矩形洞口。固定屋盖采用网格结构，在活动屋盖可移动范围内为双层平面网格结构；活动屋盖的运行范围以外改为三层网格结构，使屋盖结构刚度有效增大,同时能够很好地满足建筑立面对活动屋盖遮挡的要求。

（6）绍兴体育中心

绍兴体育场总建筑面积 77500m²,长轴 260m,短轴 200m,观众座位 40000 席。屋盖采用开合结构,开启面积 12350m²,是国内目前可容纳观众最多的开合式体育场,如图 8-12 所示。罩棚围护采用膜材料,固定屋盖采用空间钢桁架结构,两活动屋盖采用平面桁架。

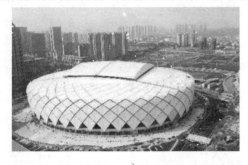 

a)　　　　　　　　　　　　　　　　　b)

图 8-12　绍兴体育中心

8.2.3　开合结构的现状及存在的问题

开合屋盖通常由活动屋盖、固定屋盖与驱动控制系统构成,其建筑造型变化丰富,使用功能优越,节能环保,符合建筑技术发展的趋势。但与普通的大跨度空间结构相比,其技术复杂性要大得多。迄今为止,国内外对于开合屋盖结构设计方面的系统性研究还较少,主要经验来源于具体的工程案例。日本建筑学会 1993 年出版了《开合屋盖结构设计指南》,国内刘锡良教授较早开展了开合屋盖结构相关技术研究,中国工程建设标准化协会 2015 年出版了《开合屋盖结构技术规程》。国外开合屋盖在使用过程中存在的问题与出现故障的情况较多,发生过围护结构破损、机械故障、运行不畅等情况。

大型开合屋盖工程投资较大,技术难度高,需要经过全面的技术经济比较,最终确定合理的开合方式与驱动控制系统。该类结构突破了传统意义上结构应处于基本静止状态的基本概念,引入全新的结构设计理念,与传统的大跨度屋盖设计方法存在很大不同。一般来说,结构工程师缺乏对活动屋盖驱动控制系统方面的知识,这是在开合屋盖设计时面临的主要挑战之一。

此外,由于大型开合屋盖结构的重要性与复杂性,在设计时应全面考虑各种荷载与效应,确保结构在各种不利荷载工况组合下的安全性。合理确定开合屋盖结构的各种荷载效应与计算参数,对于控制结构与驱动设备的加工制作难度、工程造价以及建造周期,均具有重大意义。设计人员需要深入了解活动屋盖控制程序、驱动原理以及在各种条件下机械设备施加给结构的反力,在设计时合理确定活动屋盖的各种控制参数,将驱动系统设计及相关元素融入建筑专业与结构专业设计中。

8.2.4　开合结构的应用领域

开合结构主要应用于以下领域:①大型活动场馆,如图 8-13 ～图 8-18 所示;②商业步行街,如图 8-19 ～图 8-21 所示;③停车场,如图 8-22 所示;④中小型公共设施,如图 8-23 ～图 8-24 所示;⑤商业娱乐建筑,如图 8-25 ～图 8-28 所示;⑥游轮与桥梁,如图 8-29 和图 8-30 所示。

图 8-13　日本海洋穹顶

图 8-14　美国休斯敦雷利昂体育馆

图 8-15　日本静冈县伊豆市天城体育馆

图 8-16　荷兰阿姆斯特丹体育馆

图 8-17　鄂尔多斯东胜全民健身活动中心

图 8-18　日本福冈穹顶

图 8-19　街道上的开合屋盖

图 8-20　日本大阪市中央区商业街

图 8-21　日本冈山县津山一番街

图 8-22　日本大阪府堺市某停车场

图 8-23　日本某站台

图 8-24　日本某公园设施

图 8-25　日本大阪的鹤见区的商业设施

图 8-26　日本大阪环球影城主题乐园

图 8-27 餐厅

图 8-28 酒店

图 8-29 游轮

图 8-30 桥梁

8.3 开合结构的开合方式

开合屋盖结构的开合方式主要有平行移动、绕枢轴转动和活动屋盖折叠移动开合三种开合方式。活动屋盖可以由多个单元构成,各个单元可以采用基本开合方式或基本开合方式的组合。

活动屋盖平行移动开合通常采用水平移动、空间移动和竖直移动三种方式。水平移动开合方式如图 8-31a)所示,一般为双侧开启,每侧可采用单个或多个活动单元。多个活动单元在屋盖全开状态时平面位置重叠,可以实现较大的开启率。空间移动开合方式如图 8-31b)所示,常用双侧开启方式,每侧一般为单个活动单元。竖直移动开合方式如图 8-31c)所示,可采用整体活动屋盖,目前在工程中应用较少。

活动屋盖绕枢轴转动开合主要包括绕竖向枢轴转动和绕水平轴转动两种方式。绕竖向枢轴转动开启方式如图 8-32a)所示,活动屋盖沿周边的环形轨道绕场地中心的竖轴旋转,一般采用多片(瓣)活动屋盖单元,各片(瓣)单元的自重相应较小。活动屋盖在全开状态时,各片(瓣)活动单元的平面位置重叠,可实现较大的开启率。绕水平枢轴转动开启方式如图 8-32b)所示,各片(瓣)活动屋盖单元围绕各自的水平轴旋转,一般适用于小型活动屋盖。

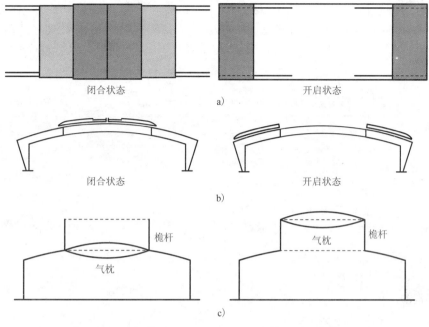

图 8-31　平行移动开合方式

a)水平移动；b)空间移动；c)竖直移动

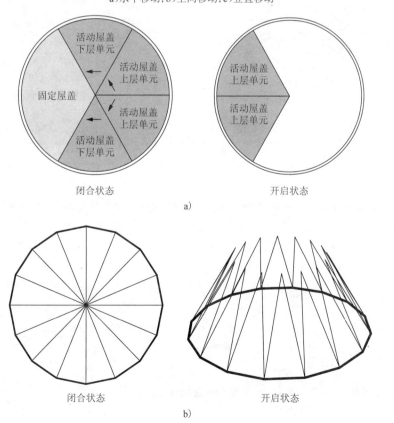

图 8-32　绕枢轴转动开合方式

a)绕竖向枢轴转动；b)绕水平枢轴转动

活动屋盖折叠移动开合包括水平折叠、空间折叠和放射状折叠三种方式。水平折叠方式和空间折叠开启方式分别如图 8-33a）与图 8-33b）所示，可采用双侧开启或单侧开启。放射状折叠开启方式如图 8-33c）所示，在全开状态时，活动屋盖膜材通常收纳于场地中央的上空。

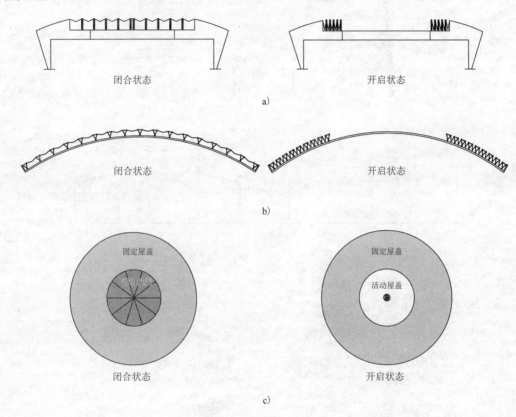

图 8-33 折叠移动开合方式

a)水平折叠；b)空间折叠；c)放射状折叠

对于一些大型的开合屋盖结构，为了满足建筑上足够大的开启率，会采用以上各种方式的组合，如图 8-34 所示。主要形式为屋盖中的单片开合单元存在两种或两种以上的移动方式，即尽管各开启屋盖单元的运动方式单一，但各开启单元的移动方式不同，存在两种或两种以上的移动方式。采用最多的就是水平移动加绕竖轴旋转的方式，另外还有各片活动屋盖采用其他不同运动模态进行组合的开合方式。

图 8-34 日本球穹顶

a)关闭状态；b)半开启状态；c)全开启状态

8.4　开合结构的选型

8.4.1　结构体系选型原则

（1）活动屋盖结构体系应与屋盖开合方式及驱动控制系统相适应。

（2）活动屋盖应采用自重轻、具有良好变形适应能力的结构形式,宜采用高强材料。

（3）活动屋盖宜采用对称结构。当采用不对称结构时,应采取措施减少结构不对称变形的影响。

（4）应合理确定单片活动屋盖台车的数量和位置,使各台车受力均衡,避免个别台车受力过于集中。

（5）应对活动屋盖运行过程进行外形干涉检验,避免活动屋盖运行时发生碰撞。

（6）活动屋盖的下部支承结构应具有足够的刚度,以满足活动屋盖在运行移动时对轨道变形的要求。

（7）活动屋盖的屋面坡度应有利于排水,并宜避免不利积雪的影响。

8.4.2　活动屋盖结构选型

活动屋盖结构通常有网格结构、刚性折叠结构和柔性折叠结构三种类型。

选用网格结构时,应注意以下几点:

（1）活动屋盖结构设计时,宜优先采用沿跨度方向传力为主的结构形式,如桁架、张弦桁架、弓形结构单向受力结构等。

（2）桁架设计时宜使结构两端的推力均衡、对称。同时,应根据情况选择适当的约束条件,将结构推力控制在合理的范围内。

（3）应通过设置水平支撑体系等方式,确保单向受力结构平面外的稳定性。

（4）当活动屋盖采用网架、网壳等空间结构时,通过合理控制结构刚度,使各支座反力尽量均匀。

（5）直接与台车相连的活动屋盖边桁架,应具有较好的变形适应能力,避免运行时变形差异对桁架内力产生显著影响。

（6）活动屋盖单元重心的平面投影位置,宜接近该活动屋盖单元各台车所形成的多边形的形心位置。

（7）水平旋转开启活动屋盖应设置旋转导向轴。导向轴宜仅承受屋盖开启过程中的水平动力荷载,并应设置多道平面圆弧轨道,形成以旋转导向轴为圆心的同心圆弧。

选用刚性折叠结构时,应注意以下几点:

（1）刚性折叠活动屋盖通过自身各组件的相对运动,使屋面以折叠方式实现开启与关闭。刚性折叠活动屋盖宜采用抗弯折性能良好的膜材作为屋面覆盖材料。

（2）刚性折叠结构各组件之间通过锁铰相连接。折叠结构根据展开成型后的稳定平衡方式分为自锁式结构及外加锁式结构。

（3）折叠部位的锁铰节点应具有足够的强度和刚度,并保证所连接杆件在折叠、展开过程中运动自如。

选用柔性折叠结构时,应注意以下几点:

(1)柔性折叠结构的开合方式主要以放射形折叠收纳式为主,应选用可折叠的膜材,根据膜材的收纳位置主要分为以下三种开合方式:桅杆收纳开合方式（图 8-35）、塔楼收纳开合方式（图 8-36）以及索网收纳开合方式（图 8-37）。

(2)在支承结构的开口部位应设置刚性环梁,并根据建筑造型及支承条件等确定活动屋盖膜材的收纳位置。

(3)柔性折叠结构的几何形态应保证膜面折叠、展开运动自如。闭合时膜面不松弛,与支承结构贴合紧密。在全开、全闭状态下,应分别满足强度、刚度和稳定性要求。

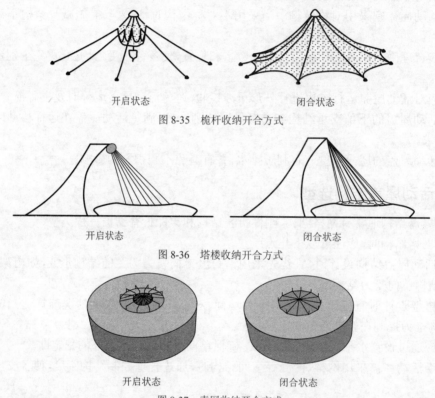

开启状态　　　　　　　　　　　闭合状态

图 8-35　桅杆收纳开合方式

开启状态　　　　　　　　　　　闭合状态

图 8-36　塔楼收纳开合方式

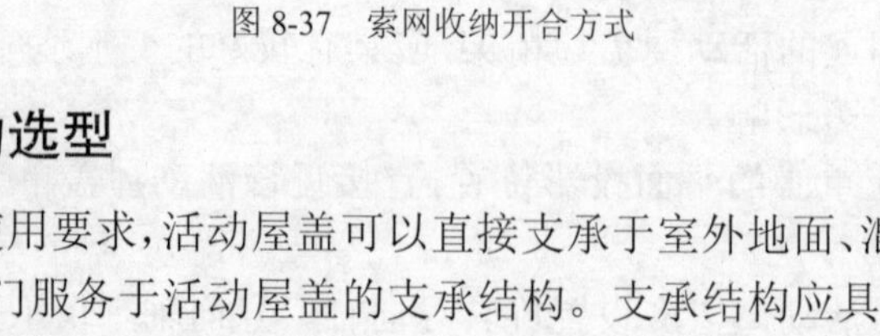

开启状态　　　　　　　　　　　闭合状态

图 8-37　索网收纳开合方式

8.4.3　支承结构的选型

根据建筑功能与使用要求,活动屋盖可以直接支承于室外地面、混凝土结构顶部或固定屋盖之上,也可设置专门服务于活动屋盖的支承结构。支承结构应具有较大的刚度,满足活动屋盖行走过程中的变形要求。

当活动屋盖支承于地面时,应在地面标高以下设置沟槽作为活动屋盖行走机构的支承结构,驱动系统宜设置在沟槽内,沟槽顶面应设置活动盖板。沟槽宜采用钢筋混凝土结构,周边土体应满足地基承载力及变形要求。

当活动屋盖支承于混凝土结构顶部时,下部混凝土结构不宜设置结构缝。支撑轨道系统构件的刚度应满足变形控制的要求,活动屋盖运行移动荷载作用下,支承梁的跨中挠度不宜大于其跨度的 1/800,且不应大于 15mm。

当活动屋盖支承于固定屋盖结构时,固定屋盖的几何形态应适应活动屋盖的运行需求。固定屋盖、支承轨道桁架以及开合洞口周边构件应具有较大的刚度,对活动屋盖全开、全闭以及运行状态的各种可变荷载具有良好的适应性。固定屋盖结构的最大变形不宜大于其跨度的 1/400。

支承结构应满足在各种荷载工况作用以及活动屋盖各种可能位置时的承载力与刚度要求,直接支承轨道的杆件应满足活动屋盖最不利位置时的强度和变形要求。

应考虑基础不均匀沉降对支承结构和活动屋盖的不利影响,必要时应在上部结构分析中考虑基础变形。当活动屋盖支承于地面时,基础不均匀变形计算值不宜大于 1/1200。

8.4.4 围护结构的选型

围护结构选型应注意以下几点:

(1)宜充分利用日光照明,活动屋盖围护结构应尽量选择轻质的、保温隔热效果好的、透光率高的 PTFE 或 ETFE 膜材、聚碳酸酯板或金属板等材料。

(2)围护结构宜选用柔性材料,充分适应活动屋盖运行引起的变形。

(3)通过对围护结构表面单元和连接件的强度验算与合理的构造设计,确保屋面围护结构在各种荷载与作用下的安全性,并考虑积雪滑落的不利影响。

(4)活动屋盖单元之间、活动屋盖与支承结构之间接缝处的构造应满足相应的防雨防风等密闭要求,并防止运行时活动屋盖单元之间或与支承结构相碰撞。

(5)采用膜材作为屋面材料时,需适当施加预应力,防止无张力状态下的膜面在风荷载作用下振动引起膜材损伤。

(6)当采用膜材作为围护结构时,应避免膜面积水、积雪;刚性及柔性折叠结构在折叠状态时,应防止雨、雪进入折叠后的膜面。

(7)对于折叠开合屋盖,设计时应考虑由于膜材折叠而导致的膜材强度变化。

(8)围护结构中使用的膜材应符合《膜结构技术规程》中的规定。宜采用 G 类和 P 类膜材,其产品名称和理化性能应符合现行行业标准《膜结构用涂层织物》的规定。

(9)应根据建筑声学环境要求,对围护结构的声学效果进行评估,并根据情况采取相应的吸声措施。

8.4.5 固定屋盖结构选型

固定屋盖的几何形态应与活动屋盖的运行要求相一致,并采用结构刚度,特别是竖向刚度大的结构形式,对活动屋盖全开、全闭以及运行状态的各种可变荷载具有良好的适应性。

8.5 开合屋盖结构的荷载与作用

屋盖的开合条件影响着结构设计工况和相关工况下的荷载设计值,因此在设计阶段必须首先确定屋盖的开合条件,然后再确定屋盖在各种可能的屋盖形态(全开、全闭、半开、部分开启锁定状态以及运动状态)下的荷载取值,进而对屋盖结构进行内力分析、荷载工况组合和结构构件设计。

所谓确定屋盖的开合条件,是指确定在何种条件下屋盖才能进行开合移动、开合运行的具体要求(如运行速度、起动和刹车的加速度、开闭运行时间等)、一般非运行状态下屋盖的停靠位置及特殊条件下屋盖的停靠位置等。开合条件必须建立在正确的评估荷载和外部作用力的大小、传动机械方案和开合系统控制方案的基础上。

开合屋盖作为一种特殊的建筑结构类型,除具有普通建筑结构的许多共性外,还有许多独特特点,其荷载类型也是如此。常规结构的荷载工况有恒荷载、活荷载、雪荷载、风荷载、温度作用、使用荷载、地震作用。开合结构特有荷载工况有开合屋盖在启动和刹车时的惯性力荷载;屋盖开合移动时因轨道之间距离、轨道本身精度、开合屋盖的角度、直线轨道定位不准确等因素产生的水平荷载;因轨道有接头、轨道不平因素产生的力,屋盖移动过程中下部结构的不均匀变形产生的差异变形荷载等。

8.5.1 恒荷载与活荷载

固定屋盖的恒荷载包括:①结构自重,包括杆件和节点;②马道、灯具、音响、摄像设备、保温隔热材料、声学吊顶等的自重;③轨道、托辊、导向轮等驱动控制系统的自重。

活动屋盖的恒荷载除应包括结构、屋面系统、照明音响设备等的自重外,还应包括驱动与控制系统的设备自重。

固定屋盖活荷载取值应满足维修时人员、材料与设备重量的要求,根据《建筑结构荷载规范》(GB 50009—2012),固定屋盖活荷载可取 $0.5kN/m^2$。

活动屋盖处于全开或全闭状态时,其均布活荷载可取 $0.3kN/m^2$;当活动屋盖投影面积小于 $100m^2$ 时,均布活荷载宜取 $0.5kN/m^2$,集中检修荷载取 $1.5kN$;活动屋盖处于运行状态时,均布活荷载取 $0.1kN/m^2$。屋面均布活荷载不与雪荷载或积水荷载组合。

在重大体育赛事与大型商业演出活动时,经常需要在屋顶吊挂各种临时荷载,其最大值不应大于固定屋盖的活荷载值,但此时尚应考虑雨、雪及风荷载同时发生的可能性。

应采取有效措施防止屋面排水不畅导致的积水。对局部积水应按最大可能深度确定积水荷载。

8.5.2 雪荷载

应针对开合屋盖可能出现的开合状态,分别考虑雪荷载的影响,严格控制活动屋盖运行时屋顶积雪荷载的限值,且不应超过设计活荷载,多雪地区的重要开合屋盖结构可采用相应的融雪措施。

在多雪地区,活动屋盖在冬季一般应设定为常闭状态,其他季节可以开启。活动屋盖的开合状态对雪荷载效应有很大影响,一般情况下,屋盖在开启状态时降雪在屋面堆积量小,比屋盖闭合状态有利。

结构的基本雪压可根据现行国家标准《建筑结构荷载规范》(GB 50009—2012)相关规定确定。设计过程中充分考虑气候环境特点与屋盖的形状、屋面积雪飘移、滑落引起的不均匀分布以及局部堆积的可能性。在闭合状态下的雪荷载与常规结构相同。活动屋盖结构宜考虑融雪过程中可能出现的雪荷载不利分布。对多雪地区安全等级为一级的开合屋盖结构,可采用相应的除雪、融雪措施。

开合屋盖屋面积雪分布系数,可按下列规定采用:

(1)按《建筑结构荷载规范》(GB 50009—2012)中给出的适用屋面形式确定。

（2）对于安全等级为一级且体型复杂的开合屋盖,宜由试验或数值模拟方法确定。

过大的雪荷载将导致结构建造成本增加,影响结构设计的经济性,且积雪对膜结构等透光材料的效果影响很大,不利于场馆的正常使用,屋面积雪与轨道结冰将影响台车的运行。所以有必要采取融雪措施,应用最多的是整体加热,即将燃气加热后的空气吹入屋顶的双层膜之间,空气温度保持在 20℃左右,保证屋顶与轨道无积雪、结冰,室内温度比较适宜结构构造。日本的球穹顶采用了屋盖融雪系统,其方法就是采用双层膜屋面,下雪时在膜层中间充以暖气。也可以在轨道部分设置融雪除冰装置,如采用设置电加热板等措施。

8.5.3　风荷载

风荷载的取值最能体现荷载与状态相对应这个特点。影响风荷载标准值的要素包括基本风压、风荷载体型系数、风压高度变化系数以及风振系数。在开合屋盖结构打开、关闭和半打开状态下的风荷载以及开合过程中的风荷载是不同的。因此,如果把结构设计成能抵抗任何状态的最大风荷载,就会造成结构尺寸加大,建设成本也会提高。

结构可能承受的最大风荷载随着开合方式和结构基本体系的不同而异。因此,结构设计必须考虑不同开启状态下的风荷载工况,以便在实际使用或在开合控制时不出现任何问题,同时能够确保屋盖结构在设计风荷载作用下各种状态的顺利转换。

基本风压如何取值,是开合屋盖结构设计的关键之一,如果笼统地按照荷载规范规定的建筑场地基本风压进行考虑,是不经济的,也是不科学的,因为荷载规范规定的基本风压是以重现期为基准的,但是开合屋盖结构并不是每一个状态都要经受整个设计使用年限中所遇到的最大风荷载。当然,开启和移动状态取的基本风压较小,是要以开合屋盖结构的使用能严格按照操作手册进行管理为前提保证的,否则若台风到来时,屋面仍处在开启状态,那么结构就非常危险了。国外的已建开合屋盖建筑开启和移动状态对应的基本风压较小,但考虑到国内对场馆的管理水平较低,所以建议国内的开启屋盖结构,开启状态的基本风压最小值取 0.3～0.4 kN/m²。虽然这是过于保守,但相对于国内的管理水平而言,是有道理的,而且这个取值也不会和我国的荷载规范中基本风压值不得小于 0.3 kN/m² 的条文相冲突。若能保证建成后场馆的使用严格按照操作手册进行管理,开启状态的基本风压可以取得小一些。

对于重要的大型开合屋盖结构,应采用重现期为 100 年的基本风压,并应考虑屋盖的形状与开启状态对脉动风压的影响,其对膜结构等围护结构设计的影响比较显著。

考虑到开合屋盖结构的复杂性,一般应通过风洞试验确定建筑表面的风压分布,分别考虑全开、全闭、半开状态时的情况。当开合屋盖采用暴风关闭的运营模式时,对全开状态与半开状态,在结构设计时应采用该地区发生频度较高的强风。考虑到机械故障等因素,为了保证安全性,可取 10 年重现期的基本风压。

由于开合屋盖结构的屋面以膜材或金属薄板等材料作为覆盖材料,所以屋盖结构重量较轻。屋盖在全开启和半开启状态下的建筑体型为抗风不利体型,此时屋盖系统受到的向上风荷载很大,风荷载对于活动屋盖的开合操作有很大影响,应通过加强科学的运行管理,减小在风速较高时运行活动屋盖带来的风险。考虑到带有开合屋盖场馆运营的实际需要,应对风速进行实时监测,在屋顶设置不少于 2 个风速测点。在进行开合屋盖设计时,一般应保证活动屋盖可以在 10～15m/s 风速时运行,相当于蒲福氏风级的 6 级风左右。应采用设置反钩轮与锁定装置等防止风吸力影响的措施。

从以往的工程经验看,当抗风设计出现很大的困难或是抗风措施成本很大时,往往都是通过控制屋盖的开闭条件来解决,即限定屋盖开启的最大风速。如加拿大的天空弯顶,规定的屋面移动条件是风速小于 18m/s,但在驱动设备的驱动力设计上要求风速达到 25 m/s 的情况下,仍能以较慢的速度关闭屋盖;日本小松弯顶规定的屋面移动条件是 10min 的平均风速不超过 15m/s,但是关闭屋盖的驱动设计风载荷是 10min 的平均风速不超过 30m/s。

开合屋盖结构的风荷载体型系数建议应由风洞试验确定。其原因有:①开合屋盖结构大部分为公共建筑,各国的荷载规范对公共建筑的风荷载体型系数都是建议应通过风洞试验确定的;②可动屋面处于开启和闭合状态时,因为存在洞口的变化,整个屋盖的风荷载体型系数变化非常大;③开合屋盖结构的建筑外形通常很特殊,荷载规范提供的参考体型系数不大适用。

对于空间移动类型的开合结构,活动屋盖处在不同状态下,该部分质心的高度有很大的变化,所以活动屋盖对应的风压高度变化系数也有比较大的变化,但固定屋盖部分则没有这个问题。

开合屋盖结构的风振系数是一个值得深入研究的问题。活动屋盖和下部固定屋盖是两个通过锁定装置连起来的两个相对独立的刚体,两者之间总是存在着一定的间隙,在风荷载作用下两者有着不同的响应。特别是活动屋盖部分,因为其与下部的连接不是理想的刚性连接,所以在风荷载作用下,其振动特性比较特殊,但目前还没有很深入的研究。

开合屋盖结构的抗强风设计基本上属于被动措施——关闭移动的屋盖。这些被动措施是否可行取决于安装在屋盖上的风速表、风速传感器及其控制系统、管理系统的可靠性,还取决于建筑所处的地理环境。虽然从近年来这些刚性屋盖结构的使用情况还未看出任何问题,但从以往开合索膜结构(以褶皱形式开启)的风荷载事故教训看也不是没有事故隐患的。对于建造在龙卷风高发地区的开合屋盖结构,突加的风力可能使风速控制系统来不及采取关闭屋盖的措施,就已经使屋盖系统达到无法控制的境地。因此,可以通过在方案设计阶段就合理选用建筑结构形体来降低风荷载体型系数这样的主动措施来提高开合屋盖结构安全性。在这方面典型例子就是荷兰的阿姆斯特丹体育场,该结构采取了利用建筑体型减小屋盖风吸力的主动控制措施,建筑模型的风洞试验表明,在半开启和全开启状态下移动屋盖的风吸力很大,以至于把整个移动屋盖从轴承上抬走,并使所有的锁定装置失效。为此,在移动屋盖和固定屋盖之间留有一个较大的空隙,风可以以很大的速度通过这个空隙,这样间隙内的风就会对上面的移动屋盖产生向下的吸力,该吸力就降低了移动屋盖上浮的可能性。该建筑的抗风设计为开合屋盖结构提供了很好的抗风设计借鉴。

8.5.4 温度作用

温度作用对开合屋盖结构的影响包括两个方面:①结构承载方面,当开合屋盖的平面尺寸较大,温度变化引起的内力与变形不能忽略时,需要考虑温度变化的影响;②设备运行方面,温度作用引起的结构变形和轨道变形不得影响台车和驱动控制系统的正常运行。

温度变化引起的结构变形对轨道位置将产生显著的影响,直接关系到驱动控制系统的设计参数与适用性,驱动控制系统的工作温度一般为 20~40℃,过高或者过低的温度均会对机械与控制系统产生不利影响,将使机械运行与维修变得非常困难,容易出现使用故障。开合屋盖结构驱动控制系统应避免温度过高引起电器与线缆使用寿命缩短、机电部件烧毁,以及低温运行导致的机械部件磨损与金属材料冷脆破坏。

温度作用应考虑气温变化、太阳辐射及使用热源等因素,活动屋盖结构或构件上的温度作用应采用结构服役期间温度与施工合拢温度的差值进行分析。

计算结构或构件的温度作用效应时,常用材料的线膨胀系数可按表 8-1 采用。

常用材料的线膨胀系数($\times 10^{-6}/℃$)　　　　表 8-1

材料	普通混凝土	钢、锻铁、铸铁	不锈钢	铝、铝合金
线膨胀系数	10	12	16	24
材料	钢丝束	钢绞线	钢丝绳	钢拉杆
线膨胀系数	18.7	13.8	19.2	12.0

计算太阳辐射作用下的结构或构件温度作用效应时,应考虑构件表面太阳辐射吸收系数的影响。常用面漆 / 防火涂料的太阳辐射吸收系数 ε 可按表 8-2 采用。太阳辐射吸收系数是指材料吸收太阳辐射能量的性能,在太阳辐射引起温升的影响因素中,结构表面涂层的太阳辐射吸收系数影响很大,钢结构表面应选择太阳辐射吸收系数小,红外线反射能力强的浅颜色面漆,有效控制面漆红外线反射率,尽量降低太阳辐射吸收系数。

常用面漆 / 防火涂料的太阳辐射吸收系数 ε　　　　表 8-2

面漆颜色 / 防火涂料类别	白色	黄色	灰色	超薄型防火涂料
太阳辐射吸收系数	0.40	0.61	0.75	0.35
面漆颜色 / 防火涂料类别	绿色	红色	薄型防火涂料	厚型防火涂料
太阳辐射吸收系数	0.86	0.81	0.44	0.83

开合屋盖结构宜考虑极端气温的影响,基本气温 T_{max} 和 T_{min} 根据国家标准《建筑结构荷载规范》(GB 50009—2012)的有关方法,采用日最高气温数据统计分析确定,当无法获得地区历年温度数据时,可在《建筑结构荷载规范》(GB 50009—2012)基本气温的基础上,乘以放大系数 1.4 使用。结构的最高初始平均温度 $T_{0,max}$ 和最低初始平均温度 $T_{0,min}$ 应根据结构合拢或形成约束时的温度确定,或根据施工时结构可能出现的不利温度确定。

对处于室内环境的结构,其平均温度应考虑室内外温差的影响;对于暴露于室外的结构或施工期间的结构,宜根据各部位的朝向和表面吸热特性确定太阳辐射的影响。

太阳辐射强度中,水平面和垂直面的太阳辐射总强度 G_H 应根据国家现行标准《民用建筑供暖通风与空气调节设计规范》(GB 50736—2012)的有关规定确定,非水平面和垂直面上的直接辐射强度 G_D、散射辐射强度 $G_{d\theta}$ 与反射辐射强度 G_R 分别按下列公式计算:

$$G_D = \frac{G_H}{\sin\beta + C}\cos\theta \tag{8-1}$$

$$G_{d\theta} = \frac{CG_H}{\sin\beta + C}\frac{(1+\cos\alpha)}{2} \tag{8-2}$$

$$C = 7.8763\times10^{-2} - 4.2177\times10^{-4}\times N + 1.9908\times10^{-5}\times N^2 - 1.0607\times10^{-7}\times N^3 + 1.5024\times10^{-10}\times N^4 \tag{8-3}$$

$$G_R = \rho_g G_H \frac{1-\cos\alpha}{2} \tag{8-4}$$

式中:β—— 太阳高度角;

C—— 水平面上散射辐射与垂直入射的直接辐射的比值;

θ——太阳光线入射角，若 $\cos\theta<0$，表示表面处于太阳阴影中；

α——入射面法线与水平面法线之间的夹角；

ρ_g——地面或水平面的辐射反射率，光滑地面取 0.2，绿化地取 0.05；

N——从 1 月 1 日算起的年序日。

太阳辐射作用下，钢板的温度可由下式进行计算：

$$T=\frac{G+\left(\alpha_1+\alpha_2\cos\alpha\right)T_a^4\times10^{-8}+h\left(T_a-273\right)-203}{h+5.8} \tag{8-5}$$

$$G=\tau\varepsilon\left(G_D+G_{d\theta}+G_R\right) \tag{8-6}$$

式中：T——钢板温度（℃）；

T_a——室外温度峰值（K）；

G——钢板吸收的太阳辐射强度（W/m²），对于阴影面的太阳辐射不计入直接太阳辐射强度 G_D；

ε——结构外表面太阳辐射热的吸收系数，可按表 8-2 采用；

h——结构外表面对流热交换系数（W/m²×K），根据式（8-7）确定；

α_1、α_2——系数，可按表 8-3 取值，表中未列出的 k 值所对应的 α_1 和 α_2 值可线性插值求得；

τ——膜材太阳辐射透射系数。

α_1 和 α_2 取值　　　　　　　　　　表 8-3

k	1.00	1.01	1.02	1.03	1.04	1.05	1.06	1.07
α_1	4.411	4.503	4.598	4.696	4.797	4.900	5.007	5.116
α_2	-0.129	-0.221	-0.316	-0.414	-0.515	-0.618	-0.725	-0.834
k	1.08	1.09	1.10	1.11	1.12	1.13	1.14	1.15
α_1	5.229	5.345	5.464	5.587	5.713	5.842	5.975	6.111
α_2	-0.947	-1.063	-1.182	-1.305	-1.431	-1.560	-1.693	-1.829

注：k 为系数，$k=$［地面温度（℃）+273.15］/［室外峰值温度（℃）+273.15］。

对流热交换系数 h 可按下式计算：

$$h=\sqrt{\left[C_t(\Delta T)^{1/3}\right]^2+\left[aV_0^b\right]^2} \tag{8-7}$$

式中：C_t——自然对流系数，可按表 C.1.3 确定；

ΔT——外表面和室外空气温度差（℃）；

a、b——常数，可按表 8-4 取值；

V_0——标准气象条件下的风速（m/s）。

自然对流系数 C_t 和常数 a、b　　　　　　表 8-4

方向	C_t	a	b
上风向	0.84	2.38	0.89
下风向	0.84	2.86	0.617

膜材太阳辐射透射系数 τ 按表 8-5 取值。对于不同层数和印点率的 ETFE 膜材可参考式（8-8）～式（8-10）计算。

$$\tau_a=\left(1-a\right)\tau_0+a\tau_y\rho_a \tag{8-8}$$

式中：τ_a——印点率为 a 的 ETFE 膜材的太阳辐射透射系数；

$\quad\tau_0$——无色透明的 ETFE 膜材的太阳辐射透射系数；

$\quad\tau_y$——银色印点的太阳辐射透射系数。

$$\rho_a = (1-a)\rho_0 + a\rho_y \tag{8-9}$$

式中：ρ_a——印点率为 a 的 ETFE 膜材的太阳辐射反射系数；

$\quad\rho_0$——无色透明的 ETFE 膜材的太阳辐射反射系数；

$\quad\rho_y$——银色印点的太阳辐射反射系数。

$$\tau_n = \tau_0^n \tag{8-10}$$

式中：τ_n——多层无色透明的 ETFE 膜材的太阳辐射透射系数；

$\quad n$——无色透明的 ETFE 膜材层数。

不同膜材太阳辐射反射系数、透射系数和吸收系数汇总   表 8-5

样 品 种 类		厚度(mm)	颜色	反射系数	透射系数	吸收系数
PE	大棚膜	0.08	无色	0.08	0.74	0.18
ETFE	透明 ETFE	0.25	无色	0.08	0.80	0.12
	浅蓝色透明 ETFE	0.25	浅蓝	0.09	0.70	0.21
	ETFE 印点	0.25	银色	0.61	0.05	0.34
	ETFE 印点率 63%	0.25		0.37	0.32	0.30
	ETFE 印点率 80%	0.25		0.52	0.16	0.32
	2 层透明 ETFE	0.5		0.15	0.69	0.16
	3 层透明 ETFE	0.75		0.20	0.57	0.23
	2 层印点	0.5		0.61	0.02	0.37
	3 层印点	0.75		0.62	0.01	0.37
	气枕 06363	0.75		0.50	0.1	0.40
	气枕 466363	0.75		0.52	0.07	0.41
PTFE	FGT—250 漂白前	0.35	白	0.72	0.14	0.14
	FGT—250 漂白后	0.35	白	0.73	0.15	0.12
	FGT—250D-2 漂白前	0.28	白	0.62	0.24	0.14
	FGT—250D-2 漂白后	0.28	白	0.63	0.24	0.13
	FGT—600 漂白前	0.6	浅褐	0.65	0.10	0.25
	FGT—600 漂白后	0.6	白	0.73	0.10	0.17
	FGT—800 漂白前	0.8	浅褐	0.65	0.04	0.32
	FGT—800 漂白后	0.8	白	0.77	0.05	0.18
	FGT—1000 漂白前	1	浅褐	0.73	0.02	0.25
	FGT—1000 漂白后	1	白	0.79	0.03	0.18
	H302 漂白前	0.6	褐	0.64	0.02	0.34
	B18039 漂白前	0.5	褐	0.56	0.04	0.40
	B18089 漂白前	0.7	褐	0.60	0.02	0.38
TPO	TPO	1.2	白	0.81	0.00	0.19
PVDF	PVDF 膜材	1	白	0.87	0.03	0.10

　　夏季箱形截面构件的翼缘板和腹板温度可根据式（8-5）确定。阴面钢板不考虑太阳直接辐射作用，由于管内空气和钢材热传导引起的温度增大系数取 1.1。

　　太阳辐射作用下 H 形钢的上翼缘和下翼缘的温度应按式（8-5）确定，下翼缘一半区域受太阳直射辐射；腹板各点处的温度由上下翼缘板的温度值插值确定。

　　太阳辐射作用下圆钢管的温度按式（8-5）确定，钢管背光面最低温度计算时不考虑太阳直射辐射强度，迎光面最高温度处的倾角 α 和入射角 θ 可按式（8-11）～式（8-17）确定，背光面最低温度处的倾角 α_S 可按式（8-18）确定；其余各处温度按式（8-11）确定。

$$t(\omega)=t_{max}-(t_{max}-t_{min})\sin\omega \quad 0<\omega\leqslant 360° \tag{8-11}$$

$$\cos\alpha=\frac{c}{\sqrt{a^2+b^2+c^2}} \tag{8-12}$$

$$a=\frac{\cos\varphi_{axis}\left(\sin\varphi\sin\varphi_{axis}+\tan\beta\tan\beta_{axis}\right)-\cos\varphi\left(\sin^2\varphi_{axis}+\tan^2\beta_{axis}\right)}{1+\tan^2\beta_{axis}} \tag{8-13}$$

$$b=\frac{\sin\varphi_{axis}\left(\cos\varphi\cos\varphi_{axis}+\tan\beta\tan\beta_{axis}\right)-\sin\varphi\left(\cos^2\varphi_{axis}+\tan^2\beta_{axis}\right)}{1+\tan^2\beta_{axis}} \tag{8-14}$$

$$c=\frac{\tan\beta-\tan\beta_{axis}\left(\cos\varphi\cos\varphi_{axis}+\sin\varphi\sin\varphi_{axis}\right)}{1+\tan^2\beta_{axis}} \tag{8-15}$$

$$\cos\theta=\sin\xi \tag{8-16}$$

$$\cos\xi=\frac{\cos\varphi\cos\varphi_{axis}+\sin\varphi\sin\varphi_{axis}+\tan\beta\tan\beta_{axis}}{\sqrt{1+\tan^2\beta}\sqrt{1+\tan^2\beta_{axis}}} \tag{8-17}$$

$$\alpha=\pi-\alpha_S \tag{8-18}$$

式中：t_{max}——钢管最高温度值（℃）；

　　t_{min}——钢管最低温度值（℃），通常为大气温度；

　　ω——温度计算部位与最高温度位置在钢管截面内的偏离角；

　　α——钢管最高温度处的倾角；

　　φ——太阳方位角；

　　φ_{axis}——钢管轴线方位角（轴线在水平面上的投影与正北方向顺时针夹角）；

　　β_{axis}——钢管轴线高度角（钢管轴线与水平面的夹角）；

　　ξ——太阳光线与圆管轴线的夹角；

　　α_S——钢管最低温度处的倾角。

　　太阳辐射作用下，当开合屋盖结构采用不含保温层的球面网壳结构或者柱面网壳结构、金属拱形波纹金属屋面板时，其温度可由下式进行计算：

$$T_k=\frac{a\mu_{st1}G_H-6\mu_{st2}}{h+\mu_{st2}}+T_0 \tag{8-19}$$

式中：T_k——钢板表面在太阳辐射下的最高温度（单位 K）；

　　G_H——水平面上散射辐射与垂直入射的直接辐射的比值；

a——太阳辐射吸收系数；

h——在太阳辐射作用下钢板表面和周围空气之间的对流换热系数；

T_0——钢板周围空气的温度(单位 K)；

μ_{st1}——太阳短波辐射体型系数；

μ_{st2}——环境长波辐射体型系数。

太阳短波辐射体型系数 μ_{st1} 及环境长波辐射体型系数 μ_{st2} 可按式(8-20)和式(8-21)计算。球面网壳结构与柱面网壳结构的辐射体型系数也可参考表 8-6 和表 8-7 确定,表中未列出的纬度处辐射体型系数可通过插值确定。

$$\mu_{st1} = \frac{\cos\theta}{\sin\beta + C} + \frac{C\cos\theta}{\sin\beta + C}\frac{(1+\cos\alpha)}{2} \tag{8-20}$$

$$\mu_{st2} = 2.9(1+\cos\alpha) \tag{8-21}$$

式中：μ_{st1}——太阳短波辐射体型系数；

μ_{st2}——环境长波辐射体型系数；

β——太阳高度角；

θ——太阳光线入射角,若 $\cos\theta < 0$,表示表面处于太阳阴影中；

α——入射面法线与水平面法线之间的夹角；

C——水平面上散射辐射与垂直入射的直接辐射的比值,根据式(8-3)确定。

球壳的太阳短波辐射体型系数和环境长波辐射体型系数 表 8-6

地理维度	系数类型	系 数 取 值
$l=3$	μ_{st1}	$-0.331\cos\varphi\cos\eta + 0.915\sin\eta - 0.027\cos\varphi\sin\eta\cos\eta + 0.076\sin^2\eta$
	μ_{st2}	$2.9\sin\eta + 2.9$
$l=23$	μ_{st1}	$0.924\sin\eta + 0.076\sin^2\eta$
	μ_{st2}	$2.9\sin\eta + 2.9$
$l=53$	μ_{st1}	$0.519\cos\varphi\cos\eta + 0.903\sin\eta + 0.043\cos\varphi\sin\eta\cos\eta + 0.075\sin^2\eta$
	μ_{st2}	$2.9\sin\eta + 2.9$

注:表格中参数见图 8-38。

柱面网壳的太阳短波辐射体型系数和环境长波辐射体型系数 表 8-7

地理维度	$l=3$		$l=23$		$l=53$	
系数类型	μ_{st1}	μ_{st2}	μ_{st1}	μ_{st2}	μ_{st1}	μ_{st2}
南坡	$-0.331\cos\eta$ $+0.915\sin\eta$ $-0.027\sin\eta\cos\eta$ $+0.076\sin^2\eta$		$0.924\sin\eta$ $+0.076\sin^2\eta$		$0.519\cos\eta$ $+0.903\sin\eta$ $+0.043\sin\eta\cos\eta$ $+0.075\sin^2\eta$	
东坡	$0.915\sin\eta$ $+0.076\sin^2\eta$	$2.9\sin\eta + 2.9$	$0.924\sin\eta$ $+0.076\sin^2\eta$	$2.9\sin\eta + 2.9$	$0.903\sin\eta$ $+0.075\sin^2\eta$	$2.9\sin\eta + 2.9$
北坡	$0.331\cos\eta$ $+0.915\sin\eta$ $+0.027\sin\eta\cos\eta$ $+0.076\sin^2\eta$		$0.924\sin\eta$ $+0.076\sin^2\eta$		$-0.519\cos\eta$ $+0.903\sin\eta$ $-0.043\sin\eta\cos\eta$ $+0.075\sin^2\eta$	
西坡	$0.915\sin\eta$ $+0.076\sin^2\eta$		$0.924\sin\eta$ $+0.076\sin^2\eta$		$0.903\sin\eta$ $+0.075\sin^2\eta$	

注:表格中参数见图 8-39。

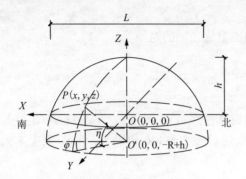
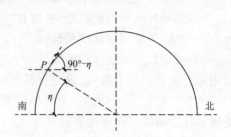

图 8-38 球壳温度体型系数计算简图　　　图 8-39　柱面筒壳温度体型系数计算简图

8.5.5　地震作用

应根据开合屋盖结构的基本状态、非基本状态以及活动屋盖行走状态分别确定地震动参数。

对于基本状态,应采用建筑物所在地区设计使用年限的地震动参数;对于非基本状态,可根据开合屋盖的预期使用情况折算成等效服役年限,对相应的峰值地震加速度进行折减,但折减系数不应小于 50%。对于活动屋盖行走状态可不进行抗震验算,但应按现行国家标准《建筑抗震设计规范》(GB 50011—2010)的规定采取相应的抗震构造措施。

(1)活动屋盖运行时的荷载

应根据驱动系统的特点确定作用于活动屋盖结构的牵引力,并根据活动屋盖所在位置确定台车荷载,且应考虑各台车承载的不均匀性。

对采用轮轨方式移动的开合屋盖,应根据情况计入横向推力的影响。活动屋盖偏斜运行时,轨道承受的横向推力 P_s 按下式计算:

$$P_s = \frac{1}{2}\sum P_i \lambda \qquad (8\text{-}22)$$

式中:P_s——单侧轨道承受的横向推力(kN);

　　$\sum P_i$——轨道受横向推力一侧的最不利轮压之和(kN);

　　λ——水平侧向载荷系数,与活动屋盖跨度 S 及台车重心距 a 有关,按下式取用:

$$\lambda = \frac{0.15}{6}\left(\frac{S}{a}-2\right)+0.05 \qquad 2 \leqslant \frac{S}{a} \leqslant 8 \qquad (8\text{-}23)$$

$$\lambda = 0.05 \qquad \frac{S}{a} \leqslant 2 \qquad (8\text{-}24)$$

$$\lambda = 0.2 \qquad \frac{S}{a} \geqslant 8 \qquad (8\text{-}25)$$

式中:S——活动屋盖结构跨度(m);

　　a——台车重心距(m)。

应考虑轨道接头和轨道不平整引起的水平和竖向冲击动力荷载,应根据台车平稳运行时的水平与竖向作用力乘以运行冲击系数 φ 确定。运行冲击系数 φ 按下式计算:

$$\varphi = 1.1+0.058v\sqrt{h} \qquad (8\text{-}26)$$

式中:φ——运行冲击系数;

v——台车运行速度（m/s）；

h——轨道接头处两轨道面的高度差（mm）。

活动屋盖结构在非事故状态下运行移动时，计算可不考虑惯性力和制动力的影响。

（2）偶然事故荷载

偶然荷载包括由爆炸、撞击、火灾及事故引起的非正常荷载。本节仅适用于撞击和事故引起的活动屋盖非对称荷载。

①撞击

当终点行程开关失灵，活动屋盖以额定速度冲击缓冲器时，采用弹簧缓冲器时的活动屋盖运行撞击力按下式计算：

$$P_{ct} = \frac{\sum G_i}{gs} v^2 \tag{8-27}$$

采用液压缓冲器时的活动屋盖运行撞击力按下式计算：

$$P_{ct} = \frac{\sum G_i}{2gs} v^2 \tag{8-28}$$

式中：$\sum G_i$——活动屋盖自重载荷总和（kN）；

v——额定运行速度（m/s）；

s——缓冲器压缩量（m）。

活动屋盖发生撞击时，最大撞击力应考虑撞击动力系数的影响，即：

$$P_{c\,max} = \varphi_c P_{ct} \tag{8-29}$$

式中：φ_c——撞击动力系数。

对于弹簧缓冲器，$\varphi_c = 1.25$；对于液压缓冲器，$\varphi_c = 1.5$。

②非对称停靠

对于有多个可移动单元的活动屋盖结构，应考虑由于机械或控制系统故障引起的移动单元停止于不对称或者非正常位置，而对支承结构产生的不利荷载效应。

③偏斜

应设置偏斜运行紧急制动装置，当活动屋盖偏斜率超过规定范围时紧急制动，避免由于多个驱动系统不同步产生的安全隐患。

④脱轨

应在驱动控制系统设计中设置防掀翻反力轮或者夹轨器，防止活动屋盖在开合过程中遭遇风荷载与地震作用时产生倾覆或漂移。

8.5.6　荷载组合

开合屋盖结构按承载能力极限状态和正常使用极限状态分别进行荷载效应组合，并取各自最不利的效应组合进行设计。除应符合《开合屋盖结构技术规程》（CECS 417—2015）相关规定外，尚应符合国家标准《建筑结构荷载规范》（GB 50009—2012）和《建筑抗震设计规范》（GB 50011—2011）的规定。

对于开合屋盖结构承载能力极限状态，当考虑温度工况组合时，其分项系数可取 1.3。

计算活动屋盖运行过程中的变形时，可采用正常使用极限状态的频遇组合；计算活动屋盖变形对其他结构和驱动设备的影响时，应采用标准组合。

活动屋盖结构考虑事故荷载的承载能力极限状态时，只考虑永久荷载标准值和偶然事故荷载标准值的组合。

对于基本组合,开合屋盖结构荷载效应组合的设计值 S 应从下列组合中取最不利值确定。

$$S = r_G S_{SGk} + r_G \sum_{j=1}^{m} S_{RGkj} + r_{Q1} S_{Q1k} + \sum_{i=2}^{n} r_{Qi} r_{Li} \varphi_{Ci} S_{Qik} \qquad (8\text{-}30)$$

$$S = r_G S_{SGk} + r_G \sum_{j=1}^{m} S_{RGkj} + \sum_{i=1}^{n} r_{Qi} r_{Li} \varphi_{Ci} S_{Qik} \qquad (8\text{-}31)$$

式中：r_G——永久荷载分项系数；

    r_{Qi}——第 i 个可变荷载分项系数；

    r_{Li}——第 i 个可变荷载考虑设计使用年限的调整系数；

    S_{SGk}——支承结构的永久荷载效应值；

    S_{RGkj}——第 j 个活动屋盖单元在特定位置时（全开、全闭及运行过程中的位置）的永久荷载效应值；

    S_{Qik}——按第 i 个可变荷载 Q_{iK} 计算的荷载效应值，其中 S_{Q1k} 为诸可变荷载效应中起控制作用者；

    φ_{Ci}——第 i 个可变荷载 Q_i 的组合值系数；

    m——开合屋盖活动单元数量；

    n——参与组合的可变荷载数。

荷载标准值、荷载分项系数和荷载组合值系数等,应按国家标准《建筑结构荷载规范》(GB 50009—2012)的规定采用。

8.6　开合屋盖结构的计算与设计

开合屋盖结构的设计流程与传统屋盖的设计流程不同。传统的屋盖结构设计时,首先确定建筑方案,由此布置设备,最终根据建筑方案和设备布置来确定结构形式,各工种设计基本是串行式的。由于开合屋盖结构的机械系统、运行控制系统较为复杂,机械设计、结构布置和建筑设计相互影响制约,导致各工种设计必须紧密配合,一并进行。因而开合屋盖结构比传统屋盖结构的设计要复杂得多,两种结构的基本设计流程对比如图 8-40 所示。由图 8-40 可见,开合屋盖结构的设计应在初步设计阶段由建筑师、结构工程师和机械工程师共同完成,以保证建筑上美观、结构上合理、驱动上安全可行。

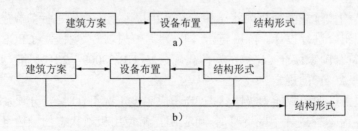

图 8-40　传统屋盖结构与开合屋盖结构设计基本流程对比

a)传统屋盖结构设计流程图；b)开合屋盖结构设计流程图

8.6.1 开合屋盖结构的一般设计原则

在进行开合屋盖设计时,活动屋盖结构、驱动控制系统应与建筑造型及支承结构相协调。应根据开合屋盖建筑的使用要求,制定相应的开合屋盖运行与维护管理规定。

开合屋盖的开启率应根据建筑使用功能、工程造价、技术可靠性等因素综合确定。宜优先采用开启率较小、自重轻、经济性好的活动屋盖形式,中小型建筑可采用开启率较大或全部开启的方式。

将开合屋盖的全开或全闭状态作为结构设计的基本状态,并对基本状态、非基本状态以及活动屋盖运行移动状态进行相应的承载能力极限状态设计与正常使用极限状态验算。

在各种荷载作用下,活动屋盖与下部支承结构、活动屋盖各部分之间不应发生碰撞或出现阻碍活动屋盖正常行走的变形。

8.6.2 开合屋盖结构的性能指标

开合屋盖结构性能指标包括设计控制指标、变形控制指标、抗震性能指标、开合驱动控制系统性能指标四个方面。

设计控制指标包括:①开合屋盖结构的安全等级和设计使用年限应符合国家标准《工程结构可靠性设计统一标准》(GB 50153—2008)的规定。当活动屋盖跨度大于 60m 或悬挑长度大于 20m 时,建筑结构的安全等级应为一级;②对风荷载与雪荷载敏感的开合屋盖结构,其基本风压与基本雪压应按 100 年重现期采用;③台车与活动屋盖之间连接部件的承载力以及台车与支承结构之间锁定装置的承载力,均不应低于相邻构件的承载力;④台车等驱动系统部件几何尺寸及其与周边其他部件的间隙应满足台车运行安全的要求。

变形控制指标包括:①在各种荷载作用下,活动屋盖与下部支承结构、活动屋盖各部分之间不应发生碰撞或出现阻碍活动屋盖正常行走的变形;②对采用轮轨方式移动的开合屋盖,轨道梁因活动屋盖行走所产生的变形不应超过活动屋盖驱动系统的容许变形值。当驱动系统设计文件无具体规定时,轨道梁挠度不应大于支承结构跨度的 1/500,轨道在相邻台车之间的变形差不宜大于台车间距的 1/1000。

抗震性能指标包括:①应根据设防烈度、场地条件、结构类型、结构规则性、结构构件的重要性、活动屋盖状态以及震后修复难易程度,对开合屋盖的结构构件、驱动系统部件采用相应的抗震性能指标,分别进行多遇地震、设防烈度地震与罕遇地震作用下的计算;②在基本开合状态下,直接支承活动屋盖轨道的桁架或轨道梁、轨道、台车以及与支承结构的连接构件和节点,在设防烈度地震作用下应处于弹性状态。

开合驱动控制系统性能指标包括:①驱动系统机械部件的设计使用年限不宜小于 25 年,控制系统主要元件的设计使用年限不宜小于 10 年;②活动屋盖的年开合运行次数和开合运行速度应结合建筑使用要求与综合技术经济性确定;③活动屋盖运行的加/减速度应结合移动单元的重量确定,活动屋盖启动和制动时的加/减速度一般控制在 $1\sim3\mathrm{m/s^2}$ 范围内,以减小对支承结构及运行部件的冲击作用;④开合屋盖建筑的噪声不宜大于 60dB,当使用要求较高时,噪声不宜大于 50 dB,并满足建筑使用需求和相关标准的规定;⑤活动屋盖运行时,最大雪荷载不大于 $0.1\mathrm{kN/m^2}$,最大风速不宜超过 15m/s,运行时的温度条件不应超过设计允许的温度范围。

8.6.3 开合屋盖结构的计算原则与分析方法

（1）计算原则

开合屋盖结构应分别进行活动屋盖全开状态与全闭状态下静力计算、稳定性分析和抗震验算，并对运行状态中活动屋盖的不利位置进行相应计算。

荷载与作用及效应的组合应按国家标准《建筑结构荷载规范》（GB 50009—2012）和第4章的有关规定计算。地震作用效应和其他荷载效应的组合应按现行国家标准《建筑抗震设计规范》（GB 50011—2011）计算。

对于重要且体型复杂的开合屋盖结构，应通过风洞试验或专门研究确定风荷载体型系数。对于基本自振周期大于0.25s的网格结构、基本自振周期大于1s的索结构和膜结构，宜进行风振计算。

结构分析模型应根据结构实际情况确定，应能准确反映结构中各构件的实际受力状况，包括台车作用的正确模拟。宜采用整体模型分析活动屋盖、固定屋盖与支承结构间的相互作用。

当开合屋盖结构施工安装阶段与使用阶段受力情况差异较大时，应根据施工安装顺序计算在不同阶段相应荷载作用下的结构内力和位移。

开合屋盖中的索膜构件应进行初始形态分析、荷载效应分析、裁剪分析、屋盖开合过程分析以及必要的施工过程验算。膜材可不考虑地震作用的影响，但膜结构的支承结构应按国家有关规范进行抗震设计。在各种荷载组合作用下，膜面各点的最大主应力应满足强度要求。在按正常使用极限状态设计时，膜结构的变形不得超过规定的限值。在任意荷载效应组合下，膜面不宜出现松弛。

对轨道、台车、端止缓冲器等机械部件应专门计算分析。

（2）分析方法

可动屋盖和下部结构是两个相对独立的部分，是通过锁定点耦合联系在一起的。对整个结构在受载阶段的分析存在如何考虑两者相互耦合的问题。通常有整体分析法和单独分析法两种。

整体分析法是指在锁定位置通过锁定点耦合活动屋盖与下部结构的三个线位移进行协同受力变形分析。这种方法从整体上看更合理，结果也可以接受。但此种分析方法相对复杂，并且当锁定点较弱时得出的结果是偏不安全的，而且对于锁定点局部分析时，由于该方法忽略了机械结构的相对变形，计算所得的节点约束力偏大。

单独分析法则是先把可动屋盖在锁定点处固定进行受力分析，得到的支座反力以集中荷载的形式施加到下部结构上进行进一步的受力分析。该分析方法概念明确，分析简单，而且在下部结构刚度较大时，采用该方法是偏安全的。在设计时，可同时采用这两种方法进行比较分析，以保证结构设计安全可靠。

8.6.4 开合屋盖结构的静力计算

静力计算应考虑永久荷载和可变荷载作用。可变荷载包括活荷载、风荷载、雪荷载、温度作用和可能产生的积水荷载。

当进行与驱动系统相连部件的承载力计算时，内力放大系数可取1.1，或按实际情况确定。在支承结构设计时,应考虑活动屋盖驱动力、横向推力以及端止缓冲器等对支承结构的作用。

对活动屋盖运行移动过程中的多个位置分别建立整体计算模型,进行包络设计,包含全开状态、全闭状态和运行中的位置。对活动屋盖在不同的位置分别建立模型进行计算时,应根据各自的具体情况,分别考虑永久荷载和可变荷载。

在设计使用年限内,年开合次数不多于 200 次的开合屋盖结构,结构构件可不考虑疲劳验算。

8.6.5 开合屋盖结构的稳定性计算

拱形、曲面壳形开合屋盖结构应进行稳定性计算,可按考虑几何非线性的有限元法进行荷载—位移全过程分析。跨度大于 60m 或悬挑长度大于 20m 的开合屋盖结构,计算中宜考虑材料非线性的影响。

对于全开、全闭基本状态和运行状态应分别进行稳定性计算,除按满跨均布荷载外,尚应考虑半跨等活荷载不利分布的情况。对有多个活动屋盖单元的结构,根据控制系统特点,必要时应考虑运行移动中活动屋盖单元不同步时的稳定性分析。

稳定性计算应考虑初始几何缺陷的影响。初始几何缺陷的分布可采用结构的一阶屈曲模态,最大值可取结构跨度的 1/300。计算中宜考虑杆件初弯曲影响,杆件初弯曲可取杆长的 1/1000。

杆件计算长度应根据杆件的边界条件及侧向支撑情况确定,也可根据整体结构达到一阶屈曲模态时的稳定承载力进行计算。

8.6.6 开合屋盖结构的抗震计算

进行开合屋盖结构抗震设计时,应对基本状态和非基本状态分别进行多遇地震作用效应分析,应考虑水平地震与竖向地震的作用,可采用振型分解反应谱法。对于质量和刚度分布不对称的结构,应计入双向水平地震作用下扭转效应的影响。

活动屋盖跨度大于 60m 或悬挑长度大于 20m、体型复杂的结构应采用时程分析法进行地震作用效应补充计算。当固定屋盖跨度或屋盖支承结构平面尺寸大于 400m 且为软弱场地时,宜考虑地震的行波效应,进行多维多点地震输入的效应分析。

采用时程分析法时,应按建筑场地类别和设计地震分组选用多组实际强震记录和人工模拟的加速度时程曲线,其平均地震影响系数曲线应与国家标准《建筑抗震设计规范》(GB 50011—2010)所给出的振型分解反应谱法所采用的地震影响系数曲线在统计意义上相符。当取三组加速度时程曲线时,结构地震作用效应宜取时程分析法计算结果的包络值和振型分解反应谱法计算结果的较大值;当取七组及七组以上的加速度时程曲线时,结构地震作用效应可取时程分析法计算结果的平均值和振型分解反应谱法计算结果的较大值。

在进行结构地震效应分析时,下部支承结构为钢结构时,阻尼比值可取 0.02;支承结构为混凝土结构时,阻尼比值可取 0.025 ～ 0.035。

开合屋盖结构构件的截面抗震验算与抗震构造措施应符合国家标准《建筑抗震设计规范》(GB 50011—2010)的有关规定。开合屋盖支承结构中与活动屋盖台车相邻构件的长细比不宜大于 120。

8.7　开合屋盖结构的施工

　　近年来,国内空间钢结构有了较大的发展,特别是一些大跨度异型钢结构(或组合钢结构)发展非常迅速。对于这些新型结构体系,无论是加工制作工艺,还是施工安装方法都有待更深入的研究。

　　目前,国际上已成功建成两百多座各类型的开合式建筑结构,为开合结构的研究提供了宝贵的工程实践经验,但可参考的文献资料很有限,仅有少量文章对开合屋盖结构的施工进行了记录和分析,我国对开合结构建筑的施工方面研究还处于起步阶段,也鲜有关于其施工技术方面的研究文献。我国已建成的采用开合式屋盖的建筑有上海中心游泳馆、钓鱼台国宾网球馆、昆明世博会艺术广场观众席雨篷、上海旗忠森林体育城网球中心、浙江黄龙体育中心网球馆、北京天亚花园顶楼游泳池和国家电力大楼、江苏南通市体育会展中心等。这些建筑建造至今,使用状况均良好。其中,上海旗忠森林网球中心的可动屋盖因由 8 片"叶瓣"组成,轨道为平面曲线,因此安装及施工精度要求更高,该工程采用了计算机控制旋转滑移安装技术,成功地完成了旋转开启式钢结构屋盖的安装;江苏南通市体育会展中心工程为国内第一个大型牵引开合屋盖,其钢结构主体由主拱析架、副拱析架和斜拱组成,轨道铺设在副拱析架上,开合轨迹为空间曲线。南通体育场开合屋盖结构对施工的要求远远超过了普通的大跨空间钢结构,且这种要求是来源于开闭机械系统与钢结构系统交界而的变形适应性与反力适应性要求,称为"适应性施工"。

　　要严格控制开合屋盖的施工精度,并通过预起拱等措施保持活动屋盖准确的外形尺寸,这对于保证轨道安装的精度与活动屋盖板块之间的密封非常重要。活动屋盖运动时,相当于巨大的移动荷载,轨道支撑结构的刚度,特别是竖向刚度非常关键,需要严格控制轨道在活动屋盖行走过程中的变形量。

8.7.1　开合屋盖结构的施工安装

　　由于开合屋盖的特殊结构形式,这类工程的设计施工不同于常规结构。开合屋盖结构是集钢结构设计与施工、起重机械设计与加工、液压自动控制、机械安装于调试为一体的综合性系统工程,其施工的难点为轨道变形要求小,远小于建筑结构规范要求。因此,该类结构的施工控制要点是:保证施工符合钢结构施工规范的要求;保证施工精度满足机械系统的要求。

　　施工过程中不仅要考虑结构的因素,还要考虑机械控制的要求,需要在施工过程中,为机械控制的测试准备场地条件和电力条件,要求协调进行。可动屋盖一般采用地面装配、整体吊装的施工方法,施工安装时应注意以下几点:

　　(1)对于开合屋盖结构组装尽可能安排在靠近地面的位置进行,然后采用顶升或者吊升的方法把结构安放在设计标高位置。

　　(2)施工中采用搭设临时支架安装,当放置并连接好机械设备和部件后,再拆除支架使开合屋盖降下至轨道上。

　　(3)屋盖施工过程中,当屋盖结构部件的悬吊点向中央支架间的吊运架设时,需要研究和控制屋盖各层的析架应力和变形,以确保安装精度和安全,因为吊装和安装过程中产生的应力和变形在施工完毕后不会消失,如果不加以控制会在使用阶段产生非常大的隐患。

(4)施工方案需要周密地考虑具体的技术处理细节,如吊点的选择、施工的顺序、加固的措施等。例如提升时各吊点的同步性不好将大大减弱网壳在提升时的承载能力,施工时的受力会比设计应力计算值大 2～3 倍,因此需要严格控制提升同步性的精度。

(5)应考虑到空间结构本身形态的计算误差比较大,要在预组装好骨架之后测量轮组连接点的数据,再进一步校核加载理论载荷后的变形数据,这样才能保证车轮和轨道安装位置的精确性。

此外,为保证在任何情况下均能安全可靠运行,尽可能地进行全尺寸地面模拟试验(零部件、大部件和整体试验)。

8.7.2 开合屋盖结构的施工监测方法

开合结构对施工安装精度要求很高,特别是机械传动设备的定位和可动屋盖的焊接,安装工程中必须消除钢结构制作、拼装和安装时的误差。由于机械传动设备构件的安装精度与钢结构安装精度有很大的差别,故整个安装精度控制相当难。在关键的施工阶段,需要采用全站仪对轨道梁和支座变形进行监控。同时在施工过程中对关键部位的应力进行监测,及时反应施工质量及施工后对结构的影响程度,使整个施工过程对结构吊装及拼装、拉索张拉控制、可动屋盖变形、轨道变形及轮轨间隙等控制方面全程监测,保证工程的施工质量及今后的正常运行。

本章参考文献

[1] 张凤文,刘锡良.开合屋盖结构开合机理研究 [C]// 空间结构学术会议.2000.

[2] 王仕统.大跨度空间结构的进展 [J].华南理工大学学报(自然科学版),1996(10):20-27.

[3] 方达儿.体育设施建设漫谈 [J].建筑,1999(6):37-38.

[4] 张锡云.日本大跨度空间结构发展综述——在 93 哈尔滨"21 世纪空间结构发展研讨会"上的发言 [J].钢结构,1993(4):46-58.

[5] 王惠德,李卓.建筑创作的新探索——国内第一座屋盖开启式网球馆 [J].建筑创作,2000(3):56-57.

[6] 赵基达,宋涛,钱基宏,等.浙江黄龙体育中心体育场挑蓬结构计算分析 [C]// 空间结构学术会议.1997.

[7] 平杰.现代化进程中的上海竞技体育研究 [D].上海:上海体育学院,2004.

[8] 刘锡良.空间结构最新进展 [C]// 全国现代结构工程学术研讨会,2004.

[9] 范重,彭翼,胡纯炀,等.开合屋盖结构设计关键技术研究 [J].建筑结构学报,2010,31(6):132-144.

[10] 范重,赵长军,李丽.国内外开合屋盖的应用现状与实践 [J].施工技术,2010,39(8):1-7.

[11] 张胜,甘明,李华峰,等.绍兴体育场开合结构屋盖设计研究 [J].建筑结构,2013(17):54-57.

[12] 董聪,王丽水,刘宪明.大跨体育场馆的研究与发展——第十二届全国结构工程学术会

议特邀报告 [C]// 全国结构工程学术会议，2003.

[13] 施刚，班慧勇，石永久，等 . 高强度钢材钢结构的工程应用及研究进展 [J]. 工业建筑，2012，42(1):1-7.

[14] 喻汝青 . 浅谈日本大跨木穹顶设计 [J]. 建筑技艺，2014(4):118-121.

[15] 丁翔，何天森，李国强，等 . 多功能全天候体育馆设计 [C]// 全国现代结构工程学术研讨会，2002.

[16] 张凌云，何丽 . 世界大型主题乐园的区位指数研究 [J]. 世界地理研究，2011，20(2):119-129.

[17] 刘锡良 . 开合结构综述 [C]// 全国现代结构工程学术研讨会，2006.

第9章 张弦结构

9.1 张弦结构的概念及特点

　　张弦结构是预应力钢结构的分支之一,是在传统刚性结构的基础上引入柔性的预应力拉索,并施加一定的预应力,从而改变结构的内力分布和变形特征,优化结构的力学性能,使结构能够跨越更大的跨度。张弦结构又称为弦支结构,"弦支"形象地定义了结构的各组成部分和特点:"弦"是指结构下部犹如弓弦的拉索;"支"是指撑杆在预应力作用下对上部结构的支承作用。从结构工作模式来看,张弦结构的本质是用撑杆连接上部压弯构件和下部受拉构件,通过在受拉构件上施加预应力,使上部结构产生反挠度,从而减小荷载作用下的最终挠度,改善上部构件的受力形式;同时通过调整受拉构件的预应力,减小结构对支座产生的水平推力,使结构内部自成平衡体系。

　　张弦结构作为一种刚柔结合的复合大跨度建筑钢结构,与传统的大跨度空间结构相比,在结构设计、施工、选材和创新等方面具有如下优势:

　　(1)结构体系受力合理

　　由于高强度预应力拉索的引入,张弦结构体系上部结构内预先产生与荷载作用下相反的位移和内力,可抵消部分外荷载的作用;同时支座处水平推力的减小,也减轻了结构对基础的负担,从而使矢高较小的上部结构在大跨度工程中的应用成为可能。此外,由于预应力拉索的引入使钢材的利用更加充分,从而降低了结构的自重。

　　(2)结构施工方便

　　张弦结构的上部结构具有一定的初始刚度,在结构施工和节点构造方面,比索穹顶、张拉膜等柔性结构简单。结构产生的水平推力由下部张拉构件来承担,而不是由支座承担,降低了支座设计难度。

　　(3)结构屋面选材容易

　　与索穹顶、张拉膜等柔性结构相比,张弦结构的刚度要大很多,屋面材料更容易与刚性材料相匹配。因此,其屋面覆盖材料可以采用刚性材料,如压型彩钢板、混凝土预制或现浇板等。

9.2 张弦结构的分类与选型

9.2.1 张弦结构的分类

　　随着张弦结构的不断发展和广泛应用,张弦(弦支)结构的形式也越来越多。为了便于对这些结构形式进行归纳总结、分析设计及工程应用,建立科学合理的分类方法是很有必要的。可根据张弦结构上层节点刚性、上层结构类型、撑杆形式和结构受力特点等对张弦结构进行分类。

（1）按照上层节点刚性分类

按照张弦结构上层节点取刚接或铰接,可分为弦支梁式结构和弦支杆式结构。弦支梁式结构的上层构件之间均为刚性连接,即上层构件均为压弯构件,如张弦梁、弦支刚架等。弦支杆式结构的上层杆件均为二力杆,如张弦桁架、弦支网架等。

（2）按照上层结构类型分类

根据张弦结构上层结构形式的不同,张弦结构可分为张弦梁、张弦桁架、弦支刚架、弦支拱壳、弦支穹顶、弦支筒壳、弦支网架和弦支混凝土板等。其中,张弦梁的上层结构为梁式结构,包括直梁和曲拱形式;张弦桁架的上层结构为桁架结构,包括平面桁架和立体桁架形式;弦支刚架、弦支拱壳、弦支穹顶、弦支筒壳、弦支网架和弦支混凝土板的上层结构分别为刚架结构、拱支网壳结构、网壳结构、筒壳结构、网架结构和混凝土板结构。

（3）按照撑杆形式划分

张弦结构中连接上层结构与拉索的撑杆形式可分为单撑杆和"V"形撑杆。"V"形撑杆可有效解决撑杆在平面外的稳定问题,如图9-1所示。

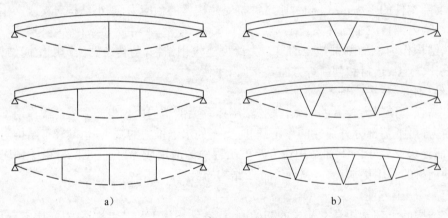

图9-1　张弦结构撑杆形式

a)单撑杆体系;b)"V"形撑杆体系

（4）按照结构受力特点分类

根据张弦结构受力机理及传力机制,分为平面张弦结构、可分解型空间张弦结构（又称为平面组合型张弦结构）和不可分解型空间张弦结构。不可分解型空间张弦结构是结构不可以拆分为多榀平面张弦构件的张弦结构,撑杆通过斜索和环索连接上部结构,成为整体空间受力体系,受力性能更好,刚度更大,主要包括弦支穹顶、弦支筒壳、弦支网架和弦支混凝土板等结构形式。

①平面张弦结构

平面张弦结构是指结构构件位于同一平面内,并且以平面内受力为主的张弦结构,主要包括张弦梁、张弦桁架和弦支刚架结构等,如图9-2所示。平面张弦结构根据上弦构件的形状可分为直线形、拱形和人字拱形张弦结构,如图9-3所示。将数榀平面弦支构件平行布置,通过连接构件将相邻两榀平面张弦结构在纵向进行连接,形成实际工程的整体结构体系,如

图 9-4 所示。屋面荷载由各榀构件单向传递,整体结构呈平面传力。平面弦支结构具有构造简单、运输方便和造价低等特点,适用于矩形平面。

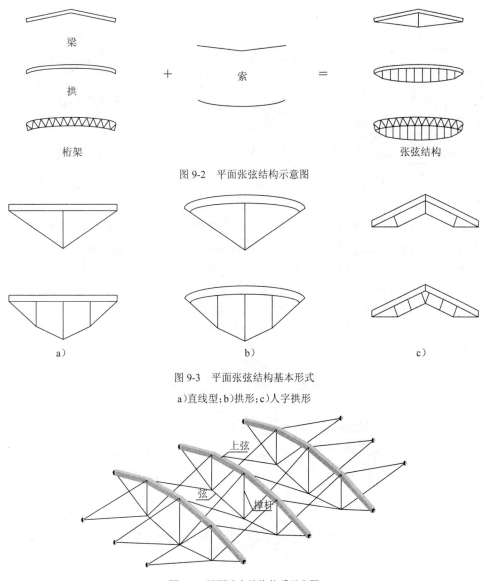

图 9-2　平面张弦结构示意图

图 9-3　平面张弦结构基本形式
a)直线型;b)拱形;c)人字拱形

图 9-4　平面弦支结构体系示意图

②可分解型空间张弦结构

可分解型空间张弦结构是指结构可以拆分为多榀平面弦支构件的组合,受力时呈空间结构受力特征。每榀构件都是平面的,根据各榀构件的组合方式,分为双向张弦结构、多向张弦结构和辐射式张弦结构三类。

双向张弦结构是将数榀张弦平面构件沿横、纵向交叉布置,如图 9-5 所示。结构由上层构件、撑杆和弦组合而成。因为上层构件交叉连接,侧向约束相比单向张弦结构明显加强,结构呈空间传力的特点。但相比单向张弦结构,节点处理较复杂,较适用于矩形、圆形和椭圆形平面。

多向张弦结构是将数榀平面弦支构件多向交叉布置而成,如图 9-6 所示。结构呈空间传力,受力合理。但相比单向、双向张弦结构,其制作更为复杂,较适用于多边形平面。

辐射式张弦结构按辐射式放置各榀平面张弦构件,撑杆同环索或斜索连接,如图9-7所示。辐射式张弦结构具有力流直接、易于施工和刚度大等优点。

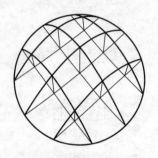  

图9-5 双向张弦结构　　　　　图9-6 多向张弦结构　　　　　图9-7 辐射式张弦结构

③弦支穹顶结构

弦支穹顶结构是典型的不可分解型空间张弦结构,由上部网壳和下部的撑杆、索组成,如图9-8所示。撑杆上端与网壳对应节点铰接连接,撑杆下端用径向拉索与单层网壳的下一环节点连接,同一环的撑杆下端由环向索连接在一起,使整个结构形成一个完整的结构体系。结构传力路径比较明确。在外荷载作用下,荷载通过上端的单层网壳传到下端的撑杆上,再通过撑杆传给索,索受力后,产生对支座的反向拉力,使整个结构对下端约束环梁的推力大为减小。同时,由于撑杆的作用,使得上部单层网壳各环节点的竖向位移明显减小。

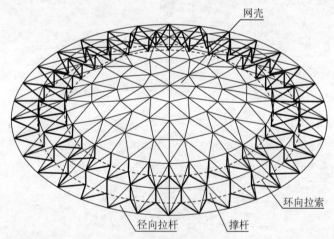

图9-8 弦支穹顶结构体系简图

弦支穹顶结构的形式多样,可按照上部网壳的形状、结构类型和网壳形式、上层构件刚接或铰接、下层拉索的类型等进行分类。

a. 按照上部网壳的形状分类

为了适应建筑造型的多样化,弦支穹顶的结构形式趋于多样化。上部网壳由单一的球形网壳拓展为椭球形、剖切球形、折板形单层网壳等,对应的弦支穹顶可分为球形弦支穹顶、椭球形弦支穹顶、剖切球形弦支穹顶、折板形弦支穹顶等。此外,弦支穹顶上部网壳的几何形状还可以为正六边形、四边形、三角形等。

b. 按照上部网壳的结构类型分类

弦支穹顶的上部网壳可以采用单层网壳、双层网壳、多层网壳和局部双层网壳等结构形式。对于上部采用双层网壳的弦支穹顶，一般应用于跨度较大的结构中，且由于双层网壳本身具有较好的整体稳定性，可适当减少下部索撑体系的布置数量，仅在外圈布置拉索，以减小支座的水平推力。

c. 按照上层构件刚接或铰接分类

按照结构上层构件节点取刚接和铰接，分为弦支穹顶梁式结构和弦支穹顶杆式结构。顾名思义，弦支穹顶梁式结构的上层构件为压弯构件；而弦支穹顶杆式结构的上层杆件为仅承受轴向力、没有弯矩和剪力的作用的二力杆。

d. 按下层拉索的类型分类

按照下层拉索的材料，分为柔性索弦支穹顶结构、刚性杆弦支穹顶结构、局部刚性弦支穹顶结构。

柔性索弦支穹顶结构的下层拉索全部采用柔性索，只能受拉而不能受压，可以采用钢绞线、半平行钢丝束等。

为了简化施工，采用可以承受拉压的钢管或其他刚性杆件来代替下层拉索，形成刚性杆弦支穹顶结构，其最显著的特点是所有的下层拉索具有一定的刚度，可以承受拉压作用。这样的弦支穹顶结构可以避免随着荷载增加，内圈环索可能松弛退出工作的问题。特别是对防火要求严格但又不进行性能化设计评价的室内弦支穹顶结构，拉索的防火保护难于实施，用刚性杆代替拉索具有特定的优势。

局部刚性弦支穹顶结构指的是环向或径向拉索部分采用刚性杆、部分采用柔性索的结构形式。在实际的弦支穹顶结构设计中，由于内圈环索的拉力值不太大，故可以采用刚性杆（如钢管）来代替柔性索，而外圈拉力值很大的环索仍然采用柔性索，进而形成了这种局部刚性弦支穹顶结构。

e. 按照拉索的布索方式分类

按布索方案方式，分为 Levy 型弦支穹顶、Geiger 型弦支穹顶以及混合型弦支穹顶等。

f. 按照上部网壳形式分类

按上层网壳结构的形式，弦支穹顶可分为肋环型、施威德勒型、联方型、凯威特型、凯威特型—联方型、三向网格型、短程线型等，是在相应形式的网壳结构下部加上撑杆、斜索和环索后形成，如图 9-9～图 9-15 所示。

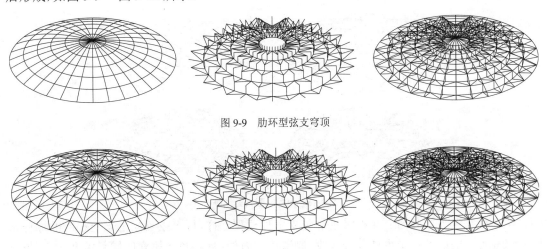

图 9-9　肋环型弦支穹顶

图 9-10　施威德勒型弦支穹顶

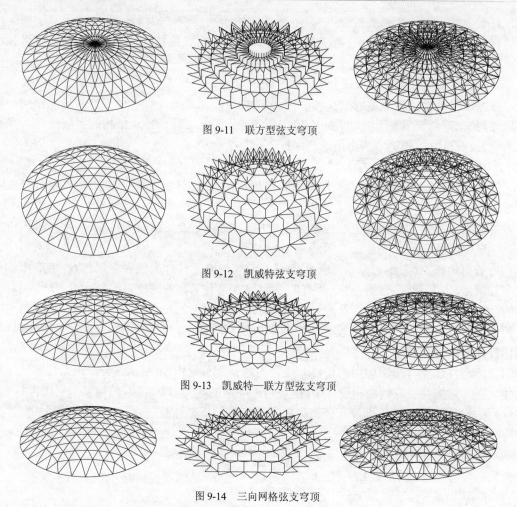

图 9-11　联方型弦支穹顶

图 9-12　凯威特弦支穹顶

图 9-13　凯威特—联方型弦支穹顶

图 9-14　三向网格弦支穹顶

对于短程线型弦支穹顶，由于短程线型网壳网格的划分特点，使得上层单层网壳每圈节点的高度及距网壳中心点的距离都有所差别，给下部的各圈弦支层的布置带来不便，可以采取两种布置方式，如图 9-15 所示。

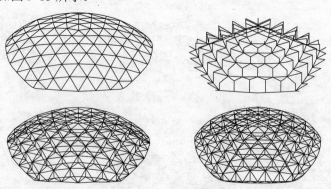

图 9-15　短程线型弦支穹顶

第一种布置方式与前面几种常用的弦支穹顶模型一样，每个弦支层上采用相同的撑杆长度。这种布置的好处在于撑杆种类较少，制造施工方便；另外径向拉索的倾斜角度一致，每个弦支层上径向拉索对上部单层网壳约束加强作用比较均匀，弦支穹顶的厚度也相应均匀。而这样布置的缺点是每个弦支层上环向拉索不在一个水平面上,使下部张拉整体部分的受力情况变得较为复杂。

另一种布置方式则是在每个弦支层上采用不同的撑杆长度,保证下层各节点的高度一致。环向拉索的高度一致,环索的受力较第一种布置更加均匀;而各个弦支层上的撑杆高度及径向拉索的角度则有不同程度的调整。与第一种布置相比,弦支层上径向拉索及竖向撑杆对上部网壳的约束加强不均匀,整个结构的厚度也不均匀。

④弦支筒壳结构

弦支筒壳是在筒壳结构的适当位置设置撑杆以及拉索形成的。一方面由于拉索和撑杆的设置,结构的整体刚度增加,解决了单层筒壳或厚度较小的双层筒壳由于稳定性差而难以跨越较大跨度的问题;另一方面,通过在拉索内设置预拉力,可减小支座水平推力,降低下部结构的承载负担。

弦支筒壳的主要部件包括柱面网壳、拉索、锚固节点、撑杆、撑杆下节点、支座节点等。撑杆下端通过撑杆下节点与拉索连接,撑杆上端与筒壳连接,拉索的两端通过锚固节点与筒壳连接,锚固节点一般设置在筒壳支座位置处,结构构成方式如图 9-16 所示。

弦支筒壳结构通常可以按照其上部单层柱面网壳网格划分和杆件布置的不同,划分为不同形式,其跨度、网格形式及网格尺寸可根据建筑要求确定。撑杆一般是沿跨度方向竖直排列的,设置的数目可根据跨度大小经计算优化确定。拉索沿筒壳纵向可每隔两个或多个网格布置一道,要视具体情况而定,且拉索需要有一定的垂度布置。

⑤弦支网架结构

弦支网架结构是指由刚性网架结构和柔性索通过撑杆相连而成的一种结构形式,结构包括上层刚性网架、撑杆和下弦拉索等,如图 9-17 所示。根据上层网架结构形式的不同,可以将弦支网架结构分为弦支交叉桁架系网架结构、弦支四角锥体网架结构和弦支三角锥体网架结构三大类。

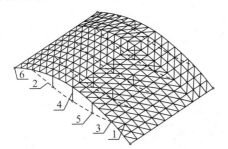

图 9-16　弦支筒壳结构示意图

1- 柱面网壳;2- 拉索;3- 锚固节点;4- 撑杆;

5- 转折节点;6- 支座节点

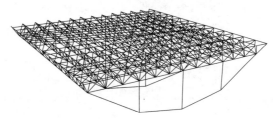

图 9-17　弦支网架结构

传统的弦支网架是将索撑体系布置在网架的下方,索撑体系会占据一定的建筑空间。为了解决这个问题,可将预应力拉索布置在网架内形成一种廊内布索弦支网架结构。廊内布索弦支网架结构是采用预应力拉索拉在成对的支座节点之间,预应力拉索位于网架轮廓内,不占用室内建筑空间,增强了美观度;与传统的弦支网架结构相同,预应力拉索通过施加预应力能够提高网架刚度,减小网架在荷载作用下的挠度;能够避免因网架本体跨度较大而造成的网架本体厚度过大从而占用较大建筑高度的问题,进而能够减小网架结构中由长细比控制杆件的截面规格,可节省用钢量,降低造价。由于建筑平面布局的灵活性,当屋盖网架并非所有位置跨度较大时,可仅在跨度较大位置设置预应力拉索,既保证了整体网架厚度的统一性,增强了美观度,又保证了跨度较大位置结构的承载力和刚度。这种弦支网架结构特别适用于跨度大、长宽比较大、矩形平面且建筑要求结构厚度较小的网架结构。

图 9-18～图 9-20 为三种廊内布索弦支网架的结构布置示意图,这种新型弦支网架要求网架的上弦杆和下弦杆的平面投影相互错开或交叉,例如正放四角锥网架、正放抽空四角锥网架、单向折线形网架、棋盘形四角锥网架、斜放四角锥网架和星形四角锥网架;在网架结构上设有沿跨度方向成对相对的多个支座节点;预应力拉索的垂度 f 小于网架结构的厚度 h。廊内拉索的布置有三种方式:①预应力拉索通过至少一根竖直设置的撑杆与上弦杆连接(图9-18);②预应力拉索通过至少一对吊索与下弦杆连接,每对吊索由对称布置在预应力拉索两侧的两根吊索组成(图 9-19);③预应力拉索通过至少一组吊索与下弦杆连接,每组吊索由四根组成,四根吊索对称布置在预应力拉索的两侧(图9-20)。

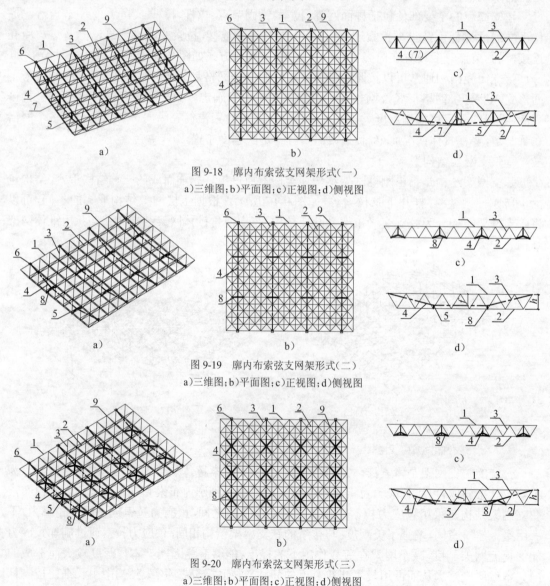

图 9-18　廊内布索弦支网架形式(一)
a)三维图;b)平面图;c)正视图;d)侧视图

图 9-19　廊内布索弦支网架形式(二)
a)三维图;b)平面图;c)正视图;d)侧视图

图 9-20　廊内布索弦支网架形式(三)
a)三维图;b)平面图;c)正视图;d)侧视图

注:图 9-18～图 9-19 中 1-上弦杆;2-下弦杆;3-腹杆;4-预应力拉索;5-转折节点;6-支座节点;7-撑杆;8-吊索;9-网架节点;f-预应力拉索垂度;h-网架厚度

⑥拱支网壳结构

拱支网壳结构体系是沈祖炎院士于 1996 年提出的一种新型大跨度建筑结构体系,是由单层网壳和拱复合而成的复合结构体系。拱支网壳结构利用拱结构整体平面内刚度大、稳定性好的特点,改善了网壳结构的整体性能,使之兼有单层和双层网壳结构的优点。虽然拱支网壳结构具有较好的稳定性和较高的承载力,但是其支座反力较大,给下部结构和支座的设计带来了困难,限制了拱支网壳结构的工程应用。为解决此问题,将张拉整体的概念引入拱支网壳结构,即在拱支网壳结构下部设置弦支体系并施加预应力,形成弦支拱壳结构,如图9-21 所示。

⑦弦支混凝土板结构

弦支混凝土板结构包括钢筋混凝土板、预埋件、撑杆、预应力钢拉索以及撑杆上端与钢筋混凝土板的连接节点、撑杆下端汇交并与拉索的连接节点和拉索在屋盖两端的锚固节点。结构形式如图 9-22 所示(板件空隙为后浇带)。

弦支混凝土板与张弦梁结构相近,但与之相比优势在于,无需次梁、檩条等构件,施工简单,侧向稳定性较好,抗风性能更优越。就结构本身而言,充分利用了混凝土较好的抗压性能和钢材较好的抗拉性能,具有可跨度大,施工安装便利,工业化程度高,经济合理等特点,尤其适用于体育场馆、会展中心和生产车间等中等跨度建筑的屋面体系。

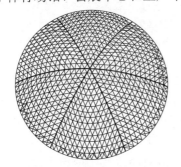

图 9-21　拱支网壳结构

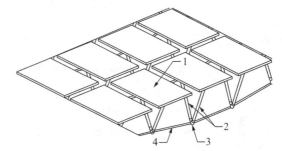

图 9-22　弦支混凝土楼盖结构

1- 钢筋混凝土板;2- 撑杆;3- 穿心钢球;4- 钢拉索

9.2.2　张弦结构体系的选型

张弦结构体系包含多种结构形式,各具特色,应根据不同的建筑和结构条件选用合适的结构体系,一般可参考以下原则:

(1)若建筑平面为矩形且长宽比大于 2,此时结构更多地体现单向受力特性,应选用平面型张弦结构,如张弦梁、张弦桁架结构。

(2)若建筑平面为矩形且长宽比小于 2,此时结构更多地体现双向受力特征,应选用空间型或平面可分解型张弦结构,如弦支网架、弦支混凝土楼板、双向张弦梁等。

(3)若建筑平面为圆形或椭圆形等,可以选用弦支穹顶结构。

在选定了结构体系后,应对张拉索杆体系进行合理的选择和布置。张弦梁、张弦桁架结构可以选择采用单撑杆体系或者“V”字形支撑体系;根据建筑平面及结构受力的需要采用单向、双向及多向布置。对于弦支穹顶结构,联方型和凯威特型网壳作为完全轴对称结构,更便于拉索布置和预应力分析,是最有效的弦支穹顶结构形式之一;而且由于网格均匀,结构对称,因此杆件种类较少,设计和施工比较简便。

索杆体系的选择和布置主要由结构特性决定,一般有局部布索和整体布索两类。其中,又有廊内布索、廊外布索以及直线布索与折线布索之分,以整体的下撑式廊外布索效果最好,能以较小的预应力值获得较大的反弯矩,显著提高预应力的卸载效应和改善网壳的变形性能。

9.3　张弦结构的有限元计算方法

通常情况下,张弦结构中的构件连接方式为:上层刚性结构中的构件采用刚接或铰接;撑杆和拉索之间采用铰接;撑杆和拉索与上层刚性结构之间采用铰接。因此进行非线性分析时,张弦结构有限元模型通常包含三种单元类型,即梁单元、杆单元和索单元。其中,张弦结构中的梁单元与杆单元与其他大跨度空间结构中的单元分析方法完全相同,可参阅相关书籍;张弦结构中的索单元根据其不同的构造和施工方法可分为两种:一种是间断索,即两个节点之间的索段作为一个独立的单元,相对于节点不发生滑移,与其他索段之间不存在内力相等的关系;另外一种称为滑移索,连接多个节点的索段共同作为一个独立的单元,相对于各节点存在滑移,索中内力相等。本节将重点讲解有限元计算过程中对张弦结构中索的处理方式。

9.3.1　间断索单元

张弦结构中的索一般为小垂度索单元,其所受垂向作用只有索的自重。在张弦结构整体有限元分析中,对索受力和变形起决定作用的依然是沿索长方向的拉力。在推导索单元刚度矩阵时,通常采用如下假设:①索是理想柔性单元,既不能受压,也不能抗弯;②材料符合虎克定理;③忽略索垂度的影响;④采用索的弹性模量代替切线模量。

一般情况下,索截面尺寸与索长相比十分微小,因而截面的抗弯刚度很小,计算中可不予考虑,认为假设条件①是符合实际情况的。当然也有例外,如在某些连接点处,索可能有转折,该处可能产生较大的局部弯曲应力,此时应采取恰当的构造措施,避免索内出现较大的局部弯曲应力。

由高强钢丝组成的钢索在初次加荷时,应力—应变曲线可简略地用图 9-23 中的实线来表示。该曲线在开始时表现出一定的松弛变形(曲线的阶段 1),随后的主要部分基本为一直线(阶段 2),当接近极限强度时,才显示出较明显的曲线性质(阶段 3)。实际工程中,钢索在使用前均需进行预张拉,以消除阶段 1 所表现的初始非弹性变形,以后钢索的工作图形如图 9-23 中的虚线所示,钢索的应力和应变符合近似线性关系。

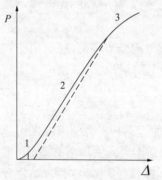

图 9-23　索的应力—应变曲线

由于拉索自重造成的垂度,使索并不在索的两个节点连线上,其最大拉力与沿节点连线的张力并不一致。索中的最大拉力和沿弦线的张力有一定的误差,误差的大小与斜弦的倾角和弦线的垂度有关。对于较大的垂度和较大斜弦倾角,误差则非常大;但在斜弦的倾角小于 45° 及小垂度的情况下,误差则小于 4%,在工程设计误差的允许范围之内。因此,索在两节点间内力可采用直线拉杆单元计算。

只有在较大的跨度和较小的索张力情况下,采用索的弹性模量代替索的切线模量会出现较大的误差。但在一般情况下,例如当索长小于 150m 且索张力大于索极限承载力的 0.3 倍时,此时索的张力远大于索自重的影响,索单元的刚度接近于弹性杆的刚度,即采用索的弹性模量代替索的切线模量是可行的。这时可近似取:

$$E_{eq} \approx E_c \tag{9-1}$$

基于以上假设和分析,有限元模型中的索单元可以采用空间杆单元,即将索单元作为只受拉而不受压的单元,当计算得出的索单元内力为负值时,认为该索段已经退出工作。

9.3.2　连续折线索单元

间断索单元刚度矩阵相对较为简单,但应用于求解具有滑移的索单元内力和位移时,则较为困难。采用有限元分析时可采用连续折线索单元,从单元层次上解决了连续索在节点处的滑移问题。

(1)连续折线索单元基本概念

连续折线索单元,是指各个节点中任意两个相邻节点之间的索都呈直线形式,并且除了两个端部节点外,任意的中间节点都可以在外力作用下沿索全长滑动而到达其平衡位置。如图 9-24 所示为三节点连续折线索单元示意图。

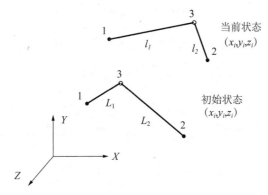

图 9-24　三节点连续折线索单元

(2)连续折线索单元基本理论

图 9-25 是具有 n 个节点的连续折线索单元,假定应变沿索单元全长均匀分布,因此中间滑移节点处也就不存在摩擦阻力。如果在虚功中考虑了摩擦力效应,那么就可以去掉这一限制。假定索是理想柔性的,忽略其抗弯刚度;采用有限应变来描述索的材料变化;假定共轭的应变和应力之间的本构关系是线性关系;将各节点之间的索段都视为直线形式。如果各节点之间的索段采用悬链线等曲线形式,那么在修改了索长的计算方法后,可以按照同样的推导过程得出答案。使用虚功原理和完全拉格朗日方程来推导连续折线索单元的内力向量和刚度矩阵。

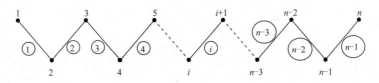

图 9-25　连续折线索单元

根据计算假定,应变沿索单元全长均匀分布,也就是说任意两个相邻节点之间的直线部分中的应变在整个过程中始终相等。依据虚功原理和完全拉格朗日方程,由内力引起的虚功增量可以表示为:

$$\delta W_1 = \int_L s \delta e A_0 \mathrm{d}L \tag{9-2}$$

其中 e 表示 Green-Lagrange 应变,s 表示第二类 Piola-Kirchhoff 应力(PK_2 应力),A_0 表示在整个单元长度中保持不变的初始横截面面积。在完全拉格朗日方程中,积分是在初始构形上进行的。因为应力和应变沿单元长度保持不变,所以方程可以写成:

$$\delta W_1 = s \delta e A_0 L \tag{9-3}$$

对于有限应变,经常采用 Green-Lagrange 应变张量的形式表示。Green-Lagrange 应变张量在笛卡儿坐标系下的三维表达式是:

$$\underline{e} = \frac{1}{2}(F^T F - I) = \frac{1}{2}(G + G^T) + \frac{1}{2}G^T G = \begin{bmatrix} e_{XX} & e_{XY} & e_{XZ} \\ e_{YX} & e_{YY} & e_{YZ} \\ e_{ZX} & e_{ZY} & e_{ZZ} \end{bmatrix} \tag{9-4}$$

其分量 e_{XX} 表示为:

$$e_{XX} = \frac{\partial u_X}{\partial X} + \frac{1}{2}\left[\left(\frac{\partial u_X}{\partial X}\right)^2 + \left(\frac{\partial u_Y}{\partial X}\right)^2 + \left(\frac{\partial u_Z}{\partial X}\right)^2\right] \tag{9-5}$$

对于连续折线索单元,其 Green-Lagrange 应变只有 e_{XX} 分量,且

$$\frac{\partial u_X}{\partial X} = \frac{l-L}{L}; \frac{\partial u_Y}{\partial X} = \frac{\partial u_Z}{\partial X} = 0 \tag{9-6}$$

其中,l 和 L 分别表示连续折线索单元的当前总长度和初始总长度,它们由节点初始坐标向量 X 和节点当前位移向量 u 依据几何关系确定。因此其 Green-Lagrange 应变可以表示为:

$$e = \frac{l^2 - L^2}{2L^2} \tag{9-7}$$

假定共轭的应变和应力之间的本构关系是线性关系,那么 Green-Lagrange 应变和 PK_2 应力之间的本构关系可以表示为:

$$s = s_0 + Ee \tag{9-8}$$

其中 E 表示弹性模量。对方程变分,并结合连续折线索单元只受拉力的特性,得到

$$\begin{aligned} s &>= 0, B = \frac{\delta e}{\delta u_{3i-k}} \quad (i=1,n;k=0,1,2) \\ s &< 0, B = 0 \end{aligned} \tag{9-9}$$

其中

$$\frac{\delta e}{\delta u_{3i-k}} = \begin{cases} \dfrac{l}{L^2}\left(-\dfrac{\Delta_{1,k}}{\Delta_1}\right) & (i=1) \\[3mm] \dfrac{l}{L^2}\left(\dfrac{\Delta_{i-1,k}}{\Delta_{i-1}} - \dfrac{\Delta_{i,k}}{\Delta_i}\right) & (i=2,n-1) \\[3mm] \dfrac{l}{L^2}\left(\dfrac{\Delta_{n-1,k}}{\Delta_{n-1}}\right) & (i=n) \end{cases} \tag{9-10}$$

其中 $\Delta_{i,k}$ 表示索的第 i 索段上的 $i+1$ 节点与 i 节点之间第 k 个自由度的坐标差，Δ_i 表示表示索的第 i 索段上的 $i+1$ 节点与 i 节点之间的索长。为便于公式的统一表示，假定 $\Delta_{0,k}=0$，$\Delta_{n,k}=0$，$\Delta_0=0$ 和 $\Delta_n=0$。在不需要区分节点位移向量 u_{3i-k} 的分量时，可以将其简写为 u。式（9-3）可以重新写为：

$$\delta W_1 = A_0 L s B \delta u \tag{9-11}$$

则内力向量 p：

$$p = A_0 s L B^T \tag{9-12}$$

刚度矩阵 K 由内力向量 p 对节点位移向量 u 求导得到：

$$K = \frac{\partial p}{\partial u} = A_0 L B^T \frac{\partial s}{\partial u} + A_0 L s \frac{\partial B^T}{\partial u} = K_M + K_G \tag{9-13}$$

其中 K_M 称为材料刚度矩阵，K_G 称为几何刚度矩阵，又

$$\frac{\partial s}{\partial u} = \frac{\partial (s_0 + Ee)}{\partial u_{3i-k}} = E \frac{\partial e}{\partial u_{3i-k}} = EB \tag{9-14}$$

因此

$$\begin{cases} K_M = E A_0 L B^T B \\ K_G = A_0 L s \dfrac{\partial B^T}{\partial u_{3j-l}} \end{cases} \tag{9-15}$$

当 $s<0$ 时，$\dfrac{\partial B^T}{\partial u_{3j-l}}=0$，否则按如下情形计算。

当 $j=i-1$，$i=(2, n)$ 时

$$\frac{\partial B}{\partial x_{3j-i}} = \begin{cases} \dfrac{1}{L^2}\left[\left(\dfrac{\Delta_{m-1,n}}{\Delta_{m-1}} - \dfrac{\Delta_{m,n}}{\Delta_m}\right)\left(\dfrac{\Delta_{p-1,q}}{\Delta_{p-1}} - \dfrac{\Delta_{p,q}}{\Delta_p}\right) - l\left(\dfrac{1}{\Delta_{m-1}} - \dfrac{\Delta_{m-1,n}^2}{\Delta_{m-1}^3}\right)\right] & k=l \\[4mm] \dfrac{1}{L^2}\left[\left(\dfrac{\Delta_{m-1,n}}{\Delta_{m-1}} - \dfrac{\Delta_{m,n}}{\Delta_m}\right)\left(\dfrac{\Delta_{p-1,q}}{\Delta_{p-1}} - \dfrac{\Delta_{p,q}}{\Delta_p}\right) + l\left(\dfrac{\Delta_{m-1,n}\Delta_{m-1,q}}{\Delta_{m-1}^3}\right)\right] & k\neq l \end{cases} \tag{9-16}$$

当 $j=i$，$i=(1, n)$ 时

$$\frac{\partial B}{\partial x_{3j-i}} = \begin{cases} \dfrac{1}{L^2}\left[\left(\dfrac{\Delta_{m-1,n}}{\Delta_{m-1}} - \dfrac{\Delta_{m,n}}{\Delta_m}\right)\left(\dfrac{\Delta_{p-1,q}}{\Delta_{p-1}} - \dfrac{\Delta_{p,q}}{\Delta_p}\right) + l\left(\dfrac{1}{\Delta_{m-1}} + \dfrac{1}{\Delta_m} - \dfrac{\Delta_{m-1,n}^2}{\Delta_{m-1}^3} - \dfrac{\Delta_{m,n}^2}{\Delta_m^3}\right)\right] & k=l \\[4mm] \dfrac{1}{L^2}\left[\left(\dfrac{\Delta_{m-1,n}}{\Delta_{m-1}} - \dfrac{\Delta_{m,n}}{\Delta_m}\right)\left(\dfrac{\Delta_{p-1,q}}{\Delta_{p-1}} - \dfrac{\Delta_{p,q}}{\Delta_p}\right) - l\left(\dfrac{\Delta_{m-1,n}\Delta_{m-1,q}}{\Delta_{m-1}^3} + \dfrac{\Delta_{m,n}\Delta_{m,q}}{\Delta_m^3}\right)\right] & k\neq l \end{cases}$$

$$\tag{9-17}$$

当 $j=i+1$，$i=(1, n-1)$ 时

$$\frac{\partial B}{\partial x_{3j-i}} = \begin{cases} \dfrac{1}{L^2}\left[\left(\dfrac{\Delta_{m-1,n}}{\Delta_{m-1}} - \dfrac{\Delta_{m,n}}{\Delta_m}\right)\left(\dfrac{\Delta_{p-1,q}}{\Delta_{p-1}} - \dfrac{\Delta_{p,q}}{\Delta_p}\right) - l\left(\dfrac{1}{\Delta_m} - \dfrac{\Delta_{m,n}^2}{\Delta_m^3}\right)\right] & k=l \\[4mm] \dfrac{1}{L^2}\left[\left(\dfrac{\Delta_{m-1,n}}{\Delta_{m-1}} - \dfrac{\Delta_{m,n}}{\Delta_m}\right)\left(\dfrac{\Delta_{p-1,q}}{\Delta_{p-1}} - \dfrac{\Delta_{p,q}}{\Delta_p}\right) + l\left(\dfrac{\Delta_{m,n}\Delta_{m,q}}{\Delta_m^3}\right)\right] & k\neq l \end{cases} \tag{9-18}$$

当任意两个沿索长相邻的节点重合时,导致这两个沿索长相邻的节点之间的长度为零,进而导致刚度矩阵奇异,此时必须采用解析方法进行推导。但是对于结构问题,因为节点的滑移量相对于索段长度而言通常较小,所以在应用于结构分析时通常不存在这一问题。任意两个沿索长不相邻的节点重合时不会导致相邻节点之间的长度为零,譬如连续折线索单元的首尾节点重合,可以模拟环状的连续折线索单元。

9.3.3 张弦结构总刚矩阵的集成与边界条件的处理

（1）总刚矩阵的集成

与其他大跨度空间结构的有限元计算方法类似,建立了各单元在整体坐标系的单元刚度矩阵之后,要进一步建立结构的总刚矩阵。在建立总刚矩阵时,应满足两个条件,即变形协调条件和节点内外力平衡条件。根据这两个条件,将单元刚度矩阵的子矩阵的行列进行编号（即节点号）,然后对号入座,即形成总刚矩阵。由此可得结构整体的增量形式的平衡方程和不平衡力。

（2）边界条件的处理

结构总刚度矩阵是奇异的,尚需引入边界条件以消除刚体位移,使总刚度矩阵为正定矩阵。边界条件中有固定约束、弹性约束和强迫位移等,现分述相应的处理方法。

①支座某方向固定

支座某方向固定是指支座沿某方向位移为零,为了实现这一要求,有两种处理方法:一是采用划行划列方法,即在总刚度矩阵中,将位移等于零的行号和列号划去,使总刚度矩阵阶数减少,但也带来总刚度矩阵元素位置的变动;另一种是采用置大数方法,即在位移为零的行上将对角元素上乘以一个很大的数。

②支座某方向弹性约束

支座某方向弹性约束是指沿某方向（该方向平行于结构整体坐标系）设有弹性支承 K_z。在总刚度矩阵对角元素的相应位置上加上 K_z。

③斜边界约束

斜边界处理是指沿着与整体坐标系斜交的方向有约束的边界。处理斜边界的一个简单易行的方法是将斜边界点处的位移向量作一变换,使该点在整体坐标系下的位移向量变换到受约束的斜方向上,然后按一般边界条件处理。

9.3.4 非线性方程组的求解方法

结构整体的增量形式的平衡方程为一组非线性方程组。求解非线性方程组的方法众多,如牛顿—拉夫逊法、修正的牛顿—拉夫逊法、增量法以及增量与迭代混合法。下文主要介绍增量与迭代交替使用的混合法,其求解步骤如下:

（1）先将荷载分成若干增量步。在一般情况下,结构受荷载后的非线性随荷载的增加而明显,因此,最初可用若干较大的增量步,而后续则用较小的增量步。

（2）用式（9-19）计算前几个荷载增量步作用下的节点位移。

$$
\left.\begin{aligned}
d\{\Delta\}_1 &= \left[K_T\right]_1^{-1} d\{P\}_1 \\
d\{\Delta\}_2 &= \left[K_T\right]_2^{-1} d\{P\}_2 \\
&\cdots
\end{aligned}\right\}
\tag{9-19}
$$

在计算各级增量步时,可按上一级荷载增量步结束时的结构状态计算。当增加到荷载的 n 级增量步时,节点位移为:

$$\{\varDelta\}_n = \sum_{i=1}^{n} \{\varDelta\}_i \qquad (9\text{-}20)$$

(3)此时结构整体的不平衡力。

$$\{\psi\}_n = \{R_\varepsilon\}_n + \{P_0\}_n - \{P_n\} \qquad (9\text{-}21)$$

如结构的不平衡力 $\{\varPsi\}_n$ 小于按上述计算方法规定的允许值时,可认为结构处于内外力平衡状态,可以继续计算下一级荷载增量步。否则应采用迭代法消除此不平衡力。

(4)消除不平衡力的方法为将不平衡力反向作用于结构并按式(9-19)计算由此产生的位移。

$$\mathrm{d}\{\varDelta\}_{\psi_n} = [K_T]_n^{-1}(-\{\psi\}_n) \qquad (9\text{-}22)$$

此时,节点的位移为:

$$\{\varDelta\}_{n1} = \{\varDelta\}_n + \mathrm{d}\{\varDelta\}_{\psi_n} \qquad (9\text{-}23)$$

再按此时结构的状态,返回至第(3)条计算,直到结构处于内外力平衡状态。

9.4 张弦结构体系的设计与分析

9.4.1 张弦结构设计的一般原则

张弦结构应采用以概率理论为基础的极限状态设计方法,采用分项系数设计表达式进行计算。施加预应力的技术方案以及选择预应力的阶次和力度,应遵循结构卸载效应大于结构增载消耗,确保结构整体效应增长的原则。对构件强度、稳定性以及连接强度的计算,应采用荷载效应的基本组合;对变形的计算,应采用荷载效应的标准组合。其中,预应力效应可按永久荷载效应考虑。

张弦结构按承载能力极限状态进行基本组合计算时,应采用如下设计表达式:

$$\gamma_0 \left(\gamma_G S_{Gk} + \sum_{i=1}^{m} \gamma_{pi} \gamma_T S_{pi} + \gamma_{Q1k} S_{Q1k} + \sum_{i=2}^{m} \gamma_{Qi} \gamma \varphi_{ci} S_{Qik} \right) \leqslant R(\gamma_R, f_k, \alpha_k \cdots) \qquad (9\text{-}24)$$

式中:γ_{pi}——预拉力分项系数,对结构有利时取 $\gamma_{pi}=1.0$,不利时取 $\gamma_{pi}=1.2$;

γ_T——张拉系数,应根据具体情况选取:当杆件的荷载应力与预应力符号相同,或符号相反但是杆件的预应力值大于荷载应力值时,取 $\gamma_T=1.1$;当杆件荷载应力值大于预应力值且符号相反时,取 $\gamma_T=0.9$;当以有效手段如采用测力计或其他仪表等直接监测预应力张力值时,对所有杆件取 $\gamma_T=1.0$;

S_{pi}——预拉力标准值。

张弦结构中的拉索,应保证拉索在弹性状态下工作,同时在各种工况下均应保证拉索拉力不为零($T>0$)。拉索强度设计值不应大于索材极限抗拉强度的 40%～55%,对于重要拉索取小值,次要拉索取大值。

9.4.2 预应力损失及补偿

张弦结构的拉索在张拉过程中以及使用过程中,均会出现预应力损失的现象。安装张拉阶段的预应力损失包括锚固损失、分批张拉损失和摩擦损失;正常使用阶段的预应力损失包括松弛损失、徐变损失和温度损失等。

(1)锚固损失

锚固损失是指由于拉索的滑移、锚具变形及垫片压紧等原因造成的预应力损失。张弦结构体系均属于后张预应力体系,因此均存在不同程度的锚固损失,如图 9-26 所示。索张拉过程中因压实锚具而产生的锚固损失,按照式(9-25)进行计算。

$$x_a = \Delta a \frac{A_{ca} E_{ca}}{l} \tag{9-25}$$

式中:A_{ca}——拉索的截面面积;

$\quad E_{ca}$——拉索材料的弹性模量;

$\quad l$——拉索长度;

$\quad \Delta a$——锚具压实总量,采用精制螺母锚具或塞环式锚头时取 1mm,采用夹片锚具时取

$\quad\quad$ 2mm。

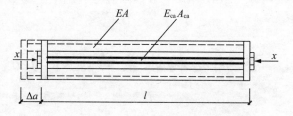

图 9-26　拉索张拉构件的变形示意图

在实际施工过程中也可以根据使用的锚具的类型和拉索的种类,由锚具的制造商来提供锚具变形数据,有条件的情况下,锚具的变形值可根据实测数据来确定。

锚固损失属于瞬时预应力损失且发生在局部,尽管可以波及结构整体,使结构中所有杆件的内力都发生改变,但这种损失发生在边界上,属于施工直接操作的范围之内,且各种锚具的变形、拉索的回缩和滑移均可以通过实测得到,因此锚固损失不需要在设计中考虑,仅需在施工中进行考虑,通过现场的施工操作,进行一定程度的超张拉即可得到补偿。

(2)分批张拉损失

张弦结构拉索在张拉过程中一般采用分批张拉的方式进行,后张拉索施加的张拉力会对先张拉索中已有的预应力产生影响,使得预应力值重新分配。分批张拉会造成很大的预应力损失,且采取不同的张拉次序和张拉控制力会造成不同的损失,影响结构整体预应力分布,属于整体预应力损失。由于张弦结构中拉索的存在,结构具有较强的非线性,计算分批张拉损失需采用非线性有限元分析方法,建立结构有限元模型进行非线性分析。针对分批张拉造成的损失,可采用循环张拉法和超张拉法进行补偿。

(3)摩擦损失

张弦结构拉索预应力的摩擦损失包括两部分:一是张锚体系本身的摩擦损失,二是拉索与撑杆下节点之间的摩擦损失。

张锚体系本身的摩擦损失是指在张锚体系中拉索在锚具处要改变方向,在张拉时会出现一定的摩擦力,由于摩擦力的存在使得拉索中的实际预应力小于千斤顶油压表量测的控制

值。张锚体系的摩擦损失属于安装过程中的局部预应力损失,与所采用的张锚体系有关,此种预应力损失可以通过对张锚体系的效率进行标定,采用超张拉的办法进行补偿。

拉索与撑杆下节点之间的摩擦损失是指张弦结构的拉索在张拉时一般将一端固定,另一端通过千斤顶等设备进行张拉,因此固定端和张拉端之间一般会有多个撑杆节点,在张拉过程中拉索与撑杆下节点之间将不可避免的产生摩擦,从而使得不同撑杆下节点之间的拉索段的预应力互不相同,在张拉端张拉力达到设计值时,其他索段之间的预应力都小于设计值,且离张拉端越远,摩擦损失越大,预应力值越小,如图 9-27 所示。

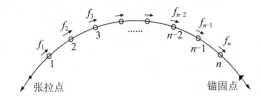

图 9-27 一端张拉一端固定时拉索与撑杆下节点摩擦示意图

对于此种张拉方式,若张拉点与撑杆 1 之间索段的预应力大小为 x,则撑杆 k 与撑杆 $k+1$ 之间索段的实际预应力大小 x_k 为:

$$x_k = x - \sum_{i=1}^{k} f_i \tag{9-26}$$

式中,$1 \leq k \leq n$;当 $k=n$ 时,x_n 代表撑杆 n 与锚固点之间索段的实际预应力。

当拉索长度较长时,为减少摩擦引起的预应力损失,张拉时会增加张拉点,此时将产生两端张拉的情况,相邻张拉点的张力和张拉点之间撑杆下节点布置具有对称性,两端同步张拉时同样离张拉端越远摩擦损失越大,位于相邻两个张拉点中间位置的索段实际预应力值最小。设张拉点 I 与撑杆 1 和张拉点 J 与撑杆 n 之间索段的预应力大小均为 x,撑杆 k 与撑杆 $k+1$ 之间索段的实际预应力大小为 x_k,当相邻两个张拉点 I 和 J 之间的撑杆下节点数目为偶数时〔图 9-28a)〕:

$$x_k = x - \sum_{i=1}^{k} f_i \tag{9-27}$$

$$x_{n-k} = x_k \tag{9-28}$$

式中,$1 \leq k \leq \dfrac{n}{2}$。

当相邻两个张拉点 I 和 J 之间的撑杆下节点数目为奇数时〔图 9-28b)〕,x_k 的计算仍按照式(9-27)和式(9-28)进行,此时 $1 \leq k \leq \dfrac{n-1}{2}$。

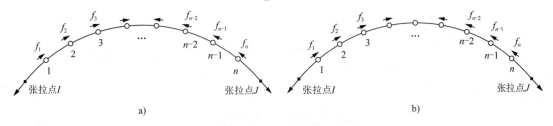

图 9-28 两端张拉时拉索与撑杆下节点摩擦示意图

a)偶数时;b)奇数时

拉索与撑杆下节点之间的摩擦损失由于摩擦长度一般很小,设计时采取将节点索槽的弯曲弧度设计成与预应力拉索的弯曲弧度一致,且在施工中采取一些简单的减小摩擦系数的措施(如布置润滑材料聚四氟乙烯等)来减小这种摩擦损失,这种损失一般不是很大,其损失值可根据具体的撑杆下节点构造来计算确定,通过超张拉的办法进行补偿。同时,可以在保证施工成本满足要求的前提下,通过增加张拉点的数目来减小此种损失。另外,针对特定的张弦结构,也可采用滚动式张拉索节点(图9-29)、向心关节轴承撑杆上节点等新的节点构造形式来减小摩擦损失。此外,为减小摩擦可以采用间断环索的方式;对于弦支穹顶,还可以采用顶升撑杆和张拉径向索的方式。

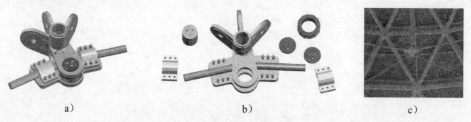

图9-29　滚动式张拉索节点

a)节点整体装配图;b)节点部件拆卸图;c)节点实物图

（4）松弛损失

钢材的松弛是受到外力"袭击"时材料"自卫"能力的一种反应。对于张弦结构体系中的拉索来讲,其在正常工作时会产生应力松弛。应力松弛是指金属材料受力后,在总变形量不变的条件下,由于金属材料内部位错攀移和原子扩散等影响,使一部分弹性变形转变为塑性变形,导致金属材料所受的应力随时间的推移而逐渐降低的现象。应力松弛会使拉索产生预应力损失。目前对于拉索的松弛研究大多是从预应力混凝土设计及桥梁设计角度出发的,相关的研究内容均认为,当初始拉应力不超过拉索抗拉强度的 0.5 倍时,松弛损失可以忽略不计。《预应力钢结构技术规程》（CECS 212—2006）对于预应力钢丝（束）和钢绞线松弛损失的计算公式如下

①当钢丝（束）或钢绞线为普通松弛级时

$$x_s = 0.4\psi\left(\frac{x}{f_{ptk}} - 0.5\right)x \tag{9-29}$$

式中：ψ——系数,一次张拉时 $\psi=1.0$,超张拉时 $\psi=0.9$;

x——预应力拉索的控制张拉内力;

f_{ptk}——拉索材料的抗拉强度标准值。

②当钢丝（束）或钢绞线为低松弛级时

当 $x \leq 0.7f_{ptk}$ 时

$$x_s = 0.125\left(\frac{x}{f_{ptk}} - 0.5\right)x \tag{9-30}$$

当 $0.7f_{ptk} < x \leq 0.8f_{ptk}$ 时

$$x_s = 0.20\left(\frac{x}{f_{ptk}} - 0.575\right)x \tag{9-31}$$

拉索松弛引起的预应力损失属于整体预应力损失,需通过整体结构的力学分析来确定其对结构的影响,松弛损失应在设计中予以考虑。

（5）徐变损失

徐变是指在长期荷载作用下，结构或材料承受的应力不变而应变随着时间而增长的现象。张弦结构中，由于拉索在部分连接节点处并非完全固定，因此也存在徐变现象。徐变一般和松弛同时存在，且与松弛存在很多相似之处。目前，松弛和徐变的研究大多均从预应力混凝土结构设计的角度出发，对于徐变的研究也多集中于混凝土，对于拉索的徐变研究较为欠缺。一般认为，初始拉应力不超过拉索抗拉强度的 0.5 倍时，徐变现象不显著，可不予考虑。

然而，由于徐变同样发生在结构各拉索的各个部分，属于整体预应力损失，其对于结构的各部分均会产生直接的影响，所以在施工时可根据生产厂家提供的所采用的拉索的实际试验数据或相关资料等正确估计其损失数值，并在施工时进行补偿。

（6）温度损失

温度变化作为一种独立的影响预应力的因素是指材料随温度改变而发生非弹性变形，使结构中的预应力发生改变的现象。温度因素是一把"双刃剑"，既可以使预应力增大，又可以使预应力减小，在结构竣工使用后，温度升高时拉索因膨胀而使预应力减小，温度降低时拉索因收缩而使预应力增大，因温度变化发生于结构各拉索的各个部分，因此温度损失属于整体预应力损失。对于温度变化引起的预应力变化，既不能由于温度增加使结构的预应力过大，也不能由于温度减小使结构的预应力过小，将温度因素可考虑为独立的因素，在结构设计阶段考虑在全寿命内可能的温度改变量，设置一个适当的预应力水平，并控制拉索张拉时的环境温度。

9.4.3 张弦结构的形态分析

张弦结构与传统的刚性空间结构不同，其结构形态在施工过程中是不断变化的，因此形态分析是张弦结构设计与施工分析过程中一个不可缺少的环节。形态分析问题最初是基于柔性张拉结构设计的需要而提出的。刚性结构的分析是在已知结构形状的基础上进行的。

对于柔性张拉结构（如张拉整体结构、索网结构、索穹顶结构和膜结构等）来说，需要对结构的柔性张拉部分施加预应力，使结构获得刚度来抵抗外荷载的作用。在给定的边界条件下，所施加预应力大小的分布情况与结构预应力平衡态（未施加外荷载）是紧密相关的。如何合理地确定预应力平衡态和相应的自平衡预应力系统，是张拉结构形态分析中的关键问题。

对于张弦结构而言，由于其上部结构可能是刚性梁、桁架或者网壳等，在未施加预应力之前已有一定的刚度，从受力形态上看是一种半刚性结构，所以张弦结构的形态分析相比柔性结构具有一定的特殊性。

根据各类张弦结构在施工和使用过程中的作用，均可以将其状态分为以下三个阶段：

（1）放样态。整个结构安装就位，但还没有进行张拉时的状态。

（2）预应力平衡态。下部弦支部分张拉完毕后，结构在自重和预应力作用下达到的平衡状态。

（3）荷载平衡态。张弦结构在预应力和外荷载共同作用下的受力状态。

张弦结构形态分析包括两个方面：找力分析和找形分析。所谓的"形"就是几何意义上的结构形状，所谓的"态"就是结构的内力分布状态。

找力分析是指在对结构进行力学分析之前，寻找初始预应力设计值，使得结构在预应力平衡态下的索杆内力等于设计值的过程。由于张弦结构的半刚性特点，在张弦结构上施加预应力后,会发生预应力重分布,在未施加其他外荷载之前,索内的预应力已经有了一定的损失,且损失值较大,不能满足工程上的精度要求,所以需要进行找力分析。

找形分析的基本任务是确定结构放样态下的几何形状和放样态下索杆的初始缺陷,在放样态下的几何形状上施加索杆体系的初始缺陷后,使得结构在预应力平衡态下的几何形状和预应力分布满足设计要求。

弦支穹顶结构是张弦结构体系中应用最为广泛的一种结构形式,同时由于弦支穹顶的空间受力特性最为明显,其形态分析相比其他张弦结构显得更为复杂。下面以弦支穹顶结构为例,介绍张弦结构的形态分析过程及方法。

如前文所述,弦支穹顶与其他张弦结构一样,其施工和使用过程中的状态可分为放样态、预应力平衡态和荷载平衡态三个状态,如图9-30所示。

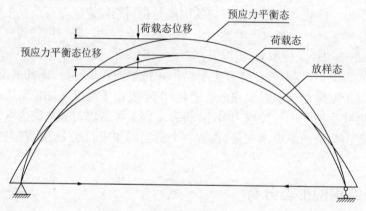

图9-30 弦支穹顶结构的三个形态

（1）弦支穹顶的找力分析

预应力空间结构的找力分析可采用张力补偿法。张力补偿法对于单索体系的索内力收敛很快,通常经过1～2轮循环计算后可达到工程精度。但应用在弦支穹顶结构中时,由于索内力之间的影响较为复杂,有时会出现个别索收敛速度较慢的情况。因此需要对张力补偿法进行改进,下面对改进的张力补偿法原理与计算步骤进行介绍。

在改进的张力补偿法中,同一组索是指同时被张拉的若干条索,即处于同一圈的环向索;不同批次是指张拉时间上的区分。设结构中有 n 组索,张力设计值分别为 P_1, P_2, P_3, $\cdots$, P_n。

I:索组号,为同时被张拉的若干根索的序号（位置参数）,在弦支穹顶结构中是指同一圈的环向索。

J:张拉批次号,为一组索张拉的顺序号（时间参数）;

K:循环计算序号;

P_i:第 i 组索中主动索的张力设计值;

$\varepsilon_i(k)$:k 次循环计算中,由第 i 组索中主动索的张力设计值计算出的初始应变值;

$P_i(k)$:k 次循环计算中,第 i 组索中主动索的张力控制值;

$F_i^j(k)$:k 次循环计算中,第 i 组索中主动索在第 j 批次张拉时的实际内力值。

设定循环计算序号 k（$k=1$, 2, $3\cdots$）,则每次循环计算步骤如下:①给第1组索施加初应变 $\varepsilon_1(k)$,然后计算索实际内力值 $F_1^1(k)$,此时 $F_1^1(k) \neq P_1(k)$;②给第2组索施加初应变 $\varepsilon_2(k)$,然后计算索实际内力值 $F_1^2(k)$, $F_2^2(k)$,此时 $F_2^2(k) \neq P_2(k)$;③给第3组索施加初应变 $\varepsilon_3(k)$,然后计算索实际内力值 $F_1^3(k)$, $F_2^3(k)$, $F_3^3(k)$,此时 $F_3^3(k) \neq P_3(k)$;

依此类推,给第 i 组索施加初应变 $\varepsilon_i(k)$,然后计算索实际内力值 $F_1^i(k),F_2^i(k),F_3^i(k),\cdots,$ $F_i^i(k)$,此时 $F_i^i(k)\neq P_i(k)$;给第 n 组索施加初应变 $\varepsilon_n(k)$,然后计算索实际内力值 $F_1^n(k),$ $F_2^n(k),F_3^n(k),\cdots,F_n^n(k)$,此时 $F_n^n(k)\neq P_n(k)$。其中,$\varepsilon_i(k)$ 是由 P_i 计算得到的应变值。

至此,各组索均施加了初应变,计算后索内力均发生了变化,变化值为:

$$\Delta F_1^n(k)=P_1-F_1^n(k)$$
$$\Delta F_2^n(k)=P_2-F_2^n(k)$$
$$\Delta F_3^n(k)=P_3-F_3^n(k)$$
$$\cdots$$
$$\Delta F_n^n(k)=P^n-F_n^n(k)$$

这里 $\Delta F_i^n(k)$ 为第 k 次循环计算后,各组索中主动索的内力变化值。

当第 k 次循环结束时,若 $\Delta F_1^n(k)/P_1\cong 0$,$\Delta F_2^n(k)/P_2\cong 0$,$\cdots$,$\Delta F_n^n(k)/P_n\cong 0$,即计算误差足够小时,结束循环计算。此时,$F_1^n(k)$,$F_2^n(k)$,$F_3^n(k)$,$F_n^n(k)$ 近似等于相应各组索的设计张力值,而 $\varepsilon_1^1(k)$,$\varepsilon_2^2(k)$,$\varepsilon_3^3(k)$,$\cdots$,$\varepsilon_n^n(k)$ 则是第 1,2,3,$\cdots$,n 组索应施加的初应变值。若计算误差太大,不能满足工程要求,则需要进行第 $k+1$ 次循环计算。在第 $k+1$ 次循环计算前先修改各组索的张力控制值,方法是将内力变化值补偿给上一次循环时索的张力控制值,然后换算成应变值。即:

$$P_1(k+1)=P_1+\Delta F_1^n(k)$$
$$P_2(k+1)=P_2+\Delta F_2^n(k)$$
$$\cdots$$
$$P_n(k+1)=P_n+\Delta F_n^n(k)$$

其中,$P_1(k+1)$,$P_2(k+1)$,$\cdots$,$P_n(k+1)$ 是第 $k+1$ 次循环计算时索的张力控制值,换算成相应的应变值 $\varepsilon_1^1(k+1)$,$\varepsilon_2^2(k+1)$,$\varepsilon_3^3(k+1)$,$\cdots$,$\varepsilon_n^n(k+1)$ 作为第 $k+1$ 次循环计算时应施加的初应变值,循环计算方法与第 k 次完全相同。

在第 k 次循环计算结束时,若发现第 i 组索收敛慢,而其他组索的预应力值已经满足工程精度要求,则可以扩大第 $k+1$ 次循环的张力补偿值,即 $P_i(k+1)=P_i(k)+M\Delta F_i^n(k)$,$M\geqslant 1$ 为扩大系数,大小依具体情况而定。

其他各组索的张力补偿值做相应调整,即 $P_h(k+1)=P_h(k)+N\Delta F_h^n(k)$,$(h\neq i)$,$N\geqslant 0$ 为影响系数。若第 i 组索对第 h($h\neq i$)组索的内力影响大,则 N 取值可以大些;若第 i 组索对第 h 组索的内力影响小,则 N 取值可以小些;若第 i 组索对第 h 组索的内力影响非常小,则 N 取值为零。

将调整后的 $P_1(k+1)$,$P_2(k+1)$,$P_3(k+1)$,$\cdots$,$P_n(k+1)$ 换算成应变值 $\varepsilon_1^1(k+1)$,$\varepsilon_2^2(k+1)$,$\varepsilon_3^3(k+1)$,$\cdots$,$\varepsilon_n^n(k+1)$,进行第 $k+1$ 次循环计算,这样可以使第 i 组索快速收敛。

（2）弦支穹顶找形分析

弦支穹顶的找形分析常采用逆迭代法。假设图纸给定的结构预应力平衡态几何坐标为 $\{X,Y,Z\}^*$,经过第 k 次迭代后,得到放样态几何坐标为 $\{X,Y,Z\}_{0K}$,预应力平衡态几何坐标为 $\{X,Y,Z\}_K$,位移为 $\{U\}_K$,具体求解步骤如下:

①首先假设图纸给定的结构预应力平衡态几何坐标即为放样态几何坐标,即令 $\{X,Y,Z\}_{01}=\{X,Y,Z\}^*$。

②将设计预应力值换算成索的初应变,施加到相应索段上,计算放样态几何坐标为 $\{X,Y,Z\}_{0K}$ 的位移 $\{U\}_K$,$k=1$。

③计算 $\{X,Y,Z\}_K=\{X,Y,Z\}_{0K}+\{U\}_K$，令 $\varDelta=\{X,Y,Z\}^*-\{X,Y,Z\}_K$。

④判别 $\varDelta$ 是否满足给定的精度要求。若满足,则 $\{X,Y,Z\}_{0K}$ 就是所求的放样态几何坐标; 若不满足,则令 $\{X,Y,Z\}_{0,K+1}=\{X,Y,Z\}_{0,K}+\varDelta$,转第(2)步,并令 $k=k+1$,继续进行迭代。

⑤由以上迭代得出放样态几何坐标参数。

将求解索预应力张拉控制值的程序流程图与求解放样态几何坐标的程序结合,就可以实现对结构形态分析的目的,计算后可以得到放样态几何坐标和初应变。按照放样态几何坐标建立模型施加初应变,静力计算后就可以得到设计所要求的结构预应力平衡态。程序流程图如图 9-31 所示。

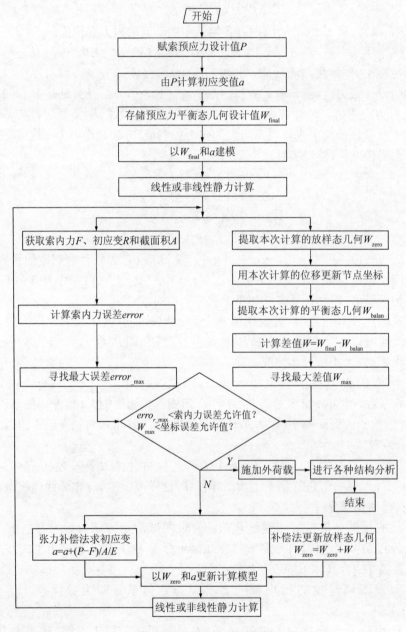

图 9-31　找形分析程序流程图

9.4.4　张弦结构的预应力设计

张弦结构体系之所以优越于其他刚性空间结构体系,在于在结构中预先引入预应力,使结构产生与正常使用荷载作用下相反的位移和内力,同时减小了支座水平推力。但是结构的预应力不能设置过大,否则结构上的荷载作用无法与预应力产生的作用相互抵消,从而对结构产生不利影响;另一方面结构的预应力也不能设置过低,否则不能满足结构对刚度的需求。因此,张弦结构体系设计技术的关键是寻找拉索最佳预应力分布,即在满足所有要求的前提下,出于经济方面的考虑,预应力水平越低越好,这样可以降低结构造价,降低施工难度,节约建筑材料。结构的预应力状态应该满足以下基本条件:①要保证在张弦结构工作条件下所有的拉索不能松弛;②要使施加的预应力状态能保证结构预想的几何形状;③在满足上述两个要求的前提下,预应力水平最低。

(1)平面型张弦结构预应力设计方法

张弦结构的预应力设计的主要方法有平衡矩阵理论和局部分析法,对于平面型张弦结构体系,考虑到预应力的作用主要为减小结构的挠度和减小支座水平推力两个方面,可采用以结构变形来控制的较为简单的预应力近似计算方法。具体步骤如下:

首先,不施加预应力,即张弦结构下弦索段中的预应力为零,在屋面荷载和结构自重作用下求得索的内力,考虑到施工时实际张拉预应力是在索的两端进行的,故采用有限元模拟时也只在索的两端施加,此时可取上面所求得的各索段内力的均值(记作 N)作为计算预应力施加在索的两端,在屋面荷载和结构自重作用下,重新对张弦结构进行计算,观察此次求得的结构的整体变形,调整计算预应力大小(一般以 N 的倍数进行调整)反复试算,使得结构的整体变形接近于结构微受荷时的状态,此时的计算预应力值即为目标值,一般认为结构要略有起拱,起拱值可控制在跨度的 1/600 以内。

此外,有三点需要注意:①当平面型张弦结构作为不上人屋盖时,由于所承受的屋面恒载与活载均较小,故可按上面所述的仅在屋面恒载和结构自重作用下设计预应力;②当结构作为上人屋盖或楼盖时,由于所承受的屋面或楼面恒载与活载均较大,此时除了屋面或楼面恒载和结构自重外,还要考虑 0～0.5 倍的活载作用来设计结构的预应力;③无论以上哪种情况,求目标预应力值时一定要保证结构的起拱值不宜过大,应控制在跨度的 1/600 以内,如果按照如上要求求得的预应力施加于结构后,依然无法避免结构在最不利工况下有过大的变形,说明结构自身太柔,或是上层刚性结构截面太小,或是撑杆或下弦索的截面太小,或是撑杆数目太少等因素索造成的,应当对其进行适当调整,再进行设计。

(2)不可分解型张弦结构的预应力设计

不可分解型空间张弦结构中含有较多拉索,如弦支穹顶结构、弦支筒壳结构、弦支网架结构等,各拉索之间的预应力相互影响,其预应力设计相比平面型张弦结构更为复杂。对于弦支筒壳结构,下弦拉索的主要作用是尽可能将筒壳在屋面荷载作用下的各支座处的水平滑移消除,其预应力设计方法可采用类似于平面张弦结构的预应力设计方法,在此不再赘述。下面以弦支穹顶为例介绍不可分解型张弦结构的预应力设计方法。

弦支穹顶中拉索的预应力有以下两方面用途:①减小上部单层网壳结构的内力峰值;②减小支座的径向反力。依据这两个原则,弦支穹顶预应力比值设定可按如下过程推导(图9-32)。

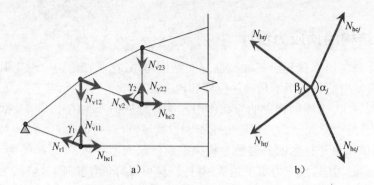

图 9-32 预应力比值设定的计算模型

首先对公式中的符号进行说明：

F_j：第 j 道环索上方单层网壳等效节点荷载。

N_j：第 j 道环索处撑杆内力。

N_{ij}：第 j 道环索处径向索的轴向力。

N_{hcj}：第 j 道环向索的轴向力。

N_{vji}：第 j 道环索预应力引起的第 j 道环索处撑杆的轴向力。

N_{hrj}：N_{rj} 在水平面（XOY）内的轴向力分量。

α_j：第 j 道环索相邻索段的夹角。

β_j：第 j 道环索位置处相邻径向索在水平面 XOY 上投影的夹角。

γ_i：第 i 道环索位置处径向索与竖向撑杆的夹角。

其中，i，j =1，2，3，…，n，即弦支穹顶结构共 n 道环索。

第 i 道环索预应力引起的第 j 道环索处撑杆的轴向力可以表示为：

$$N_{vji} = 2\frac{N_{hri}}{\sin\gamma_i}\cos\gamma_i = 2N_{hri}\cot\gamma_i \tag{9-32}$$

得节点平衡方程：

$$N_{hrj}\cos\frac{\beta_j}{2} = N_{hcj}\cos\frac{\alpha_j}{2} \tag{9-33}$$

合并方程式（9-32）和式（9-33），得：

$$N_{vji} = 2N_{hci}\cot\gamma_i\frac{\cos\dfrac{\alpha_i}{2}}{\cos\dfrac{\beta_i}{2}} \tag{9-34}$$

令 $K_i = 2\cot\gamma_i\dfrac{\cos\dfrac{\alpha_i}{2}}{\cos\dfrac{\beta_i}{2}}$ ，则式（9-34）简化为：

$$N_{vji} = K_i N_{hci} \tag{9-35}$$

$$N_j = \begin{cases} K_j N_{hcj} - K_{j+1}N_{hc,j+1} & (j = n-1, n-2, \cdots, 1) \\ K_n N_{hcn} & (j = n) \end{cases} \tag{9-36}$$

根据预应力的设定原则,不同环索位置处撑杆的轴压力与单层网壳上均布荷载产生的等效节点力相平衡,可得:

$$N_j = F_j \tag{9-37}$$

将式(9-37)代入式(9-33),并整理得:

$$N_{hcj} = \begin{cases} \dfrac{F_j + K_{j+1} N_{hc,j+1}}{K_j} & (j = n-1, n-2, \cdots, 1) \\ \dfrac{F_n}{K_n} & (j = n) \end{cases} \tag{9-38}$$

如果单层网壳的各等效节点荷载 F_j 已知,K_j 可由 α_j、β_j 和 γ_i 根据结构几何计算得到,所以 N_{hcj} 的数值可以确定。N_{hcj} 的数值其实就是结构中希望达到的拉索的预应力值,即预应力平衡态的数值。

9.5 张弦结构的杆件与节点设计

9.5.1 张弦结构的杆件设计

张弦结构在杆件设计过程中需要考虑受力特性及多种荷载的影响,从而准确获得合理的设计结果。

张弦梁杆件设计包括上部梁、下部撑杆及拉索的设计。上部梁的截面形式主要有 H 形和箱形两种。按材料分主要有钢梁、钢筋混凝土梁和木梁三种,其中,钢梁的应用最为广泛,钢筋混凝土梁的应用见于塞尔维亚贝尔格莱德体育馆,木梁的应用多见于日本。

弦支穹顶的杆件设计包括上部网壳杆件和下部竖向撑杆、拉杆以及拉索杆件的设计。上部单层球面网壳杆件一般按肋环形、联方型和凯威特型布置,下部索撑体系根据上部单层球面网壳的网格形式确定布索方式。下部索撑体系圈数、索杆数和节点数很多,计算量很大。由于上部单层球面网壳杆件往往呈多轴对称或中心对称,决定了下部索杆体系杆件也是多轴对称或中心轴对称,使得下部索杆的计算也得到简化。

拉索作为张弦结构体系的核心构件是一种柔性构件,不同于其他刚性构件。它是依靠预先对其施加预应力从而在结构中仅能承受拉力荷载。拉索的存在改变了力流在结构内部的分布从而优化了结构的性能。拉索特性的改变对结构的性能产生较大的影响。

9.5.2 张弦结构的节点设计原则

对于张弦结构这类预应力空间复合结构体系,能否从现有的节点形式中找到或设计出经济、适用的节点,对结构的性能、制作安装、用钢量指标及工程造价等都有直接的影响。节点的好坏,有时可能是决定某种新型结构能否实现的关键因素之一。与传统空间网格结构相比,张弦结构节点相对复杂。根据汇交于节点处的构件类别,张弦结构的节点可分为四类:仅有上部结构构件汇交的节点;上部结构构件与下部张拉整体杆件的汇交节点(简称撑杆上节点);下部张拉整体部分的汇交节点(简称撑杆下节点);支座节点。张弦结构体系最大的特

点是高强度预应力拉索的引入及多种类构件的汇交,因此在进行结构体系节点设计时,应遵循以下原则:

(1)节点传力路径明确,能有效地传递各种内力。

(2)节点的强度和刚度应满足结构要求,张弦结构之所以称为一种高效的结构体系,除其结构受力合理外,另一优点是钢索的高强度特性,因此其节点应具有一定的强度和刚度。

(3)节点的构造应符合计算假定,否则在结构分析时必须考虑节点刚度的影响,如上部单层网壳节点应该保证与下部的撑杆连接为铰接的要求等。

(4)节点的设计应避免局部应力集中或弯矩过大等不利因素的出现。

(5)应考虑加工制作以及安装的方便。

(6)尽量发挥各种材料的力学性能,符合经济、合理、安全、可靠的原则。

(7)对张拉径向索为预应力引入方式的弦支穹顶,撑杆下节点的设计应避免预应力张拉过程中的摩擦损失。

本节以张弦梁和弦支穹顶结构为例,讲述张弦结构节点的类型和设计原则。

9.5.3　张弦梁(桁架)的节点设计

张弦梁(桁架)结构的节点形式主要包括支座节点、撑杆下节点以及撑杆上节点三种。

(1)支座节点

张弦梁(桁架)结构的支座节点一般设计为一端固定、一端水平滑动,根据现有的工程资料,滑动的实现主要有设置长圆孔和设置人字形摇摆柱两种,如哈尔滨国际会展中心即采用设置人字形摇摆柱的方法。

跨度较小时,张弦桁架的支座节点可采用焊接空心球节点,但当跨度较大时,张弦桁架的支座节点多采用铸钢节点,如广州国际会展中心张弦桁架的支座节点,这样做主要考虑两点:一是保证节点的空间角度尺寸的精度,二是免去相贯线切割和焊接工序,避免产生复杂的温度应力。

(2)撑杆下节点

撑杆下节点应保证下弦拉索与撑杆之间连接固定,使拉索不能滑动,通常采用的节点形式是两个实心半球组成的索球节点或者两个索夹组成的节点扣紧拉索。如设置了面外稳定拉索,一般附加一个索夹以固定该稳定拉索。

(3)撑杆上节点

撑杆上节点通常应保证撑杆在平面内可转动、平面外限制转动的构造形式。

9.5.4　弦支穹顶的节点设计

(1)上部结构节点设计

弦支穹顶结构中的网壳节点受力特点与传统大跨度建筑结构(网架、网壳等)的节点相似,因此在弦支穹顶结构网壳节点的设计过程中,可参考传统大跨度建筑结构的节点形式。在我国大跨度建筑结构的发展过程中,总共研制开发了二十余种节点,如焊接板节点、焊接空心球节点、螺栓球节点、毂式节点等。在这些节点中,有些节点是因为其自身的局限性没有得到推广使用,有些节点则是因为研发出来的时间不长,没有机会接受实践的检验而未能应用于实际工程,但是这些节点形式都对大跨度建筑结构的发展起到了一定的推动作用。

(2)撑杆上节点设计

在弦支穹顶结构体系中,撑杆上节点通常为径向拉索(或拉杆)、撑杆和上部单层网壳构

件的汇交节点。在进行此类节点设计时,要考虑以下问题:

①传力要明确,要满足预应力能够通过撑杆和径向构件传递给上部单层网壳,同时上部单层网壳结构的荷载也能通过撑杆和径向构件传递给下部张拉整体部分,使其能够协同工作。

②在弦支穹顶结构的张拉和使用阶段,在外荷载作用下,径向拉索(或拉杆)和环向拉索由于应力变化所产生的附加变形量并不相同,导致撑杆下端与索相连节点在径向上产生位移,即撑杆绕与上部单层网壳相连的节点有径向旋转的趋势。为了避免在撑杆中产生附加弯矩和剪力,实际结构中的撑杆应该设计成在径向能够绕上部单层网壳连接节点转动。因此,撑杆与上部单层网壳的连接节点在径向上应该设计成铰接节点。如图 9-33a)所示为撑杆上节点示意图,为满足上节点的转动要求,采用如图 9-33b)所示的构造形式,端头可以有较小角度转动,保证其良好的转动性。

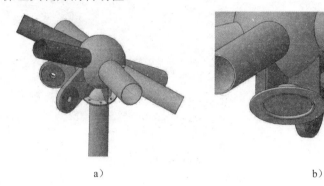

a)   b)

图 9-33 撑杆上节点

a)效果图;b)分解图

对于跨度比较大的弦支穹顶结构,通常会采用铸钢节点,铸钢节点具有很好的力学性能,可承受很大的弯矩和轴力。图 9-34、图 9-35 为实际工程中的采用的铸钢节点。

图 9-34 某实际工程撑杆上节点实物图

图 9-35 某实际工程撑杆上节点模型图

弦支穹顶结构的撑杆与上部结构的连接一般设计成空间铰接,以实现仅传递竖向轴力的目的。但以往大多数上弦节点的设计为了保证工程的实用性和可操作性,并没有实现真正意义上的空间铰接。随着工程结构与理论发展的不断深入,新型向心关节轴承节点应运而生,它不仅能够实现节点的空间铰接,而且可利用此节点径向可转动、环向可微动的特性改变传统的环索张拉形成预应力的作用机理。图 9-36 为向心关节轴承的效果图,向心关节轴承一般在低速状态下作摆动、倾斜和旋转等形式运动,其基本构成为内、外两个互补的圆环。作为通用机械零件,关节轴承具有转动灵活、结构紧凑、易于装拆等特点,能够满足重载荷和长寿命要求。

目前已有工程将新型向心关节轴承节点运用于撑杆上节点中,如东亚运动会自行车比赛场馆（网壳呈椭圆形,短轴跨度100m),如图9-37所示。该工程张拉施工时采用张拉环索方式,与常规环索张拉的不同之处在于,张拉过程中环索与撑杆下节点相对固定,不产生滑动。张拉前通过精确的施工模拟分析,确定撑杆和索下料长度以及放样态节点坐标,一般来说撑杆初始均处于偏斜状态;张拉时依靠向心节点轴承上节点环向微动特性,使下节点可以发生摆动,待撑杆处于设计状态时,下部张弦体系预应力分布也恰好达到设计状态。由于使用这种节点张拉时不涉及环索与撑杆下节点的相对滑移,因此有效避免了张拉过程中因环索与下节点摩擦产生预应力损失这一问题。但依靠撑杆节点位移来实现环索的张拉需要对环向索、径向索及撑杆精确下料,并控制节点坐标,因此需要精确的张拉过程分析方可实现。

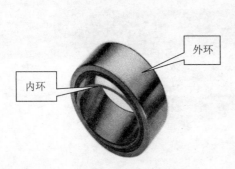

图 9-36　向心关节轴承

图 9-37　东亚运动会自行车馆弦支穹顶向心关节轴承撑杆上节点

向心关节轴承撑杆上节点利用向心关节轴承万向转动能力满足了撑杆径向可转动、环向可微动的力学要求;相比铸钢万向铰节点,具有造价低廉、构造简单、加工周期短、便于施工过程调整等优势,仅需按照一般销轴铰设计加工,现场安装向心关节轴承即可。

（3）撑杆下节点设计

弦支穹顶结构撑杆下节点通常是由环索、径向拉索（或拉杆）以及竖向撑杆汇交而成的。撑杆下节点的主要功能有以下几方面:

①在弦支穹顶结构的施工阶段,将张拉端的预拉力传递给同环其他环索单元,并将环索的预应力通过径向拉杆和竖向撑杆传递给上部单层网壳,使单层网壳结构预先起拱。

②在弦支穹顶结构的使用阶段,将单层网壳传递给竖向撑杆和径向拉杆的荷载传递给高强度环索,从而提高结构的荷载承受能力。

根据撑杆下节点的上述两个功能和实际工程设计经验,撑杆下节点设计原则为:

①撑杆下节点的几何设计应确保索体光滑通过节点,避免在节点内部及节点端部对索体形成"折点",这是实现索体顺利滑动以及有效传递预应力目标的必要条件。

②撑杆下节点的构造设计应确保预应力张拉过程中索体与节点间的摩擦力最小,进而减小预应力损失。

③撑杆下节点要承担对索施加预应力的任务,除要求构造上能够实现这个功能外,还应该能够在整个张拉过程中尽量准确地测量出所施加预应力的值。

④预应力张拉完成后,要保证索体与节点卡紧,保证正常使用过程的整体结构稳定性。

自弦支穹顶结构概念提出至今已十余年,工程的实际跨度也从最初的35m左右（日本光丘穹顶）到目前的122m（济南奥体中心体育馆）。随着跨度的增大,节点所承受的荷载也随之增大,在这种趋势下,上述节点在强度上已经不再能满足要求。为了解决这个问题,工程中普遍采用铸钢节点来代替螺栓连接的节点,如在常州体育馆(图9-38)、2008北京奥运会羽毛球馆(图9-39)、济南奥体中心体育馆(图9-40)等工程中的撑杆下节点均为铸钢节点。

图9-38 常州体育馆索夹节点 　图9-39 北工大羽毛球馆索撑节点 　图9-40 济南奥体中心体育馆索撑节点

前面所提及的撑杆下节点的共同点为环索在节点处不能滑动,但是对于弦支穹顶结构中通过张拉环索来对结构施加预应力的结构而言,钢索与撑杆下节点之间存在摩擦,因而撑杆下节点处存在预应力摩擦损失,且损失较大,一般撑杆上节点的平均摩擦损失可达9%左右。为解决这一问题,一种预应力钢结构滚动式张拉索节点应运而生。此节点采用滚动摩擦代替节点与索体间的滑动摩擦,可解决张拉中钢拉索与节点间摩擦力的问题。

(4)支座节点

弦支穹顶中由于下部索撑体系的引入,有效地抵消了结构支座的径向反力。因此,弦支穹顶结构的支座设置通常有两种方式:一种是首先在周边环梁上设置一圈加强环桁架结构,然后将弦支穹顶结构支承在环桁架上;另一种是直接连接在周边的支承环梁上。目前应用较多的为第二种。

第一种支座节点与传统空间结构基本一致,因此对于目前大跨度建筑结构中使用的节点均可作为弦支穹顶结构的第一类支座,如平板压力或拉力支座、单面弧形压力支座、双面弧形压力支座、板式橡胶支座、球铰压力支座等。

对于第二种弦支穹顶结构的支座,由于与径向拉杆相连接,因此其与传统的大跨度建筑结构的节点有所不同。对于这类节点,必须考虑与径向拉杆的连接构造,如常州体育馆弦支穹顶结构(图9-41)、济南奥体中心体育馆(图9-42)等;有时在进行弦支穹顶结构的支座设计时,为释放温度应力,可将支座设计成径向可滑动支座,如茌平体育馆弦支穹顶结构(图9-43)等。

图9-41 常州体育馆弦支穹顶结构支座 　　　图9-42 济南奥体中心体育馆弦支穹顶支座节点

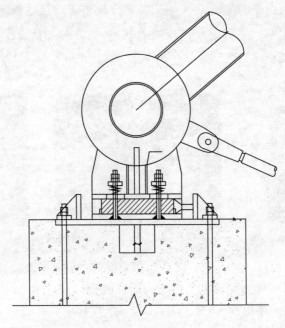

图 9-43　荏平体育馆橡胶支座节点

9.6　张弦结构的施工

对于张弦结构而言,由于其上部结构多为多次超静定结构,索杆预应力为非必需预应力,即使下部索杆体系不施加预应力,结构体系仍具有一定的初始刚度。因此在张弦结构的施工过程中,上部结构可以先行安装,然后下部的张拉整体部分的施工成形可以在此基础上进行。需要特别注意的是,张弦结构的张拉施工和设计联系十分紧密,在设计阶段必须预先考虑到施工张拉的步骤,实际施工时必须严格按照规定的步骤进行;如与设计施工步骤有所改变,就有可能引起张弦体系预应力分布与设计状态有很大不同,进而导致结构整体内力分布与设计状态不符合,造成潜在的危险。

本节以平面张弦结构中的张弦梁结构为例介绍平面张弦结构的施工安装技术;以弦支穹顶结构为例,介绍不可分解型空间张弦结构的施工安装技术。

9.6.1　平面张弦结构施工安装

通常张弦梁的施工包含以下几个阶段:

(1)构件的工厂制作

张弦梁结构上弦构件应该根据设计提供的零状态放样几何在工厂加工。考虑到运输条件限制,对于实腹式、格构式构件通常分段加工。如果为相贯焊接的管桁架,一般将其上、下弦及腹杆分别制作,并采用数控切割机进行相贯线加工。

(2)上弦构件的现场分段拼装

工厂里制作好的上弦分段构件运送到工地后,一般按照吊装位胎架间的距离拼装成长段。拼装通常采用卧式拼装法,以节省拼装胎架材料,提高焊机、吊机等设备的利用率。拼装过程中,用水准仪测定各点的标高,构件的纵向节点可采用全站仪来确定,并结合测定误差进行调整,以保证拼装精度。

（3）吊装位整体组装

上弦构件分段拼装完成后,通过吊机安装到吊装位胎架上进行组装。吊装位胎架可根据现场条件设置,但应该满足如下两个条件:支架的距离必须保证整体刚度未形成的屋架上弦在相邻支架间的强度和刚度要求,同时支架必须满足自身的强度、刚度和稳定要求。整体组装通常从中间向两边对称进行,每一段安装时都应该采用全站仪测量,保证节点标高和构件的垂直度。上弦构件安装完毕后,进行撑杆和拉索的安装。在固定拉索之前,应该复核拉索的各段理论松弛长度。

（4）预应力张拉施工

结构在整体组装完成后即可以利用千斤顶在端部进行张拉,张拉过程要确保索中施加的张力值和设计值一致,并将结构的几何位置控制在设计值的误差范围内,即采用索力和结构尺寸双控制。张拉过程中应该对一些受力较大杆件的内力、控制点的节点位移、索中的张力值进行监控。

结构在实际建成后其平面外有较强的支撑系统来保证其平面外的稳定性,但是在张拉阶段这些支撑并不存在,因此在设计的时候需要对该阶段进行平面外的稳定性校核。结构平面外的位移对于施工阶段结构的平面外稳定极为不利,其大小与端部支座处的面外位移密切相关,因而在张拉过程中应注意端部支座的平整程度以及通过两端等速张拉来控制平面外位移。

（5）张弦梁整体吊装

张弦梁张拉完毕,经检验合格后,即可吊装就位。起吊吊点需要根据实际情况设置并要保证各吊点的同步作用。由于起吊阶段的吊点设置可能和使用阶段的支座位置不一致,因此在设计时也要进行起吊阶段结构的强度和稳定性校核。

（6）滑移法施工

对于矩形平面的平面张弦梁结构,通常可以采用柱顶滑移法施工。张弦梁结构的柱顶滑移通常采用分区段编组滑移法,即将吊装完毕的几榀编为一组,即将每榀之间的屋面支撑系统安装完毕后,再整组滑移。这主要是为保证滑移过程中结构的整体稳定性。

（7）安装屋面系统

完成屋面支撑系统的安装后,安装屋面系统。

9.6.2 弦支穹顶结构施工安装

通常弦支穹顶的施工步骤可分为如下几个阶段:①网壳的制作;②网壳的拼装;③网壳的安装;④预应力张拉;⑤防腐、防火处理。其中第①～③和第⑤阶段与传统网壳结构施工相同,不再赘述。

对弦支穹顶结构下部张拉整体结构进行施加预应力的施工方法有三种:顶升撑杆、张拉环索和张拉径向斜索,这三种典型预应力施加方法均有工程应用。

（1）顶升撑杆

顶升撑杆法是在弦支穹顶结构工程应用初期使用的一种预应力施加方法。这种方法的优点是:①撑杆的顶升力较小,可减小顶升装置的吨位;②撑杆顶升以自身结构作为反力架,无需另外增加反力架。早期弦支穹顶的跨度较小,且通常仅设置一环张拉整体体系,因此早期的弦支穹顶结构撑杆数量少,预应力水平低,顶升撑杆施加预应力的方法就成为施加预应力的首选方案。如图 9-44 所示为撑杆顶撑施工装置图,千斤顶向上顶升调节螺杆后及时拧紧螺母实现撑杆的顶升。

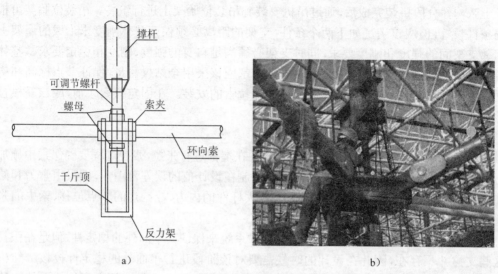

图 9-44 顶升撑杆施工装置图

a)装置示意图;b)装置实物图

（2）张拉环索

随着弦支穹顶结构工程应用技术的发展和完善,其跨度越来越大,张拉整体部分也越来越多,因此撑杆预应力水平也越来越高,撑杆的数量也越来越多。这样顶升撑杆施加预应力的缺点就越来越显著:①撑杆的数量较多,所需要的张拉设备较多,一般不能实现同圈撑杆的同步张拉;②施工结束后环向索不在一个水平高度上,影响环向索的线型控制;③在要求撑杆下节点构造能够实现顶升的条件下,不易实现径向索,环向索和撑杆三轴线汇交于一点。因此,张拉环向索施加预应力的方法逐渐取代了顶升撑杆法。对于弦支穹顶结构而言,通过张拉环索施加预应力的方法所需要的张拉设备较少,且环索的线性容易控制,另外撑杆下节点的设计也较为简单,因此在弦支穹顶结构发展的中期,预应力施加方法主要是张拉环向索。如图 9-45 所示为张拉环索方式的张拉工装图。

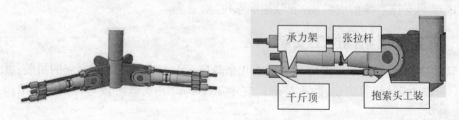

图 9-45 张拉工装示意图

（3）张拉径向索

在通过张拉环向索给弦支穹顶结构施加预应力方法的工程应用中,逐渐发现由于环索与撑杆下节点处存在明显的摩擦力,进而导致严重的预应力摩擦损失,使得预应力张拉施工完成后环索预应力分布极为不均匀。另外伴随着预应力张拉施工技术的产业化和企业化,张拉设备的数量也越来越多,因此目前弦支穹顶结构工程中逐渐采用张拉径向索的方法来替代张拉环向索。与张拉环索施加预应力的方法相比,张拉径向索的方法可有效避免由于环索与撑杆之间摩擦力引起的预应力损失,使得张拉施工结束后张拉整体部分预应力分布较为均匀。而且由于张拉施工的企业化,解决了实现同环径向拉索同步张拉所需的设备问题。因此通过张拉径向索施加预应力的方法成为目前常用的预应力施加方法,如图 9-46 为张拉径向索实景图。

图 9-46　张拉径向索实景图

但是对于大跨度弦支穹顶结构而言,如果能将张拉环索施工预应力方案中的预应力滑移摩擦损失问题解决,如采用滚动式张拉索节点减小撑杆下节点处环索与节点间的摩擦损失,张拉环向索的预应力施加方案将会是最优方案。

不管采用哪种预应力施加方式,一般均采用千斤顶作为张拉(顶升)设备,拉索的预应力值除根据油泵的压力表读数控制外,还应通过其他检测手段复核索力是否达到扣除预应力损失后的预期设计值。当结构检测拉索预应力值正式建立起来后即可进入下一工序工作,之后重复以上步骤。应当注意的是,建立预应力要做到对称和同步张拉,以免使结构造成偏心受力及便于检测受力状况和预应力监控调整,并根据检测结果进行必要的调控,确保实测预应力达到设计预期值。同时由于张拉顺序的不同会将影响索预应力重分布和索预应力损失,因此索张拉顺序的合理确定、预应力的重分布和索力的补偿等问题在施工分析中都是需要考虑的。

9.6.3　张弦结构的施工模拟分析

对张弦结构而言,设计理论研究已经不再是制约其发展的唯一因素,施工成形理论的研究已经成为与设计理论并重的研究领域。在施工过程中,张弦结构从无到有、从单根杆件到局部成形再到完整的结构,经历了巨大的变化。目前施工控制技术主要由两部分组成:施工模拟控制和施工监测控制。因此为保证工程施工质量和施工安全,首先应该应进行以下几方面的施工模拟分析:

(1)确定最不利工作状态,计算结构各阶段内力及对结构最终内力分布的影响。

(2)确定各个最不利工作状态的荷载组合。

(3)确定在结构承载力、刚度和稳定性校核中的安全系数。

(4)确定临时支撑体系及卸载程序。

与全张力结构相比,虽然张弦结构的施工难度大大降低,但是其预应力拉索的施工张拉模拟及其实际施工中预应力的施加仍是结构实现过程中的关键部分。张弦结构在施工过程中先后要经历以下三个状态:零状态、预应力平衡态和荷载平衡态。从结构零状态到结构荷载平衡态过程中,结构的受力状态与结构最终设计状态相差甚远,因此该类结构体系的安全控制有别于常规结构体系,它需要在对结构的使用状态进行控制的同时,应对其成形过程进行安全控制。基于以上分析,为保证结构的施工质量和施工安全,应对张弦结构的成形过程进行施工模拟分析。张弦结构中常见的施工模拟方法主要有两种:施工正分析方法和施工反分析方法。当弦支穹顶采用张拉环索施工方式,环索与撑杆下节点间不可避免地存在摩擦损失,而这种摩擦损失将对结构的整体性能造成不利影响,因此为了精确获得结构在张拉过程中的性态尚需在前述两种分析方法中考虑摩擦的影响。

(1)施工正分析方法

施工正分析方法又称为张力补偿法,其基本原理与张力分析中的张力补偿法基本相同。具体步骤可参阅 9.4.2 节。

(2)施工反分析方法

施工反分析法是以成形时索、杆内力和几何状态为初值,按照与施工相反的顺序依次拆除各组索杆,从而确定各个阶段的结构施工控制参数（包括索力和坐标）,最终确定结构的零状态。以某个凯威特型弦支穹顶结构为描述对象,施工控制反分析法基本思路如图 9-47所示,从最内圈到最外圈的环索分别编号为 1～5。

图 9-47a)为结构的预应力平衡态,即建筑师设计的结构形态。图 9-47b)为放松最内圈索杆时结构的平衡状态,因此上部单层网壳的杆件内力逐步释放,从而在新的位置上达到平衡。图 9-47c)～图 9-47e)分别为放松第二圈索杆、第三圈索杆、第四圈索杆时结构的平衡态,上部单层网壳的杆件内力逐步释放,在新的位置上达到平衡。图 9-47f)为全部放松下部索杆后,单层网壳的平衡状态,即弦支穹顶结构的放样态构形。

由以上图示可以看出,以结构预应力平衡态构形为基准,通过依次释放下部索杆体系,最终可以得到结构的放样态构形,这时的放样态构形依然是可以承载的结构体系。该方法适用于使结构径向约束反力较小的预应力水平情况。

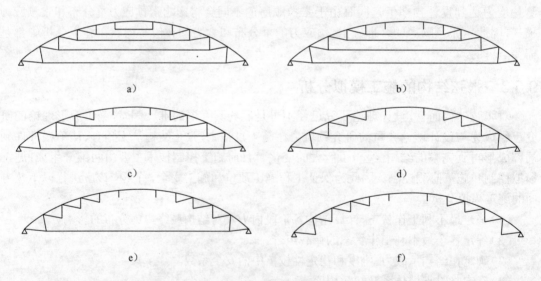

图 9-47　施工控制反分析法过程

a)预应力平衡态;b)放松第一圈索杆;c)放松第二圈索杆;d)放松第三圈索杆;e)放松第四圈索杆;f)放松第五圈索杆

(3)考虑滑移摩擦的弦支穹顶结构张拉施工数值模拟

目前弦支穹顶结构撑杆下节点的设计原则一般为:

①环索张拉过程中,环索在撑杆下节点处滑移,通过少量张拉点通过环索在撑杆下节点处的滑移传力使结构获得设计预应力。

②环索张拉完毕后,撑杆下节点不允许环索滑移,以保证正常使用阶段结构的整体稳定性。

因此在推导弦支穹顶结构环索张拉施工过程中,对撑杆下节点处摩擦滑移迭代算法做如下假定:

①同一圈环索中各个张拉点同时张拉,且张拉过程中各个张拉点同步张拉。

②每圈环索张拉完毕后,及时将当前圈的撑杆下节点和环索卡紧,使其在随后环索张拉过程中环索不能在撑杆下节点处滑移。

③当相邻张拉点 I 和 J 之间的撑杆下节点数目为奇数时,由于相邻张拉点的张力和张拉点之间撑杆下节点布置的对称性,相邻张拉点之间对称点处的撑杆下节点不存在环索滑移现象,如图 9-48a)中的撑杆下节点 4;其余撑杆下节点处均存在环索滑移现象,且滑移方向为以两个张拉点之间的对称线为界限,分别向两侧张拉点方向滑移,如图 9-48a)所示。

④当相邻张拉点 I 和 J 之间的撑杆下节点数目为偶数时,相邻张拉点之间的所有撑杆下节点均存在环索滑移现象,且滑移方向为以两个张拉点之间的对称线为界限,分别向两侧张拉点方向滑移,如图 9-48b)所示。

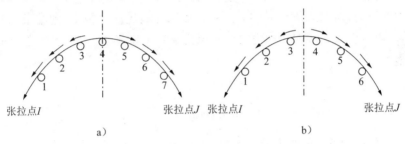

图 9-48 撑杆下节点处环索滑移示意图

a)奇数时;b)偶数时

⑤存在环索滑移的撑杆下节点处的摩擦力为滑移摩擦力,不存在环索滑移的撑杆下节点不存在摩擦力。

⑥环索在撑杆下节点处的滑移量以顺时针为正;撑杆下节点处的滑动摩擦力的方向以顺时针为正;环索单元的轴力以拉力为正。

目前,预应力空间钢结构工程中常用的预应力张拉过程数值模拟方法主要有分步一次加载法、单元生死法、张力松弛法和张力补偿法。上述四种方法均不能考虑弦支穹顶结构预应力张拉施工过程中滑移摩擦引起的预应力损失问题,本节组合使用单元生死法和张力补偿法,并结合基于虚拟温度的索滑移数值模拟理论,介绍一种既能反应弦支穹顶结构实际施工过程,又能考虑施工过程中滑移摩擦引起的预应力损失问题的施工过程数值模拟方法。

在弦支穹顶结构的环索张拉施工过程中,环索通过绕撑杆下节点滑移,将张拉点的张力传递给较远的环索索段;同时撑杆下节点两侧的环索张力满足滑轮平衡关系。另外在环索绕撑杆下节点滑移的过程中,环索的滑动应满足位移协调,即撑杆下节点一侧环索的滑出量等于另一侧环索的滑入量的位移协调关系。如图 9-49 所示的计算模型简图,图中撑杆下节点编号为 1, 2, …, $n-1$, n,环索单元编号为①,②,③,…,n。

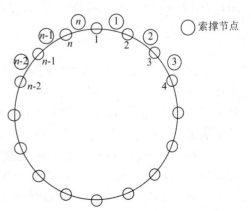

图 9-49 滑轮及单元编号示意图

步骤1：基于通用有限元软件ANSYS，建立弦支穹顶结构的有限元整体模型；利用ANSYS生死功能，杀死除第1圈环索、撑杆、径向拉索外的所有圈的环索、撑杆和径向拉索单元。

步骤2：根据撑杆下节点及其张拉点的位置和数目，利用假定3、4、5、6，判断当前张拉圈的撑杆下节点处环索滑移摩擦力方向；利用 f_i（$i=1, 2, \cdots, n$）来表示滑移摩擦力的方向，当滑移摩擦力为正时，f_i（$i=1, 2, \cdots, n$）=1，当滑移摩擦力为负时，f_i（$i=1, 2, \cdots, n$）=-1。

步骤3：假定环索为间断索，即环索张拉过程中在撑杆下节点处不允许环索滑移，利用通用有限元软件ANSYS，采用初应变法引入按照张力补偿法计算得出的环索单元的初始应变，考虑结构自重和几何非线性，计算结构当前荷载工况下各个索单元的张力值 F_i（$i=1, 2, \cdots, n$）。

步骤4：根据式（9-39）和式（9-40）分别计算撑杆下节点两侧环索单元的张力差及撑杆下节点处的滑动摩擦力，若 $|\Delta F_i - F_{fi}| = 0$（$i=1, 2, \cdots, n$）或者满足计算精度，则结束当撑杆下节点摩擦滑移迭代，即当前弦支穹顶结构内力分布符合滑轮力学平衡关系，继续进行步骤8，否则继续进行步骤5～7。

$$\Delta F_i = |F_{i+1} - F_i| \tag{9-39}$$

$$F_{fi} = \mu(F_{i+1} + F_i)\cos\alpha \tag{9-40}$$

式中：ΔF_i——相邻环索单元的张力差；

$\quad\quad F_{fi}$——撑杆下节点处的滑动摩擦力；

$\quad\quad \beta$——$\alpha = \beta/2$ 相邻环索单元之间的角度；

$\quad\quad \mu$——环索与滑轮之间的动摩擦系数。

步骤5：若 $|\Delta F_i - F_{fi}| \neq 0$（$i=1, 2, \cdots, n$）或者不满足计算精度，则根据滑轮力学原理和滑轮位移协调原理，环索必然会在撑杆下节点处产生滑移，从而使撑杆下节点两侧的环索张力重新分布，以满足滑轮力学平衡关系和位移协调关系，此时如果相邻索段的内力在滑轮处不满足滑轮平衡关系，索将会绕滑轮滑移。各个索段绕滑轮的滑移长度可根据索滑移准则方程求得，进而求得各个索段的长度改变量和需要施加的虚拟温度值。

步骤6：将步骤5索求得的各个环索单元的虚拟温度施加给相应的环索单元，考虑弦支穹顶结构的几何非线性，重新进行静力计算，得到当前迭代中各个索单元的张力值 F_i（$i=1, 2, \cdots, n$），重复步骤4～6，直至 $|\Delta F_i - F_{fi}| = 0$（$i=1, 2, \cdots, n$）或者满足计算精度，结束当前环索张拉施工模拟。

步骤7：验证张拉点的张力值 F_T 是否等于张力控制值 F，若 $F_T = F$ 或者满足计算精度，则进行步骤8，否则参考利用张力补偿法修正张拉点处索单元的初始应变，考虑结构自重和几何非线性，计算结构当前荷载工况下各个索单元的张力值 F_i（$i=1, 2, \cdots, n$），重复步骤4～7，直至张拉点的张力值 F_T 等于张力控制值 F，此时继续进行步骤8。

步骤8：利用ANSYS生死功能，依次激活第2、$\cdots$、n圈的环索、撑杆和径向拉索，重复步骤2～8，直至完成所有环索的张拉施工模拟。

上述弦支穹顶结构施工索滑移的数值模拟流程图如图9-50所示。对于以上步骤，最关键和最难确定的就是第三个步骤，即确定索绕滑轮滑移索需要施加的虚拟温度值。

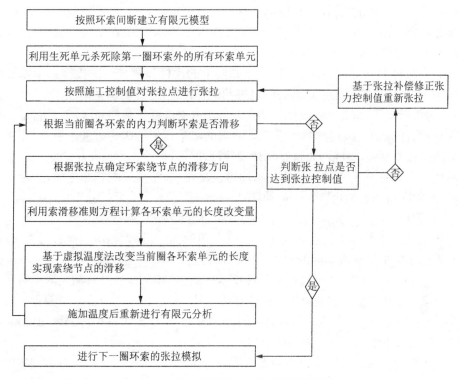

图 9-50 弦支穹顶结构施工索滑移数值模拟流程

9.6.4 张弦结构的施工监测

张弦结构的施工监测主要包含结构应力监测、结构形态监测、支座位移监测以及索力监测等。如前所述,张弦结构施工过程,特别是预应力张拉过程,结构处于动态变化过程,需要对施工张拉过程进行监测,确保结构应力、位移与预定的施工控制分析得到的数值相符。

其中,前三条监测项目与传统大跨度建筑结构施工监测方法类似,索力测试是张弦结构特有的监测内容。在张弦结构中柔性索的张力大小对结构成形过程和结构性能起着至关重要的作用,因此,对索力进行监测就显得尤为重要。此外,在施工过程中对索力进行实时监控,也是保证施工精度和施工安全的需要,同时为结构的后期维护及应急预案提供数据支持。

目前常见的索力测量的方法大致有以下几种:

(1)压力表测定法。该方法简单,通过测定千斤顶油缸的液压,就可求得索力。但误差相对较大,并且只能用于施工过程,施工结束后,索力也就无法测量。

(2)压力传感器测定法。在拉索张拉时,千斤顶的张拉力通过连接杆传到拉索锚具,在连接杆上套一个穿心式的压力传感器,该传感器受压后能输出电压,就可以在相应的仪表上读出千斤顶的张拉力。虽然测量精度较压力表法有所改进,但压力传感器比较昂贵,自身质量也较大,大都在比较特殊的场合使用。

(3)振动频率测定法。其理论基础是弦振理论,根据测量得到的拉索振动频率及拉索刚度和边界条件计算拉索索力。其包括两种测量方法:接触式测量和非接触式测量。

接触式测量主要是通过在拉索上安装加速度传感器,然后通过环境随机振动或者人工激振来采集拉索的振动数据,并通过相应的软件对数据进行接收与分析,得到索的基频,再采用相应的公式计算得出索力。该方法具有良好的精确性,但是缺点在于需要进行复杂的布线,并且传感器的安装位置通常会受到限制。

非接触式测量又称无损检测,是基于激光技术的远程检测方法。该技术不需要布置传感器,通过激光发射和接收装置对索的随机振动进行监测,并分析出索的频率,进而计算出索力,该技术的优点在于,它是一种无线检测,无需在索上进行复杂的布线,并且它是一种远程的检测方法,这样对于一些传感器难以安装的索的测量将变得极为方便。但是,非接触式测量只能实现即时的测量,不能对索进行长期的检测。

上面提到的两种频率法测索力的设备均可重复使用,整套仪器携带方便,测定结果也比较准确,但是频率法测索力也存在一些缺陷,这主要是因为:①实际的拉索由于自重具有一定垂度;②实际的拉索具有一定的抗弯刚度;③实际的拉索的边界条件通常比较复杂,不是严格的固支或铰支。所以用频率法进行相关的索力测量时,必须设置相应的参数对索进行判定,并根据不同的索的参数选取不同的索力计算公式。

(4)三点弯曲法。该方法可以在不释放钢索张力的情况下,通过将测定器夹持于承载钢索的任何位置,测出本身不运动或运动的钢索的张力,但是其在输出信号与索张力之间的关系处理上,需要进行标定,并且该方法的适用面比较窄,不能用于钢拉杆的内力测量,也需要对仪器进行复杂的标定。

(5)磁通量法。这是一种比较新的索力测量方法,通过索中的电磁传感器测定索中的磁导率变化来测定索力。这种方法无损,非接触性测量,可以用于施工检测,也可以用于长期安全监测,用此方法测量索力时,要先在实验室进行索的率定,即定出磁导率与应力的关系,和温度与磁导率的关系,然后在现场进行测量并进行温度修正后,测量误差可达到3%以内,精度很高,且测试方便。

如图9-51所示为磁通量法的基本原理,磁通量传感器由两个线圈组成一个电磁感应系统,主要线圈通入直流电,通电瞬间由于铁芯的存在,会产生电磁感应现象,即会在次要线圈中产生瞬时电流,因此在次要线圈说会测得一个瞬间电压。通过双线圈系统,直流电输入主要线圈,次要线圈输出感应电压,该电压经放大器由数据采集系统得到。

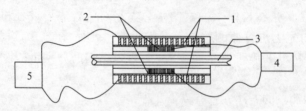

图9-51 磁通量法基本原理

1- 主要线圈;2- 次要线圈;3- 钢索;4- 输出电压;5- 直流电源

电磁感应产生的电流强度以及电压的大小依赖于铁芯材料本身,或者说与铁芯材料的磁导率有着直接的关系。而且,铁芯材料的磁导率又与铁芯的应力状态相关,实际上可以通过该电磁感应系统测量得到的输出电压以及铁芯材料的其他材料参数(例如横截面积、温度)等换算得到材料的磁导率。因而也就可以间接地得到铁芯材料的应力状态。

(6)静力平衡法。静力平衡法是一种基于结构静力平衡的索力测量方法,只需测出各撑杆的内力和一些角度,可通过受力平衡分析,近似计算出索段的内力。

9.7 张弦结构的工程应用

9.7.1 平面张弦结构的工程应用

（1）张弦梁

张弦梁结构可以说是一个既古老又新颖的结构形式，该结构形式的最初应用是在桥梁结构中，如英国 1859 年建造的皇家阿尔伯特（Royal Albert）桥（图 9-52）。随着 20 世纪 80 年代斋藤公男教授明确提出张弦梁结构的概念，张弦梁结构在大跨度结构中得到了广泛的应用，国外应用张弦梁结构的工程主要集中在日本，该时期代表性的工程有：日本某幼儿园的健身房（平面尺寸为 26m×36m）、日本大学体育大厅（平面尺寸为 58m×85m）、日本五洋建设技术研究所多功能实验楼（平面尺寸为 22.4m×35m）、日本京都水族馆表演场、日本酒田市国体纪念体育馆（跨度 54m）、日本静冈埃克帕体育馆（跨度超过了 90m）、日本大学理工学部 CST 大厅、日本山梨学院悉尼纪念游泳馆、日本大海中学体育馆以及日本唐户市场等。除了日本，张弦梁结构在其他地区也有应用，如南斯拉夫贝尔格莱德体育馆屋盖（图 9-53），该结构的平面尺寸为 102.7m×132.7m，该工程纵向和横向分别布置有 3 榀和 4 榀平面张弦梁，采用钢筋混凝土梁作为上部构件，采用 8 束预应力筋作为下部受拉构件，撑杆采用 4 根钢筋混凝土柱，通过倒四角锥撑架连接为整体，结构上弦矢高为 8m，下弦垂度为 4m。

图 9-52 皇家阿尔伯特桥

图 9-53 贝尔格莱德体育馆

在国内工程应用方面，自 1999 年国内建成第一个张弦梁工程后，由于张弦梁结构的优越性，国内的张弦梁工程如雨后春笋般蓬勃发展，代表性工程主要有：

①上海浦东国际机场（一期）航站楼屋盖

上海浦东国际机场（一期）航站楼屋盖张弦梁是国内第一个张弦梁工程（图 9-54），该结构共有水平投影跨度依次为 49.3m、82.6m、44.4m 和 54.3m 的四种跨度。张弦梁上部构件和下部构件的布置形状均呈圆弧形。单榀弦支梁的上部构件为三根平行放置的箱型截面钢梁，梁之间的纵向间距为 9m。

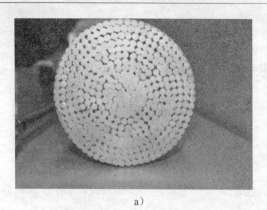

a)　　　　　　　　　　　　　　　　　b)

图 9-54　上海浦东国际机场(一期)航站楼

a)外景；b)内景

②上海浦东国际机场〔二期〕主楼

上海浦东国际机场〔二期〕主楼(图 9-55)的覆盖进厅、办票大厅、商场和登机廊 4 个单体建筑均采用张弦梁结构体系。张弦梁上部刚性结构采用双拱形式，与下部的索杆体系形成空间受力体系。该工程的钢结构主要由三部分组成，即边跨（跨度 64.298m）、中跨（跨度为89m）及高架跨（跨度为 64.298m）三连续跨，长度为 414m，屋脊高 40m，采用 Y 形斜柱支承。通过分叉的 Y 形斜柱与下部混凝土结构连接并提供结构全部的抗侧刚度。每个混凝土结构的中间支承点上分叉设置两个沿横向左右倾斜的 Y 形钢柱，边支承点上各设一个向外倾斜的 Y 形钢柱，将宽 217m 的屋盖分为 5 跨。Y 形柱的两个纵向分支又将间距 18m 的混凝土支承点减小为 9m，使得以中心间距 9m 均匀布置的张弦梁得以直接搁置于柱顶，省去了托架梁的转换，受力更为直接。

a)　　　　　　　　　　　　　　　　　b)

图 9-55　上海浦东国际机场(二期)主楼外景图

a)外景；b)内景

③延安火车站站台雨篷

延安火车站的新建站台雨篷采用弦支梁结构（图 9-56），最大跨度和最小跨度分别为54.98m 和 21.5m，纵向为钢框架。采用增加配重的方法抵抗风吸力，即在弦支梁局部上部矩形管内灌注水泥砂浆。

④深圳会展中心

深圳会展中心(图 9-57)的展厅屋盖为双箱梁拱结构，结构跨度为 126m，结构一端与地面采用铰接连接，另一端铰接于标高约 30m 的混凝土柱牛腿。两个箱梁中心线之间的距离为

3m,通过箱形截面檩条实现连接,箱梁截面宽 1000mm,高 2600mm,下部受拉构件采用 3 根平行放置的 φ140 或 φ150 的钢拉杆。

图 9-56 延安火车站　　　　　　　图 9-57 深圳会展中心

⑤大连周水子国际机场航站楼

大连周水子国际机场新建航站楼(图 9-58)钢结构部分分为主跨和副跨两部分,主跨跨度 53.5m,结构形式为门式拱架,拱架弧形梁采用弦支梁结构,上部抗弯受压构件为弧形变截面焊接 H 形钢,截面尺寸为 H2011-800-2011×450×16×25,下部受拉构件采用两根 φ50 钢拉杆,撑杆采用 φ180×8 圆钢管,在跨中布置成倒八字形。副跨跨度 25m,结构形式为柱面筒壳。

⑥杭州黄龙体育中心网球馆

黄龙体育中心 (图 9-59) 屋盖结构支撑采用肋环型单层网壳和张弦梁两种结构形式。其中,单层网壳的径向杆件与下部的拉索构成张弦梁结构。该结构形式中的环向杆件为张弦梁提供面外支撑,同时也利于铺设檩条,而张弦梁结构有效地减小结构的挠度和上部杆件的弯矩。总体而言,该工程将单层网壳与张弦梁结构进行有机的结合,充分发挥了两种结构形式的优点。

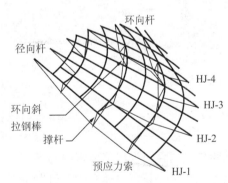

图 9-58 大连周水子国际机场航站楼　　　图 9-59 黄龙体育中心张弦梁结构模型图

⑦迁安文化会展中心

迁安文化会展中心 (图 9-60) 位于河北省迁安市,纵向长度约 137m,最大跨度为 48m,屋面结构采用张弦梁结构。上弦为直梁,与撑杆之间的连接采用平面内铰接,平面外半刚接的形式;上弦梁与其平面外的纵向支撑为刚性连接。

此外,张弦梁结构在农林业方面也得到应用,近年快速发展起来的大型农业喷灌设备(图 9-61)中就依靠张弦梁结构来跨越较大的跨度。该喷灌设备跨体张弦梁结构由上弦钢管(主管道)、角钢和拉筋组成,跨体长度从 40～60m,角钢成人字形布置,在人字形角钢下部设置两道通长拉筋,对上部主管道起到弹性支承。跨架根据地块的大小,一般有 5～10 跨组合,面积从 200～1200 亩(1 亩 =666.6m²)不等。

图 9-60　迁安文化会展中心

图 9-61　大型农业喷灌机跨体结构

(2)张弦桁架

张弦桁架代表性工程有日本琦玉县大型体育馆、哈尔滨国际会议展览体育中心主馆、广州国际会展中心屋盖等。

①日本琦玉县大型体育馆

琦玉超级体育馆(图 9-62)是一座综合性建筑,体育馆的主体结构由固定看台、移动看台、侧台、文娱区域以及屋盖这五部分构成。其中屋盖尺寸约为 130m×130m,支撑在环形的承重墙和圆形的塔柱上,屋盖结构由三角形截面桁架和直线型张弦桁架构成。张弦桁架由钢杆以及三根平行拉索组成,每根拉索的预拉力为 10000kN。

a)

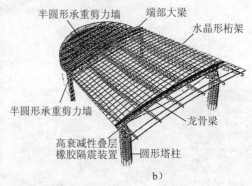

b)

图 9-62　日本琦玉县大型体育馆
a)结构外景图;b)结构模型图

②哈尔滨国际会议展览体育中心主馆

哈尔滨国际会议展览体育中心(图 9-63)是集会议、展览和体育功能于一体的综合型公共设施,是国内在建和已建成的展览类建筑中规模较大的一个,跨度128m,也是第一个由国内设计单位独立完成设计的大型展览类建设项目。建筑中部由相同的 35 榀张弦桁架覆盖,桁架间距为 15m,高端支座(与人字形摇摆柱连接端)为理想滑移支座,低端支座(与混凝土柱连接端)为固定铰支座,弦支桁架在高端支座外悬伸 10m。上部倒三角立体桁架与索采用 11 根撑杆连接。为了使受力更合理,将张弦桁架的拉索锚固端节点设置在桁架的形心处,使得拉索中的拉力由相交于一点的 5 根桁架腹杆直接传递到桁架弦杆上,同时也简化了拉索锚固端节点的构造。为了方便施工,张弦桁架与摇摆柱,张弦桁架与纵向支撑间的连接大量采用了销栓式连接。张弦桁架中的一些受力复杂的关键节点采用铸钢件,避免在节点处产生复杂的焊接温度应力,如桁架与索两端的连接节点、索与桁架下弦杆相交节点等。张弦桁架部分节点如图 9-64 所示。

a)

b)

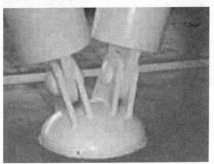

c)

图 9-63　哈尔滨国际会展中心

a)外景;b)内景;c)结构模型

图 9-64　张弦桁架部分节点构造

③广州国际会展中心屋盖

广州国际会展览中心展览大厅（图 9-65）屋盖采用张弦桁架结构，跨度 126.6m。屋盖由 30 榀张弦桁架以 15m 间距平行布置而成。结构的上部抗弯受压构件采用倒三角形钢管桁架实现，撑杆与立体桁架和拉索的连接分别采用销轴和钢球实现。张弦桁架通过铸钢节点支承在下部钢筋混凝土柱上，结构两端的南北高差为 3m。

a) b)

图 9-65 广州国际会展中心

a)外景；b)内景

（3）弦支刚架

弦支刚架代表性工程主要有光大含山生物质发电项目干料棚弦支刚架结构。光大含山生物质发电项目位于安徽省含山县，干料棚结构模型图如图 9-66 所示。干料棚结构平面投影为矩形，纵向长 207m、横向宽 66m。结构沿纵向布置 24 榀弦支刚架，除端榀外柱距均为 9m。每榀弦支刚架沿横向分为 2 跨，两侧边榀处各设置 4 根抗风柱，并在屋面相应位置设 7 道通长的纵向刚性系杆。弦支刚架的上弦梁与柱均采用等截面 H 形钢 H600×250×8×10，撑杆采用圆钢管 $\Phi 89×4$，下弦拉索采用 $\Phi 50$ 高钒索，刚性系杆采用 $\Phi 180×5$，屋面支撑采用 $\Phi 20$ 圆钢，柱间支撑采用张紧的 $\Phi 30$ 圆钢。

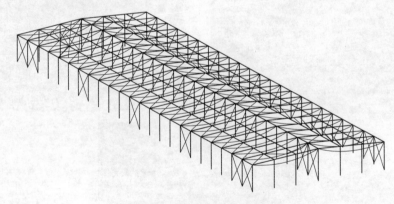

图 9-66 弦支刚架结构三维图

9.7.2 平面组合型弦支结构的工程应用

平面组合型弦支结构在工程中得到了广泛应用，双向弦支结构的代表性工程主要是国家体育馆，辐射式张弦结构的代表性工程是日本绿色穹顶体育馆。

（1）日本绿色穹顶体育馆

日本绿色穹顶体育馆（图 9-67）的平面近似椭圆形，尺寸为 122m×l67m。屋盖采用辐射式张弦桁架结构，由平行布置的张弦桁架和由中央辐射状布置的张弦桁架共 34 榀组合而成，采用 H 形钢构成的桁架作为上部抗弯受压构件。下部受拉构件为钢缆，在屋盖跨中设置刚性环为弦支桁架提供支撑。

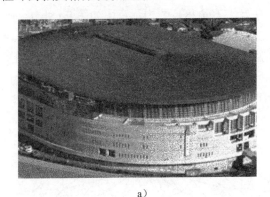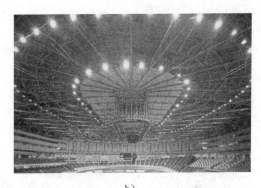

a) b)

图 9-67 日本绿色前桥穹顶

a)外景；b)内景

（2）国家体育馆屋盖

国家体育馆（图 9-68）的比赛馆屋盖采用双向弦支桁架结构，其上部结构由 18 榀横向桁架和 14 榀纵向桁架通过正交正放的布置方式组成，网格间距为 8.5m。下部索杆体系为横向 14 榀、纵向 8 榀的钢撑杆及双向索网，横向为两根索，纵向为单根索。桁架通过 6 个固定铰支座和 54 个单向滑动的球铰支座支撑在周边钢筋混凝土柱上。

a) b)

图 9-68 国家体育馆

a)外景；b)内景

9.7.3 不可分解型空间张弦结构的工程应用

（1）弦支穹顶

弦支穹顶结构凭借其独特的结构概念、高效的传力机制和优美的外形效果，在理论分析、结构模型试验和施工技术等多方面大量研究成果的指导下，目前已在国内外二十余项工程中得到了应用。

①日本的光丘穹顶和聚会穹顶

光丘穹顶为日本东京前田会社体育馆屋盖,是自1993年川口卫教授提出弦支穹顶后,在工程中的首次应用,结构整体外景如图9-69a)所示。光丘穹顶跨度35m,最大高度为14m,总质量约130t。上层网壳采用了联方型网格划分方式,杆件采用工字形钢,规格为H-150′150(日本)。由于是首次使用弦支穹顶结构体系,光丘穹顶只在单层网壳的最外层下部组合了张拉整体结构,撑杆规格为Φ-114.3′4.5,环索规格为2-1′37(Φ28),结构示意图如图9-69b)所示。预应力的设定方法为试算法,原则为使得整个屋盖对周边环梁的水平作用力为零。环梁下端有V形钢柱相连,钢柱的柱头和柱脚采用铰接形式,从而使屋顶在温度荷载作用下沿径向可以自由变形。

继光丘穹顶之后,1997年3月日本长野又建成了聚会穹顶,如图9-70所示。

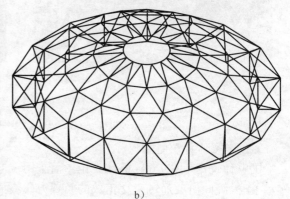

a)   b)

图9-69 光丘穹顶

a)外景;b)结构模型

图9-70 聚会穹顶外景图

②天津保税区国际商务交流中心

天津保税区商务交流中心(图9-71)大堂弦支穹顶建于2001年,是我国国内第一座中大跨度弦支穹顶结构工程,跨度35.4m,矢高4.6m,周边支承于沿圆周布置的15根钢筋混凝土柱及柱顶圈梁上。弦支穹顶结构上层单层网壳部分采用联方型网格,沿径向划分为5个网格,外圈环向划分为32个网格,到中心缩减为8个,杆件布置如图9-72所示。单层网壳的杆件全部采用Φ133×6的钢管,撑杆采用Φ89×4的钢管,径向拉索采用钢丝绳6×19Φ18.5,环向拉索共5道,由外及里前两道采用钢丝绳6×19Φ24.5,后三道采用钢丝绳6×19Φ21.5。

该工程的预应力施加方法为顶升撑杆法,节点实物图如图 9-73 所示。

a)　　　　　　　　　　　　　　　　b)

图 9-71　天津保税区商务交流中心

a)外景;b)内景

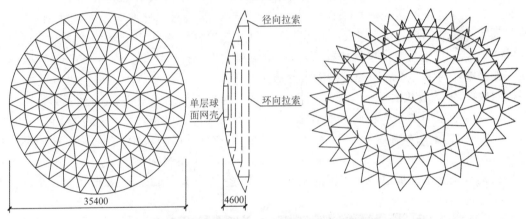

图 9-72　天津保税中心结构布置图(尺寸单位:mm)

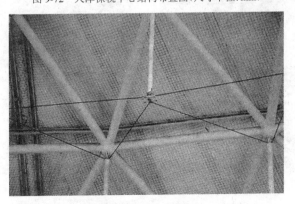

图 9-73　节点实物图

③2008 年奥运会羽毛球馆

2008 年奥运会羽毛球馆位于北京工业大学校园内,是第 29 届奥运会羽毛球及艺术体操比赛用场馆。体育馆平面投影呈椭圆形,长轴方向最大尺寸为 141m,短轴方向最大尺寸为 105m;立面为球冠造型,最高点高度为 26.550m,最低点高度为 5.020m。羽毛球馆建筑效果图如图 9-74 所示。

 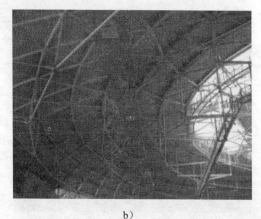

a)　　　　　　　　　　　　　　　　b)

图 9-74　2008 年北京奥运会羽毛球馆

a)整体效果图；b)内景

2008 年奥运会羽毛球馆的上部单层网壳由 12 圈环向杆和 56 组径向杆组成，第 1～4 及第 5～12 环为葵花形网壳，第 4、5 环间为过渡形式。单层网壳杆件均采用无缝钢管，钢材的材质为 Q345B，网壳节点主要采用焊接球节点，与撑杆连接的部位采用铸钢球节点 [图 9-75a）]，该节点也是万向可调撑杆节点，此节点可允许撑杆绕铸钢节点所有方向转动，较好地实现了撑杆与上部单层网壳铰接的设计假定。单层网壳下部设置 5 道环向拉索和每环 56 根径向拉杆，象征着我国 56 个民族牵手奥运五环。撑杆下节点如图 9-75b）所示。该工程预应力施加方法采用了张拉环向索的方法，下部环索采用高强度钢丝束，钢丝束外包 PE 防腐护层，径向拉杆采用高强度钢棒，直径为 40～60mm，撑杆采用 Q345B，截面尺寸为 P168×8。经优化后环索的预应力为 P_1=3800kN；P_2=1756kN；P_3=1394kN；P_4=723kN；P_5=561kN。弦支穹顶结构首先支承在周边环向布置的空间桁架上，空间桁架支承在支 36 根平面分布呈圆形的混凝土柱上。

a)　　　　　　　　　　　　　　　　b)

图 9-75　2008 年奥运会羽毛球馆撑杆节点图

a)撑杆上节点；b)撑杆下节点

④山东茌平体育文化中心体育馆

茌平体育馆位于茌平县"三馆一场"的体育文化中心，体育文化中心位于茌平县南部新区，位于南环路以北，实验高中以西，建设路以南。体育馆位于体育文化中心西北部位，茌平体育馆实景图如图 9-76 所示。

图 9-76　茌平体育馆实景图

根据建筑造型,茌平体育馆钢结构屋盖的球壳部分采用了弦支穹顶结构,弦支穹顶结构部分与上部空间曲线拱通过撑杆连接在一起,形成了一种新型的空间结构体系,弦支穹顶叠合拱结构,其结构示意图如图 9-77 所示。空间曲线拱及其附属撑杆完全暴露在室外。两道主拱中间部分为 P1000×24 的钢管,两边部分为 P1500×24 的钢管,主拱附属撑杆从两边到中间依次为 P426×10、P377×10、P325×8,主拱两端嵌固在地面上。弦支穹顶结构的构件为 P203×6、P219×7、P245×7、P273×8、P299×8。弦支穹顶共布置 7 道预应力环向拉索及径向拉杆,撑杆下节点采用了可滑动式撑杆下节点,如图 9-78 所示。1.0× 恒荷载 0.5× 活荷载作用下,七道环向预应力索的平均索力从外到里依次为 127kN、420kN、390kN、530kN、810kN、1242kN、2060kN。弦支穹顶周边设置两道橡胶支座,第一道设置在倒数第五道环向杆上,第二道设置在最后一道环向杆上,支座均采用径向释放,环向弹簧约束,竖向完全约束。体育馆屋面结构由轻型屋面和玻璃屋面两种组成,拱撑杆下方为玻璃屋面,其余为轻型屋面。

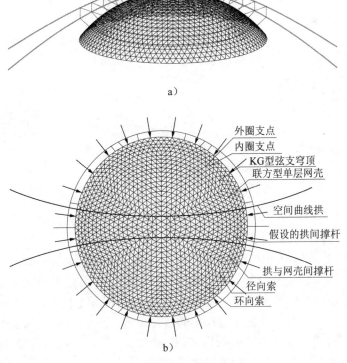

图 9-77　茌平体育馆结构示意图

a)三维图;b)平面图

⑤大连市体育馆

大连市体育馆屋盖结构采用了弦支穹顶结构,建筑效果图如图9-79所示。本工程弦支穹顶结构与其他弦支穹顶结构工程不同,其他大部分弦支穹顶结构上部结构均为单层网壳,而此工程上部为辐射式桁架结构,此工程的出现丰富了弦支穹顶结构的形式。

图9-78　可滑动式撑杆下节点　　　　　　图9-79　大连市体育馆效果图

该弦支穹顶结构的跨度为145.4m×116.4m,为目前国内最大的椭球形弦支穹顶结构工程。上部辐射桁架结构采用了倒三角形桁架[图9-80a)],初步设计时桁架杆件包含10种规格,分别为:$\phi89\times4$、$\phi114\times4$、$\phi133\times4$、$\phi159\times6$、$\phi180\times8$、$\phi219\times10$、$\phi299\times12$、$\phi377\times14$、$\phi377\times24$、$\phi500\times24$。下部张拉整体部分布置了三圈[图9-80b)],其中撑杆均采用$\phi377\times14$的钢管,内环索采用单索,索直径为95mm;中环索采用双索,单索直径为95mm;外环索采用双索,单索直径为105mm;内径向索和中径向索采用单索,单索直径为80mm;外径向索采用单索,单索直径为105mm。

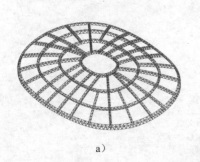
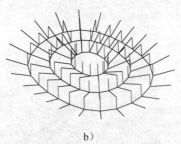
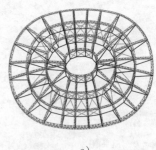

a)　　　　　　　　　　　b)　　　　　　　　　　　c)

图9-80　弦支穹顶结构布置图

a)上部结构;b)下部索杆结构;c)弦支穹顶结构

⑥东亚运动会自行车馆

东亚运动会自行车馆为团泊新城兴建的天津健康产业园区体育基地一期工程,建筑面积约28000m²。自行车馆平面为126m×100m椭圆形建筑,下部结构为钢筋混凝土框架结构,上部屋盖为弦支双层网壳,屋盖周圈支承在24个圆截面混凝土柱上,屋盖周圈悬挑。整体效果图如图9-81所示。图9-82为施工过程中的自行车馆。

双层网壳部分:内层为标准椭圆形网壳,长轴126m,短轴100m,矢高18m。矢跨比约为1/7(长轴)和1/5.5(短轴)。外层为非规则近似椭圆形网壳。两层网壳间布置腹杆。弦支结构部分:在内圈标准椭圆形网壳内布置一圈弦支结构。

图 9-81　东亚运动会自行车馆效果图

图 9-82　施工过程中的自行车馆

该工程采用了新型的向心关节轴承撑杆上节点,如图 9-83a)所示,这种节点可以轻易地实现撑杆径向可转动、环向可微动的性能要求;同时,该工程采用了不可滑动的撑杆下节点,在张拉环索的过程中拉索与撑杆下节点相对固定,如图 9-83b)所示。自行车馆撑杆节点体系的特殊性,决定了其预应力施加机理与传统环索张拉机理不同。以往张拉环索,均是通过环索在撑杆下节点索道中的滑动施加预应力,但这种方式会产生较大的摩擦预应力损失;自行车馆采用了不可滑动的撑杆下节点,通过向心关节轴承撑杆上节点的环向摆动,利用下节点位移施加预应力,避免了摩擦预应力损失的问题。

a)

b)

图 9-83　东亚运动会自行车馆弦支穹顶撑杆节点

a)向心关节轴承撑杆上节点;b)不可滑动撑杆下节点

⑦济南体育文化中心体育馆

济南奥林匹克体育中心体育馆作为 2009 年第十一届全国运动会的主要场馆,体育馆主馆钢结构屋盖采用弦支穹顶结构。弦支穹顶屋盖形状为球面,跨度 122m;在弦支穹顶顶部设 2.5m 高的风帽,风帽为单层网壳,直径 27.792m。整个屋盖曲面面积为 12096m^2,覆盖面积为 11631m^2。体育馆外景图如图 9-84 所示。

上部单层网壳网格布置形式为凯威特(Kiewitt)型和葵花形内外混合布置形式,网壳杆件采用圆钢管 ϕ377×14、ϕ377×16,节点形式主要为铸钢节点和少量的插板式相贯节点,最外环支座节点为焊接球节点,焊接球节点通过加劲肋、锚板和锚栓与下部混凝土结构固接。下部索杆体系为肋环型,由环向索和径向钢拉杆构成,共设 3 环。其中环向索为平行钢丝束,径向钢拉杆为钢棒,另外局部设置构造钢棒,各环向索均为单索。撑杆采用圆钢管,上端与网壳沿径向单向铰接,下端与索夹固接。预应力施加方式为张拉径向杆。

弦支穹顶结构的总体施工安排如下:搭设满堂脚手架至单层网壳节点安装位置;拼装网

壳的各钢构件,并将支座固定;随网壳拼装作业过程,逐环安装撑杆和相应的拉索;径向钢拉杆分两次循环张拉单层网壳(不含风帽)拼装成形后,从外环向内环实施第一次循环张拉径向钢拉杆;拉索第一次循环张拉结束后,将所有扣件钢管支架和支架内的型钢塔架拆除;从内环向外环,逐环对径向钢拉杆实施第二次精调循环张拉;索张拉完毕后,安装构造钢棒、中心区风帽和屋面材料等,图9-85为施工现场实景图。

图9-84 济南奥体中心体育馆外景

图9-85 施工现场实景图

⑧其他弦支穹顶结构工程应用

此外,国内的弦支穹顶工程还有武汉市体育中心体育馆,上部网壳为双层椭球壳,长轴长130m,短轴长110m,这也是弦支穹顶的概念首次在椭球形网壳中的应用;鞍山体育中心训练馆椭球形型弦支穹顶结构,结构平面尺寸为60m×40m;安徽大学体育馆、连云港体育中心体育馆、辽宁营口奥体中心体育馆、三亚市体育中心体育馆、渝北市体育馆、深圳坪山体育馆、南沙体育馆弦支穹顶、葫芦岛体育馆弦支穹顶、常熟市体育馆;绍兴县体育中心体育馆;乐清市体育中心体育馆;中国(太原)煤炭交易中心交易大厦宴会厅弦支穹顶等,表9-1列出了目前国内外在建和已建成的弦支穹顶工程。

表 9-1

弦支穹顶工程实例总结

工程名称	地点	跨度(m)	上部网壳结构形式	环索圈数	张拉方式	撑杆上节点	撑杆下节点	备　注
光丘穹顶	日本	35	球面，联方型网格	1圈	顶升撑杆		连续型	世界第一个弦支穹顶工程
聚会穹顶	日本	46	球面，联方型网格	1圈	顶升撑杆		连续型	国外跨度最大弦支穹顶
天津保税区国际商务交流中心	中国	35.4	球面，凯威特—联方型网格	5圈	顶升撑杆	径向释放型	连续型	国内首个中大跨度弦支穹顶
昆明柏联商厦采光顶	中国	15	助环型	5圈	张拉环索	径向释放型	连续型	
天津博物馆贵宾厅	中国	18.5	球面，凯威特—联方型网格	5圈		径向释放型	连续型	
鞍山体育中心训练馆	中国	60×40	椭球形	4圈				第一个椭球形弦支穹顶
武汉市体育文化中心体育馆	中国	130×110	椭球形，三向网格	3圈	顶升撑杆	径向释放型	连续型	
常州市体育馆	中国	120×80	椭球凯威特—联方型网格	6圈	张拉环索	铰接型	连续型	首次张拉环索施加预应力
2008 年北京奥运会羽毛球馆	中国	93	球面，联方型网格	5圈	张拉环索	铰接型	连续型	
济南市奥体中心体育馆	中国	122	球面，凯威特—联方型网格	3圈	张拉径向索	径向释放型	连续型	世界跨度最大圆形弦支穹顶
安徽大学体育馆	中国	87.18	正六边形，助环型网格	5圈	张拉径向索	径向释放型	间断型	第一个正六边形弦支穹顶
连云港体育中心体育馆	中国	94	球面，助环型网格	6圈			连续型	
辽宁营口奥体中心体育馆	中国	133×82	椭球形，双层网壳	2圈	顶升撑杆		连续型	
山东在平体育馆	中国	108	球面，凯威特—联方型网格	7圈	张拉环索	铰接型	连续型	首次与其他结构组合使用
三亚市体育馆	中国	76	球面，凯威特—联方型网格	3圈	张拉径向索		连续型	
渝北体育馆	中国	81	近似三角形，助环型网格	5圈				首个近似三角形弦支穹顶
深圳坪山体育馆	中国	72	球面，辐射式桁架	6圈				
大连市体育馆	中国	145×116	椭球面，辐射式桁架	3圈	张拉径向索		连续型	
南沙市体育馆	中国	93	球面，凯威特—联方型网格	2圈				
葫芦岛体育馆弦支穹顶	中国	60	助环型球面网壳	6圈				
常熟市体育馆	中国	90.4	椭圆形球面双层网壳	1圈	张拉环索	向心关节点	间断型	
东亚运动会自行车馆	中国	126×100	球面	1圈	张拉径向索	径向释放型	连续型	
山西煤炭交易中心宴会大厅	中国	58	椭球面	5圈	张拉径向索	径向释放型	连续型	
天津宝坻体育馆	中国	103×97	椭球面	5圈		径向释放型	连续型	
绍兴县体育中心体育馆	中国	126×86	平面为椭圆形，联方型	4圈		铰接型	连续型	
乐清市体育中心体育馆	中国	148×128	矩形网格	2圈			连续型	

注：此外，日本曾结合实际工程，设计了三个弦支穹顶方案，分别为大馆穹顶（166m）、滑冰场（166m）、琦玉体育馆（200m）。

（2）弦支网架结构

世界上跨度最大的弦支结构黄河口试验模型大厅，采用了弦支网架结构。该工程位于山东省东营市，建筑面积47679m²，分河道和海域两部分，为超大跨度空间结构。屋盖平面投影为扇形，扇形长199m，横向宽156m屋盖该结构在网架下辐射形布置了8根下弦索和相应撑杆，最大跨度为148m（图9-86）。上弦焊接球网架3.0～4.5m厚，安装在球铰支座上。撑杆为圆钢管，最大高度13m，与上弦网架和下弦索铰接。下弦索极限荷载为1670MPa，截面为$\Phi245$。该工程复杂的下弦索锚固节点，采用焊接球制作而成，节省了成本，是该工程的一个特色；撑杆上节点是一种单向铰节点；撑杆下节点是一种碗扣锁节点，部分节点如图9-87所示。

此外，应用弦支网架结构的实际工程还有天津北塘文体中心网球馆、游泳馆以及篮球馆，天津滨海新区东沽小学体育馆，广饶国际博览中心。其中天津北塘文体中心场馆最大跨度42.5m，东沽小学体育馆跨度21.4m，广饶国际博览中心弦支网架跨度为61m。

a）

b）

c）

图9-86　东营黄河口模型试验厅

a）效果图；b）施工中内景图；c）结构模型图

a）

b）

c）

图 9-87　部分节点图

a）撑杆上节点；b）撑杆下节点；c）支座锚固节点

（3）弦支筒壳

弦支筒壳结构代表性的工程有广西柳州奇石博物馆，结构长约 117.2m，宽近 67.8m。整个屋盖结构造型奇特，为 12 榀单层柱面网壳的连接，在奇石馆建筑正面的大门处由于跨度较大，通过在单层筒壳下设置预应力拉索和 V 形撑杆形成了局部弦支筒壳结构，以便跨越较大空间，实现了建筑的安全性和美观要求，如图 9-88 所示。在此张弦结构中，撑杆选用 P180×10，索采用 7×73 半平行钢丝束，钢材全部采用 Q345B。弦支筒壳结构中拉索与单层网壳采用耳板与焊接空心球内加劲肋合二为一的节点构造，该处空心球采用 $D500×20$，耳板厚度 30mm，拉索与撑杆转折节点采用铸钢索球节点，铸钢球直径 360mm。

a）

b）

图 9-88　奇石博物馆

a）外景；b）弦支部分模型图

本章参考文献

[1] 陈志华.张弦结构体系[M].北京:科学出版社,2012.

[2] 陈志华.弦支穹顶结构[M].北京:科学出版社,2010.

[3] 董石麟,罗尧治,赵阳.新型空间结构分析、设计与施工 [M].北京:人民交通出版社,2006.

[4] 陆赐麟,尹思明,刘锡良.现代预应力钢结构[M].北京:人民交通出版社,2006.

[5] 孙建琴,等.大跨度空间结构设计[M].北京:科学出版社,2009.

[6] 张毅刚,等.大跨度空间结构[M].北京:机械工业出版社,2005.

[7] 中国工程建设标准化协会.CECS 212—2006 预应力钢结构技术规程 [S].北京:中国华侨出版社,2006.

[8] 张毅刚.索结构典型工程集[M].北京:中国建筑工业出版社,2013.